中国城市科学研究系列报告

中国低碳生态城市发展报告2021

中国城市科学研究会　主编

U0300529

中国城市出版社

图书在版编目（CIP）数据

中国低碳生态城市发展报告. 2021 / 中国城市科学
研究会主编. — 北京：中国城市出版社，2022.5
（中国城市科学研究系列报告）
ISBN 978-7-5074-3470-5

Ⅰ．①中… Ⅱ．①中… Ⅲ．①城市环境—生态环境建
设—研究报告—中国—2021 Ⅳ．①X321.2

中国版本图书馆 CIP 数据核字（2022）第 060385 号

　　《中国低碳生态城市发展报告 2021》以 "'碳中和'承诺的兑现关键在城市" 为主题。第一篇最新进展，主要综述了 2020—2021 年国内外低碳生态城市国际新动态、政策指引、学术支持、技术发展、实践探索与发展趋势。第二篇认识与思考，主要探讨以城市为主体的减碳策略，详细解读将城市建设成为宜居、韧性、智能城市的发展趋势。第三篇方法与技术，提出试点监测技术方案的设计思路。第四篇实践与探索，总结了具体行动与成效，提出了 8 点围绕建设气候适应型城市的政策建议。第五篇中国城市生态宜居发展指数（优地指数）报告（2021），选取能源、工业、建筑和交通等城市关键排放部门指标进行特征分析，研究优地指数各类城市的碳排放现状特征及发展潜力。

　　本书是从事低碳生态城市规划、设计及管理人员的必备参考书。

＊　　　＊　　　＊

　　责任编辑：李天虹
　　责任校对：李欣慰

中国城市科学研究系列报告
中国低碳生态城市发展报告2021
中国城市科学研究会　主编
＊
中国城市出版社出版、发行（北京海淀三里河路 9 号）
各地新华书店、建筑书店经销
北京红光制版公司制版
北京建筑工业印刷厂印刷
＊
开本：787 毫米×1092 毫米　1/16　印张：17¼　字数：345 千字
2022 年 5 月第一版　　2022 年 5 月第一次印刷
定价：**55.00** 元
ISBN 978-7-5074-3470-5
──────────────
　　　（904454）

中国低碳生态城市发展报告组织框架

主 编 单 位：中国城市科学研究会

参 编 单 位：深圳市建筑科学研究院股份有限公司

学 术 顾 问：李文华　江　亿　方精云

编委会主任：仇保兴

副　主　任：何兴华　李　迅　沈清基　顾朝林　俞孔坚　吴志强
　　　　　　夏　青　叶　青

委　　　员：（按姓氏笔画排序）

王亚男　王军霞　叶蒙宇　丛建辉　冯相昭　刘某承
刘通浩　余　刚　张兴正　陈　鸿　赵永革　徐文珍
曹　颖　梁迪飘　谢雨婷

编写组组长：叶　青

副　组　长：李　芬　周兰兰

成　　　员：赖玉珮　彭　锐　史敬华　付　琳　匡舒雅　屈泽龙
敬　红　王伟民　刘　侃　孙　茵　邬沛伶　邹　洁
张海江　郭飞飞　陈志端　余　涵　陈　鹤　张海艳
郑剑娇　罗春燕　李润友　平　倩　余文奇　郑童心
张英英　关大利　李建勇　官　豪　王　鑫　李　婷
李艳芳　尹婉力　夏昕鸣　范钟琪　尹　瑞

前　言

2021 年 8 月 9 日，IPCC 正式发布第六次评估报告第一工作组报告《气候变化 2021：自然科学基础》（以下简称报告）及决策者摘要（SPM），报告提出"人类活动的影响使大气、海洋、冰冻圈和生物圈发生了广泛而迅速的变化。至少在过去的 2000 年中，全球地表温度自 1970 年以来的上升速度比任何其他 50 年期间都要快"。对于城市来说，气候变化的某些方面可能会被放大，包括高温、强降水事件造成的洪水和沿海城市的海平面上升等。为了控制和稳定全球变暖的幅度，使其低于 2℃甚至 1.5℃，IPCC 重申必须立即减少二氧化碳排放，到 2050 年实现二氧化碳净零排放，同时大幅减少其他温室气体的排放。

随着气候危机的严峻性和紧迫性进一步被强调，国际社会应对气候变化的决心和行动也在加码。2021 年 11 月 13 日，《联合国气候变化框架公约》第二十六次缔约方大会（COP26）在英国格拉斯哥闭幕，大会经各方谈判达成决议文件，就《巴黎协定》实施细则等核心问题达成共识，开启了国际社会全面应对气候变化的新征程。

中国基于推动实现可持续发展的内在要求和构建人类命运共同体的责任担当，2020 年 9 月宣布"中国力争 2030 年前二氧化碳排放达到峰值，努力争取 2060 年前实现碳中和"（简称"双碳"目标）。此后，碳达峰碳中和迅速上升为国家战略，其实现需要全国一盘棋统筹推进，对现行社会经济体系进行一场广泛而深刻的系统性变革。2021 年 10 月《中共中央 国务院关于完整准确全面贯彻新发展理念做好碳达峰碳中和工作的意见》《国务院关于印发 2030 年前碳达峰行动方案的通知》先后印发，进一步明确"碳达峰、碳中和"的贯彻落实方案，行动贯穿于我国经济社会发展全过程和各方面。

近年来，我国正在寻求更具可持续性、包容性和韧性的经济增长方式，担负引领世界经济"绿色复苏"的大国重任。与发达国家相比，我国实现"双碳"目标，时间更紧、幅度更大、困难更多，但辩证地看，"双碳"目标的实现过程，也是催生全新行业和商业模式的过程，我国应顺应科技革命和产业变革大趋势，抓住绿色转型带来的巨大发展机遇，从绿色发展中寻找发展的机遇和动力。

《中国低碳生态城市发展报告 2021》以"'碳中和'承诺的兑现关键在城市"为主题，从新动态与发展趋势、国内外技术与策略、重点技术与重点行业的试点情况、专项实践案例与重点区域的碳达峰、碳中和路径等方面出发，向读者介绍2020—2021年中国低碳生态城市建设的现状、技术、方法以及实践进展。与《中国低碳生态城市年度发展报告2020》相比，结合实施（30·60）战略的背景与时代需要，更加突出城市实现双碳目标的具体功能、技术与愿景。

《中国低碳生态城市发展报告2021》第一篇最新进展，主要综述了2020—2021年国内外低碳生态城市国际新动态、政策指引、学术支持、技术发展、实践探索与发展趋势，通过宏观形势与具体实践的不同层面，对国内外低碳生态城市发展的大事件、重点案例、具体制定战略的方法进行总结和梳理，解构适合低碳绿色的建设和发展道路的探索和实践，探讨低碳生态城市建设的新目标与挑战、发展趋势与政策动向，为双碳背景下低碳生态城市的发展明确目标和愿景。第二篇认识与思考，主要探讨以城市为主体的减碳策略，结合国内外低碳城市建设经验，重新思考中国城市低碳转型之路，探寻属于中国未来的低碳化、清洁化、可持续的城市高质量发展模式，从建筑节能、交通低碳、废弃物循环利用、市政便民等视角详细解读，将城市建设成为宜居、韧性、智能城市。第三篇方法与技术，从空间规划、生态修复等领域思考碳减排的重要方法和技术，从火电行业、钢铁行业、石油天然气开采行业、煤炭开采行业、废弃物处理行业等重点行业试点，提出试点监测技术方案的设计思路，为低碳生态城市建设过程中重点领域的未来发展提供可参考的技术指导。第四篇实践与探索，通过对气候适应型城市建设试点进行评估，总结了具体行动与成效，在此基础上结合实际工作的具体细节，提出了8点围绕建设气候适应型城市的政策建议。在低碳生态城市专项实践案例介绍中，借助城市、城区、园区等尺度以及建筑、交通版块等专项实践案例、京津冀城市群、长三角城市群、粤港澳大湾区等重点区域的碳达峰、碳中和路径进行盘点，详细提供各城市碳达峰碳中和目标、法规、体系、格局等。第五篇中国城市生态宜居发展指数（优地指数）报告（2021），进行持续性研究，并选取能源、工业、建筑和交通等城市关键排放部门指标进行特征分析，以研究优地指数各类城市的碳排放现状特征及发展潜力。本书受到中国科协"2021年度全国学会期刊出版能力提升计划"课题资助。

由于低碳生态城市内涵和实践的系统性与复杂性、篇幅的限制以及编者的知识结构和水平限制，报告无法涵盖所有内容，难免有不当之处，望各位读者朋友不吝赐教。本系列报告将不断充实和完善，期待本书内容能够引起社会各界的关注与共鸣，共同促进中国低碳生态城市的发展。

本报告是中国城市科学研究系列报告之一，梳理了国际低碳生态城市相关的最新研究，吸纳了国内相关领域众多学者的最新研究成果，由中国城市科学研究会生态城市研究专业委员会承担编写组织工作。在此向所有参与写作、编撰工作的专家学者致以诚挚的谢意！

目　录

第 一 篇 | 最新进展

第一篇总结了国内外低碳生态城市建设的新动态。从宏观形势上来看，各国都积极推进碳中和法案，理性客观地打造各具城市特色的零碳建设项目，对我国碳达峰碳中和工作的推进具有借鉴意义。从具体实践上来看，各国依据城市发展自身特点分别制定战略方法，采取出台更新绿色能源产业支持政策、能源转型等一系列具体措施，各国大型企业承诺零碳发展，不断探索和实践适合低碳绿色的建设和发展的道路。

在第七十五届联合国大会一般性辩论上，习近平总书记郑重宣布"中国将提高国家自主贡献力度，采取更加有力的政策和措施，二氧化碳排放力争于 2030 年前达到峰值，努力争取 2060 年前实现碳中和"。这一重要宣示为我国应对气候变化、绿色低碳发展提供了方向指引、擘画了宏伟蓝图。

自 2020 年 9 月"双碳"目标提出后，我国密集进行了一系列重大决策部署，各省市也陆续提出了发展目标。国家层面对实现碳达峰、碳中和的实现路径进行了系列部署，从贯彻能源安全新战略、建立健全绿色低碳循环发展经济体系、优化产业结构、改善能源结构等方面进行指导。各省市积极部署落实，发布各类政策，开启碳排放环境影响评价试点等。从具体实践上来看，国家发布全球首颗主动激光雷达二氧化碳探测卫星、推行各类"零碳"或低碳试点建设、各机构承办各类学术会议，为双碳目标提供科技支撑。除此之外，国内大型企业陆续提出碳中和目标，推动整个产业链向更绿色的生产方式迈进。

"十四五"时期，碳达峰碳中和已纳入生态文明建设整体布局，下一阶段是推动当前政策与2035年的目标相衔接，并保证转型方向与2060年长远目标相一致。政府部门可以通过制定相关政策，促进形成生态环境保护治理体系，加快我国生态文明建设进度。同时，需要通过把脉城市问题，明确低碳生态城市建设方向，不断缩小我国与欧美国家在城市可持续发展方面的差距。结合我国国情，重视城市自身的发展规律，不断推进中国低碳生态城市建设。

1 《中国低碳生态城市发展报告 2021》概览

1.1 编 制 背 景

在中国城市科学研究会的统筹和指导下，中国城市科学研究会生态城市研究专业委员会已经连续 11 年组织编写了本系列报告，对我国低碳生态城市的理论、技术和实践现状进行年度总结与阐述。

1.2 框 架 结 构

本报告延续了历年报告的主体框架，即：最新进展、认识与思考、方法与技术、实践与探索，以及中国城市生态宜居发展指数（优地指数）报告，共五大部分。

1.3 《中国低碳生态城市发展报告 2021》热点

年度报告的主要意义在于总结经验与推广实践，注重以年度事件为抓手，通过数据的收集与分析，把握低碳生态城市建设的最新动态，为读者提供最前沿的信息与理念。同时，编制组关注各方对报告提出的中肯意见与建议，每年在既定内容的基础上，力图有新的视角和创新的观点。《中国低碳生态城市发展报告 2021》（以下简称《报告 2021》）主要内容热点如下：

（1）最新进展

最新进展篇，主要阐述 2020—2021 年度国内外低碳生态城市发展情况，期望通过对新政策、技术、实践以及事件的总结，分析该领域 2020—2021 年度各行业获得的经验与教训，为进一步发展提供全面清晰的思路。

（2）认识与思考

认识与思考篇，以低碳生态城市在"碳达峰"和"碳中和"的背景下的使命为出发点，系统梳理了低碳城市与现代健康城市关键作用、建设路径和发展趋势。"碳中和"承诺兑现关键在城市，重新思考中国城市低碳转型之路，探寻低碳化、清洁化、可持续的城市高质量发展模式，将城市建设成为宜居、韧性、智能的城市。

（3）方法与技术

方法与技术篇，立足于低碳生态技术前沿动态，系统性地介绍了碳减排目标融入空间规划环评的思考、国家公园生态保护补偿的政策框架和关键技术、基于自然解决方案的生态修复绩效评估方法以及重点行业碳排放试点监测技术方案思路等。

（4）实践与探索

实践与探索篇，立足于城市的实践经验与探索创新，该篇主要分为三部分，气候适应型城市建设试点介绍了气候适应型城市建设试点评估、深圳海绵城市建设示范以及以千岛湖小流域综合治理和长效保护机制案例；中国低碳城市建设专项案例梳理了北京、太原、深圳市南山区、东莞国际商区的建设实践成果；碳达峰碳中和路径专项案例整理了京津冀、长三角、粤港澳大湾区等区域双碳工作的推进情况，以及近零碳排放示范（试点）案例。

（5）中国城市生态宜居发展指数（优地指数）报告

自 2011 年城市生态宜居发展指数（UELDI，简称"优地指数"）开始评估以来，已连续评估 11 年。2021 年的优地指数研究，更新了 287 个地级及以上城市生态宜居发展指数评估结果，结合第七次人口普查数据分析不同类型城市的人口动态和人口吸引力；同时，用优地指数对各类城市的碳排放现状特征及减排潜力进行评估。

2　2020—2021 年低碳生态城市国际动态

2.1　宏观动态：共商气候变化行动

2.1.1　联合国：五项行动，帮助各国应对气候紧急情况❶

2021 年 3 月 31 日，联合国表示在努力落实《巴黎协定》相关承诺，将全球升温幅度控制在 1.5℃以内的同时，国际社会也必须立即加强气候适应和抵御能力建设。联合国提出了五项具体、可实现的行动，帮助各国显著提升应对气候紧急情况的能力：（1）在第 26 届《气候变化框架公约》缔约国大会开幕前，所有国家和多边开放银行需承诺让用于气候适应和抵御能力建设的资金在气候融资总额中所占的额度至少提升至 50%。（2）气候支持的获取流程必须"高效、透明和简化"，尤其是对于最脆弱的群体而言。（3）急需大规模扩大现有的救灾融资工具，如加勒比巨灾风险保险基金（CCRIF）和非洲抗风险能力机构（ARC），同时建立新的融资模式，激励各国加强对于灾害抵御能力的建设。（4）发展中国家必须获得必要的工具和手段，将气候风险纳入规划、预算、采购和投资的全过程。获得有关风险的信息是实现风险降低、转移和控制的关键第一步。（5）急需支持处于气候灾害第一线的脆弱国家、城市和社区内，由本地和区域团体所领导的气候适应和抵御能力建设项目，向包括土著人、女性和青年在内的群体提供行动支持，让他们在决策制定过程中发挥更大的作用。

2.1.2　世界银行：发布《气候变化行动计划》❷

2021 年 4 月 2 日，世界银行集团发布《气候变化行动计划》，提出通过以下措施以实现减少贫困和促进共享繁荣的双重目标：（1）增加气候融资：在未来五年，世界银行集团平均 35% 的资金将产生气候协同效益；世界银行（国际复兴开发银行和国际开发协会）50% 的气候融资将支持气候适应和韧性。（2）注重气候结果与影响力：注重衡量结果和实现影响力，在新指标的支持下，进一步关注

---

❶　https：//mp. weixin. qq. com/s/ajQEqYb9ofvnBGibRnf-QQ

❷　https：//mp. weixin. qq. com/s/G5Qd2HukBglBGqpH0I3zqw

5

温室气体减排、气候适应和韧性目标。(3) 改善和扩大气候诊断:在全球和国家层面建立强大的分析基础,包括推出支持编制和实施"国家自主贡献"和"长期战略"的新的"国别气候与发展报告",为所有世行集团的"国别伙伴框架"提供依据。(4) 减少排放和关键系统中的气候脆弱性:支持对排放量最大和气候脆弱性最严重的关键体系的变革性投资,例如能源、粮食系统、交通和制造业。(5) 支持脱煤公平过渡:显著扩大对要求援助的客户国的脱煤过渡的支持。如帮助各国在扩大供电规模时用可负担、可靠和更清洁的替代能源取代煤炭。(6) 资金流向与巴黎协定的目标对接:世行集团承诺将资金流向与巴黎协定的目标对接。世界银行计划在 2023 年 7 月 1 日前对接所有新项目。国际金融公司和多边投资担保机构在 2023 年 7 月 1 日前将对接 85％的新项目,2025 年 7 月 1 日前达到 100％。

2.1.3 联合国:发布《企业碳中和路径图》❶

2021 年 6 月 15 日至 16 日,联合国全球契约 2021 年领导人峰会在线上开幕。本届峰会聚焦加速和扩大全球商业集体影响的战略愿景,致力于提升战略集体行动雄心,制定重点目标和明确路径,实现从持续的气候危机、全球疫情、经济差距和社会不平等中更好地复苏。会上首次正式发布《企业碳中和路径图》(Corporate Net Zero Pathway),由联合国机构发布的全面指导企业实现碳中和的重磅报告。报告主要发现"3699"路径图为全球企业如何实现碳中和指明方向。

(1) 3 大环节:界定了企业在制定碳中和路线图时的 3 大环节,包括碳基线盘查、减排目标设定及减排举措设计;系统性梳理了国际通行的衡量标准。

(2) 6 大基础设施行业:聚焦能源使用侧的排放最为密集的 6 大基础设施行业,即交通运输、农业食品、工业制造、建筑、数字信息、金融服务。

(3) 9 大关键举措:规划了各行业企业广泛适用的 9 大关键举措,即盘查并设定碳中和目标、优化运营能效、增加业务运营中可再生能源的使用、打造绿色建筑、倡导绿色工作方式、助力供应链脱碳、设计可持续产品、采用下游绿色物流服务、推出助力其他行业脱碳的产品及服务 (图 1-2-1)。

(4) 9 大气候技术投资方向:技术储能技术、氢能与燃料电池技术、高效光伏发电材料、绝热材料、超导技术、碳捕捉、利用和存储技术、海上风电技术、电动车技术、自动驾驶技术。

---

❶ http://cn.unglobalcompact.org/detail/299.html

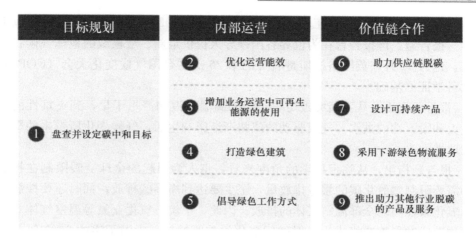

图 1-2-1 9 大关键举措示意图

（来源：《企业碳中和路径图》https：//max.book118.com/html/2021/0804/8121124000003130.shtm）

2.1.4 领导人气候峰会：聚焦加强国际合作❶

2021 年 4 月 22 日至 23 日，美国举办领导人气候峰会，以视频形式举行，38个国家包括占全球二氧化碳排放 80% 的 17 个国家以及最易受气候变化影响的国家出席会议。各国承诺扩大减排。

美国：扩大减排承诺，即到 2030 年美国的温室气体排放量较 2005 年减少50%，到 2050 年实现碳中和目标。

日本：在 2030 年前将温室气体排放量较 2013 财年的水平降低 46%，远高于之前 26% 的目标，并在 2050 年之前实现碳中和的目标，将寻求减少对化石燃料的依赖并向太阳能和风能等再生能源转变。

欧盟：在 2030 年之前将温室气体排放量较 20 世纪 90 年代的水平降低至少55%，这高于之前制定的减排 40%。欧盟 21 日发布了绿色投资分类体系，从明年开始其将据此决定哪些经济活动为可持续性投资，希望借此帮助吸引私人资本进入绿色投资领域，以加快实现减排目标。

中国：已经制定了"将力争于 2030 年前实现二氧化碳排放达到峰值，2060年前实现碳中和"的目标。中国决定接受《〈蒙特利尔议定书〉基加利修正案》，加强氢氟碳化物等非二氧化碳温室气体管控。

2.1.5 IPCC：第六次评估报告再次警醒气候行动的紧迫性❷

2021 年 8 月 9 日，联合国政府间气候变化专门委员会（IPCC）正式发布

---

❶ http：//www.xinhuanet.com/politics/2021-04/23/c_1127364298.htm

❷ https：//mp.weixin.qq.com/s/KHclVVH7egOwNtz83vcNKg

IPCC 第六次评估报告第一工作组报告《气候变化 2021：自然科学基础》（以下简称《报告》）。该报告旨在为世界各国领导人提供最新、最权威的地球气候状况总结，也为 11 月在英国格拉斯哥召开的第 26 次联合国气候变化大会（COP26）提供科学证据基础。

《报告》指出，从不断突破历史记录的高温热浪和严重干旱，到灾难性的森林大火和毁灭性的洪水，气候驱动的威胁渐渐影响生活，气候变化所带来的影响是全球性的。

《报告》指出，从物理科学的角度来看，将人为引起的全球变暖限制在特定水平需要限制二氧化碳的累计排放量，至少要达到净零碳排放，同时还要控制包括二氧化碳在内的全部温室气体的排放。因此，甲烷、氧化亚氮等温室气体对气候变化造成的影响或将成为应对气候变化的重要挑战。中国承诺的 2060 年前实现碳中和是包括全经济领域温室气体的排放，包括从二氧化碳到甲烷、氧化亚氮等全部温室气体。

《报告》指出，当前全球的甲烷水平早已突破安全阈值，随着全球持续升温造成的冻土融化、森林火灾频发，将进一步增加空气中的甲烷浓度。基于自然的解决方案（Nature-based Solutions，NbS）所提供的是包括甲烷和氧化亚氮在内的多种温室气体解决方案，不仅限于二氧化碳，诸如农田养分管理、稻田管理等路径都具备较大的气候减缓潜力（图 1-2-2）。

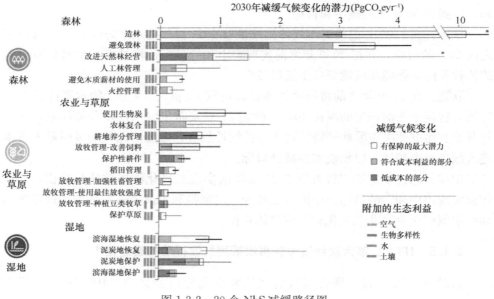

图 1-2-2　20 个 NbS 减缓路径图
（来源：TNC）

2.2 政策动态：共推碳中和法案

2.2.1 欧洲：设立"碳边界调整机制"❶

2021 年 3 月 10 日，欧洲议会投票通过了支持设立"碳边界调整机制"的决议，从 2023 年起将对欧盟进口的部分商品征收碳关税。"碳边界调整机制"由欧盟委员会提出，于 2020 年 3 月 4 日至 4 月 1 日期间进行公众咨询，该机制的主要目标是通过避免"碳泄漏"来应对气候变化，以期实现"欧洲绿色协议"的基准目标和欧盟 2030 年减排目标。

2.2.2 欧盟：《欧洲气候法》达成临时协议 2050 年碳中和目标将入法❷

2021 年 4 月 21 日，欧盟委员会发表公告称，欧洲理事会、欧洲议会及各成员国议会就《欧洲气候法》达成临时协议，欧盟在 2050 年实现碳中和的承诺将被写入法律。此外，欧盟还为 2030 年设定了减排中期目标，其温室气体排放量至少要比 1990 年的排放水平减少 55%，这也将具有法律约束力。

《欧洲气候法》的提案是实施"绿色新政"的核心要素。欧盟统计局表示，2020 年在新冠病毒大流行期间，由于各国政府采取了封锁措施以减缓该病毒的传播，欧盟化石燃料燃烧产生的二氧化碳排放量比 2019 年下降了 10%。

2.2.3 法国：国民议会通过应对气候变化法案❸

2021 年 5 月 4 日，法国国民议会投票通过了政府提交的《应对气候变化及增强应对气候变化后果能力法案》，该法案内容涉及公路交通、航空交通、建筑节能改造、学校教育等多个社会生活领域，将帮助法国社会向环保进一步转型。

2.2.4 德国：宣布 2045 年实现碳中和❹

2021 年 5 月 6 日，德国在第十二届彼得斯堡气候对话视频会议开幕式上宣布，实现净零碳排放即"碳中和"的时间，将从 2050 年提前到 2045 年，比原计划提前五年。在温室气体排放目标上，将 2030 年温室气体减排目标提升至较 1990 年减少 65%，高于欧盟减排 55% 的目标，成为首个提高 2030 年减排目标的欧盟成员国，也是 20 国集团（G20）中实现净零排放的时间最早的国家。

---

❶ http://www.xinhuanet.com/world/2021-03/11/c_1127200194.htm
❷ https://mp.weixin.qq.com/s/mmQDU5BMLYgL-6GFCOmL-w
❸ https://mp.weixin.qq.com/s/DCFxCBKqoQZitVpB68lhtA
❹ https://www.china5e.com/news/news-1114328-1.html

2.2.5　西班牙：通过首个能源转型法案❶

2021 年 5 月 13 日，西班牙议会通过了该国首个气候变化与能源转型法案，明确了未来十年西班牙在应对气候变化方面的中期目标和具体实施措施，到 2050 年实现碳中和，为达到《巴黎协定》所定目标做出贡献。

根据该法案，西班牙将不再对在其领土上任何地方勘探或开采化石燃料颁发特许权，现有的特许权到 2042 年 12 月 31 日以后将不再延长。要求所有西班牙公共机构剥离参与化石燃料生产、提炼和加工的公司的所有股份。计划到 2030 年实现可再生能源占能源消耗总量的 42%，至少 74% 的电力来自可再生能源，能源效率至少提高 39.5%。在此目标下，该法案计划：（1）到 2050 年，全面停止销售采用化石燃料的汽车，大力发展电动汽车。（2）到 2023 年，拥有超过 20 个停车位的非住宅建筑必须配备充电设施，以满足不断增长的电动汽车充电需求。（3）到 2023 年，超过 5 万居民的城镇必须开展可持续交通计划，设立低排放区，鼓励自行车、电动公共交通、步行等可持续交通方式，同时建立城市内部的"绿色走廊"，方便民众绿色出行。如果城市的空气质量不合格，超过 2 万名居民的城市也必须设立低排放区。（4）教育部门将可持续性和应对气候变化相关内容加入到教学内容中。

2.2.6　韩国：完善碳中和整体方案❷

2021 年 3 月，韩国环境部发布了"2021 年碳中和实施计划"。致力于完善碳中和整体方案，各部门制定碳中和推进战略，构建稳固有效的实施体系。该计划明确了中央政府有关部门在本年度应该完成的主要事项，如国土交通部要制定 2050 年实现车辆 100% 无公害化的相关计划；产业通商资源部要制定氢能经济基本规划；金融委员会要制定金融界绿色投资指南等。

地方政府也纷纷出台相关政策。光州市提出大力推进绿色住宅项目，政府通过向居民宣传日常节能方法，减少住宅能耗，市政府每年进行测评，向厨余垃圾产出量低、节能效果显著的住宅小区发放 1.8 亿韩元的奖金和绿色认证标识。全罗南道海南郡推出可回收垃圾有价补偿制，当地居民只要按照要求分类处理垃圾即可得到相应积分，积分可兑换政府发行的商品券。当地政府希望通过市民参与，提高垃圾回收率，降低温室气体排放。

---

❶　https：//mp. weixin. qq. com/s/nHBZut4WBjLH9iI3wUy_sA
❷　http：//world. people. com. cn/n1/2021/0331/c1002-32065554. html

2.2.7　日本：通过 2050 年碳中和法案❶

2021 年 5 月 26 日，日本国会参议院正式通过修订后的《全球变暖对策推进法》，以立法的形式明确了日本政府提出的 2050 年实现碳中和的目标，该法律于 2022 年 4 月施行。这是日本首次将温室气体减排目标写进法律。根据这部新法，日本的都道府县等地方政府将有义务设定利用可再生能源的具体目标。地方政府将为扩大利用太阳能等可再生能源制定相关鼓励制度。

2.2.8　拉美国家：出台和更新绿色能源产业支持政策❷

为应对疫情不利影响，拉美多国不断出台和更新绿色能源产业支持政策。

智利于 2021 年 2 月通过了《能源效率法》，规定大型企业必须建立相应能源管理系统，并定期向能源部报告能源消耗状况。新建住宅须有能效标签，民众可通过标签清楚地了解住宅能源效率，为购房提供参考。鼓励推广电动汽车应用。

巴西国会计划推出一项法案，对满足条件的绿色能源企业减免部分进口生产设备和零配件关税。巴西国家经济社会发展银行承诺，为相关企业提供市场上最优惠的长期低息贷款。根据巴西国家能源局的数据，到 2035 年，巴西电力产业总投资规模将超过 300 亿美元，其中 70% 的投资用于太阳能光伏、风电、生物质能以及海洋能等可再生能源技术。

哥伦比亚政府制订"清洁增长"计划，将太阳能和风能的总体装机容量从 2018 年的不足 50MW 提升至 2022 年的 2500MW。提出 27 个战略性可再生能源和输电项目，其中包括 9 个风能、5 个太阳能、3 个地热能和 1 个氢能项目以及 9 条输电线路，总计投资超过 16 万亿比索（约合 45.4 亿美元）。此外，随着电动汽车的使用以及天然气汽车消费的增加，该国将在 2050 年实现液体燃料、柴油和汽油需求减少 20% 的目标。

2.3　实践动态：共建零碳城市

2.3.1　墨尔本：千亿美元建设零碳城市❸

澳大利亚的一家研究机构与建筑师、开发商和政府合作，计划 2030 年将墨尔本建成零碳城市，并推出了 15 个设计模型。该城市改造计划预计耗资 1000 亿

---

❶　新华网 http：//www. xinhuanet. com/world/2021-05/26/c _ 1127495739. htm

❷　http：//world. people. com. cn/n1/2021/0312/c1002-32049552. html

❸　https：//www. dezeen. com/2021/04/02/melbourne-zero-carbon-a-new-normal-finding-infinity

美元，将在不到 10 年的时间里收回成本，并提供 8 万多个工作岗位（图 1-2-3、图 1-2-4）。

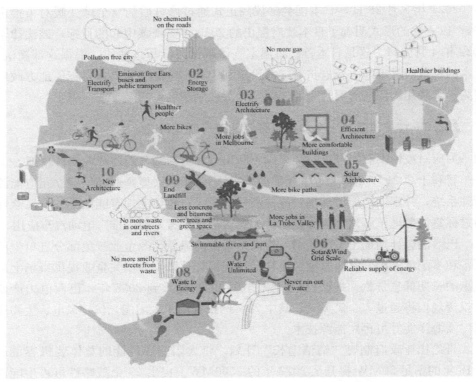

图 1-2-3 墨尔本到 2030 年实现零碳排放的十项策略图

（来源：https：//www. dezeen. com/2021/04/02/melbourne-zero-carbon-a-new-normal-finding-infinity）

图 1-2-4 用太阳能板改造空置的屋顶图

（来源：https：//www. dezeen. com/2021/04/02/melbourne-zero-carbon-a-new-normal-finding-infinity）

2.3.2 新加坡：2030年绿色发展蓝图❶

2021年2月10日，新加坡政府公布2030年新加坡绿色发展蓝图（Singapore Green Plan 2030），为城市绿化、可持续生活和绿色经济各方面梳理和制定明确目标（图1-2-5）。旨在增强新加坡的经济、气候以及资源弹性，改善新加坡的生活环境，带来新的商业和就业机会。主要包括5个方面：

图1-2-5 2030年新加坡绿色发展蓝图

（来源：编写组自绘）

（1）建设大自然中的城市。打造宜居和可持续的家园，以2020年的面积为基准，使自然公园面积增加50％以上。到2026年底，开发超过130hm² 的新公园，约170hm² 的现有公园将被茂密的植被和自然景观所覆盖；到2035年，全国增加1000hm² 绿地，五分之一将是新的自然公园等。

（2）打造具有韧性的未来。设立50亿新元的海岸及洪水防护基金，用于海岸和排水防洪设施建设。到2030年，为市区的东海岸、西北海岸和裕廊岛3个易受海平面上升影响的海岸制定保护计划。保障粮食安全，提高自身食品供给能力。开辟更多农地和渔场，保障食品供应。到2030年，生产出足够的农产品满足国民三成的营养需求等。

（3）能源策略。推广洁净能源车辆，从2022年开始降低电动汽车的道路税；从2025年开始，将8个组屋市镇打造为"电动车市镇"；到2030年所有汽车和出租车须采用清洁能源，届时车辆废气排放量每年至少可减少650万t。打造发展绿

---

❶ https：//www.sohu.com/a/455957294＿120702

色建筑和基础设施，到 2030 年，让 80％的新建筑成为超低能耗建筑。发展绿色能源，利用进口的清洁电力，并增加可再生能源和新兴低碳技术的研发等。

（4）绿色经济。推出新的企业可持续发展计划。使新加坡发展成为碳服务中心和绿色金融的领先中心。使裕廊岛发展成为可持续的能源和化学品园区等。

（5）可持续生活。在公共领域首次设定碳排放目标，争取在 2025 年左右使公共服务领域碳排放达到峰值。推出生态永续计划，将家庭耗水量减至每人每天 130L；到 2026 年，将国民每人每天丢弃的填埋垃圾量减少 20％，到 2030 年减少 30％。

2.3.3 哥本哈根：气候公园的雨洪基础设施使命❶

哥本哈根作为沿海城市面临着海平面上升带来的风暴潮风险和洪水风险，一种新的、巨大的"气候公园"被设计于滞留存储突发的暴雨降水（容量最大将近 60 亿加仑），防止排水系统不堪重负时，街道和建筑被淹没。

Enghaveparken 公园始建于 20 世纪 20 年代，重新设计后既保留了其原有历史特征，又具备了气候变化的应对措施。公园中现存的曲棍球场和玫瑰园被降低几米成为水库。公园在下坡上，三边建小堤，地形最高的一边敞开，以便暴雨期间水可以从周围社区流入，并将水滞留。同时为堤坝配备小闸门，晴天时，闸门可以用作公园的入口，暴雨时，闸门会被水触发自动关闭。公园中的所有蓄水池都装满后，如果仍在下雨，整个公园将作为一个大蓄水池进行蓄水直至被填满。当排水系统正常后，再打开堤坝闸门，让水慢慢流出公园（图 1-2-6）。

图 1-2-6　Enghaveparken 公园海绵化设计改造
（来源：https://mp.weixin.qq.com/s/yncheU7GZ_qu8MIaP6pwug）

---

❶ 公众号"一览众山小-可持续城市与交通"https://mp.weixin.qq.com/s/yncheU7GZ_qu8MIaP6pwug

目前世界上许多其他城市使用类似的方法，例如鹿特丹的一个公共广场，在天晴干旱时充当篮球场，而暴雨的时候则作为一个蓄水池，曼谷则使用楔形公园来滞留雨水。而哥本哈根的"气候公园"将这一类气候适应设计的想法上升应用到一个更大的尺度。它同时展示了现有公园如何在适应极端降雨的同时保持其原有设计和娱乐功能。目前哥本哈根市已经开始计划建设 300 个各种规模的类似项目。

2.3.4 东京：世界最好的地铁系统❶

东京地铁在第二次世界大战后与城市集约发展战略同步，打通城铁-地铁间的制式隔阂，构建一体化运营的市郊通勤地铁，构建一票通公交卡系统，日常运营维护的精细化，并加强对乘客行为的规范指引，将东京地铁的每次出行打造为乘客的美好体验。通过不断扩容东京地铁网络最终形成了高密城市景观的东京，这帮助东京的小汽车保有量远低于其他发达国家城市，每户家庭仅拥有 0.54 辆小汽车，而芝加哥每户家庭小汽车保有量是 1.12 辆，旧金山是 1.10 辆。

（1）打通城铁-地铁间的制式隔阂，构建一体化运营的市郊通勤地铁。东京设计新地铁线路时考虑联通市郊通勤快线列车，乘客可以一线式直达市中心，省去了高峰时在大型枢纽站点内寻找站台的烦恼，提高了运营效率，并拓展了地铁网络有效服务覆盖率，不需要额外增加轨道和列车数量。通过和市郊铁路私营运营主体签订共享轨道的协议，东京地铁运营方收获到了一笔持续不断的收入，为地铁的维护和扩建进行平价融资。

（2）构建一票通公交卡系统。2007 年东京推出 Pasmos 智能售票系统，进一步将地铁网络与 JR 东急的东 SUICA 网络整合一体，乘客只需一张卡即可通用于大东京地区的各类公共交通系统。东京在 2013 年升级了这套系统，让其与全日本的八套智能公交卡系统兼容。

（3）加强对乘客行为的规范指引。列车和站台间设有地铁礼仪规范标识，这些礼仪规范并非强制执行，但大多数人会为维持这个良好的公交系统而遵循规范。例如车厢内低声交谈，不在车厢内用餐，不拥堵车门。通过这些管理措施制止了可能出现的吵闹、脏乱和不愉快的乘坐体验。

2.3.5 商业巨头：带动供应链零碳发展❷

一些高端制造业和商业巨头纷纷做出零碳或减碳承诺，并将带动产业上下游

---

❶ 公众号"一览众山小-可持续城市与交通"https：//mp. weixin. qq. com/s/wy36tJvNTvwgc NZ-iTSVCIw

❷ http：//www. chinado. cn/? p＝11046

协同发展绿色供应链，实现供应链净零排放的愿景。例如，苹果公司表示将在未来10年内全面消除企业碳排放，包括产品和其庞大的供应链。针对供应链，苹果将解决来自价值链的间接排放，要求供应商必须承诺在10年内使苹果产品100％使用再生能源。戴尔公司宣示到2030年碳排放要减少50％，并承诺增加回收，整个业务范围内使用更多再生能源。亚马逊发表了《气候宣言》，提出2040年实现碳中和。微软提出除了2030年达到负碳排放之外，2050年负碳排放量还要等于其曾经排放过的碳排放总量。谷歌提出要将本身营运范围碳中和扩大到供应链。

3 2020—2021 年中国低碳生态城市发展

3.1 政策指引：推进碳达峰、碳中和行动

3.1.1 国家层面：落实双碳工作

（1）国务院：加快建立健全绿色低碳循环发展经济体系❶

2021 年 2 月，国务院印发了《关于加快建立健全绿色低碳循环发展经济体系的指导意见》，对加快建立健全绿色低碳循环发展的经济体系作了顶层设计和总体部署，旨在统筹好经济发展和生态环境保护建设的关系，促进经济社会发展全面绿色转型，建设人与自然和谐共生的现代化。这是实现 2030 年前二氧化碳排放达峰、2060 年前实现碳中和的关键举措。意见提出：到 2025 年，产业结构、能源结构、运输结构明显优化，绿色产业比重显著提升，基础设施绿色化水平不断提高，清洁生产水平持续提高，生产生活方式绿色转型成效显著，能源资源配置更加合理、利用效率大幅提高，主要污染物排放总量持续减少，碳排放强度明显降低，生态环境持续改善，市场导向的绿色技术创新体系更加完善，法律法规政策体系更加有效，绿色低碳循环发展的生产体系、流通体系、消费体系初步形成。到 2035 年，绿色发展内生动力显著增强，绿色产业规模迈上新台阶，重点行业、重点产品能源资源利用效率达到国际先进水平，广泛形成绿色生产生活方式，碳排放达峰后稳中有降，生态环境根本好转，美丽中国建设目标基本实现。

（2）国务院：国民经济和社会发展第十四个五年规划和 2035 年远景目标纲要（草案）❷

2021 年 3 月 11 日，十三届全国人大四次会议表决通过了关于国民经济和社会发展第十四个五年规划和 2035 年远景目标纲要的决议，《中华人民共和国国民经济和社会发展第十四个五年规划和 2035 年远景目标纲要（草案）》提出："十四五"时期是我国全面建成小康社会、实现第一个百年奋斗目标之后，乘势而上

---

❶ https://mp.weixin.qq.com/s/Nv77zL_1TYN_p_mWWbvNFA

❷ https://t.ynet.cn/baijia/30504553.html

开启全面建设社会主义现代化国家新征程、向第二个百年奋斗目标进军的第一个五年。提出"十四五"时期主要目标之一：生态文明建设实现新进步。国土空间开发保护格局得到优化，生产生活方式绿色转型成效显著，能源资源配置更加合理、利用效率大幅提高，单位国内生产总值能源消耗和二氧化碳排放分别降低13.5%、18%，主要污染物排放总量持续减少，森林覆盖率提高到24.1%，生态环境持续改善，生态安全屏障更加牢固，城乡人居环境明显改善。落实2030年应对气候变化国家自主贡献目标，制定2030年前碳排放达峰行动方案，锚定努力争取2060年前实现碳中和，采取更加有力的政策和措施等。

（3）国务院：落实《政府工作报告》"碳达峰、碳中和"重点工作分工❶

2021年3月25日，国务院关于落实《政府工作报告》重点工作分工的意见，提出继续加大生态环境治理力度。深入实施可持续发展战略，巩固蓝天、碧水、净土保卫战成果，促进生产生活方式绿色转型。还提出扎实做好碳达峰、碳中和各项工作。制定2030年前碳排放达峰行动方案。优化产业结构和能源结构。推动煤炭清洁高效利用，大力发展新能源，在确保安全的前提下积极有序发展核电。扩大环境保护、节能节水等企业所得税优惠目录范围，促进新型节能环保技术、装备和产品研发应用，培育壮大节能环保产业，推动资源节约高效利用。加快建设全国用能权、碳排放权交易市场，完善能源消费双控制度。实施金融支持绿色低碳发展专项政策，设立碳减排支持工具。提升生态系统碳汇能力，以实际行动为全球应对气候变化作出应有贡献。

（4）中国人民银行：开展碳核算，创设碳减排政策支持工具❷

2021年4月1日，中国人民银行按照碳达峰、碳中和目标，正在积极推进相关工作，有效支持我国实现碳达峰、碳中和目标。一是探索建立全国性的碳核算体系，把碳达峰、碳中和工作做到位；二是以信息披露为基础，强化约束机制，先在绿色金融改革创新试验区鼓励金融机构披露环境信息，同时积极推动上市公司、金融机构、发债主体、重点排放单位实现环境信息共享；三是发挥市场作用，构建全国统一的碳排放权交易市场，体现金融属性；四是以能源结构调整为核心，创设直达实体经济的碳减排政策支持工具；五是完善绿色金融业绩评价体系，对金融机构开展绿色金融业绩评价；六是做好风险防控，逐步将气候变化相关风险纳入宏观审慎政策框架；七是进一步推进绿色金融改革创新试验区建设，在六省（区）九地绿色金融改革创新试验区的基础上，选择更多的地区进行绿色金融改革创新的试点。

---

❶ http：//www.gov.cn/zhengce/content/2021-03/25/content_5595644.htm
❷ 国新办构建新发展格局 金融支持区域协调发展发布会图文实录 http：//www.scio.gov.cn/xwf-bh/xwbfbh/wqfbh/44687/45192/wz45194/Document/1701309/1701309.htm

2021 年 11 月 8 日，中国人民银行推出碳减排支持工具❶，通过这一结构性货币政策工具向金融机构提供低成本资金，引导金融机构在自主决策、自担风险的前提下，向碳减排重点领域内的各类企业一视同仁提供碳减排贷款，以支持清洁能源、节能环保、碳减排技术等重点领域的发展，并撬动更多社会资金促进碳减排。碳减排支持工具发放对象暂定为全国性金融机构，人民银行通过"先贷后借"的直达机制，对金融机构向碳减排重点领域内相关企业发放的符合条件的碳减排贷款，按贷款本金的 60% 提供资金支持，利率为 1.75%。碳减排支持工具的推出将发挥政策示范效应，引导金融机构和企业更充分地认识绿色转型的重要意义，倡导绿色生产生活方式、循环经济等理念，助力实现碳达峰、碳中和目标。

（5）国务院：启动全国碳排放权交易市场上线交易❷

2021 年 7 月 16 日，全国碳排放权交易市场上线交易启动仪式以视频连线形式举行，在北京设主会场，在上海和湖北设分会场。建设全国碳市场是利用市场机制控制和减少温室气体排放、推进绿色低碳发展的一项重大制度创新，也是推动实现碳达峰目标与碳中和愿景的重要政策工具。2021 是全国碳市场第一个履约周期，纳入发电行业重点排放单位 2162 家，覆盖约 45 亿 t 二氧化碳排放量，意味着中国的碳排放权交易市场一经启动就将成为全球覆盖温室气体排放量规模最大的碳市场。

碳排放数据的真实准确是全国碳市场建设工作的重中之重。为进一步强化全国碳市场上线交易前的数据质量管理，基于连续多年开展的各相关行业碳排放数据核算、报告与核查工作，专门印发了《企业温室气体排放核算方法与报告指南 发电设施》《企业温室气体排放报告核查指南（试行）》，对发电行业重点排放单位的核算和报告进行统一规范，对省级主管部门开展数据核查的程序和内容提出严格要求。为了进一步提升全国碳市场数据质量，下一步将继续加大工作力度：一是积极推动尽早发布《碳排放权交易管理暂行条例》，加大对数据造假行为的处罚力度，加强执法保障；二是持续加强能力建设，提升碳市场参与各方业务能力；三是加强监督指导，持续开展对地方生态环境部门和企业的监督帮扶，狠抓数据管理；四是加强信息公开和信用体系建设，借助全社会力量对数据管理工作进行监督，从而提升全国碳市场的数据质量。

（6）国务院：发布关于推动城乡建设绿色发展的意见❸

2021 年 10 月 25 日，中共中央办公厅、国务院办公厅正式对外印发《关于推

---

❶ 人民银行推出碳减排支持工具 http：//www. gov. cn/xinwen/2021-11/08/content _ 5649848. htm

❷ https：//mp. weixin. qq. com/s/D3BA1CWcQmqdg5IJJxnQ9A

❸ https：//mp. weixin. qq. com/s/D3BA1CWcQmqdg5IJJxnQ9A

动城乡建设绿色发展的意见》（以下简称《意见》），提出总体目标：到 2025 年，城乡建设绿色发展体制机制和政策体系基本建立，建设方式绿色转型成效显著，碳减排扎实推进，城市整体性、系统性、生长性增强，"城市病"问题缓解，城乡生态环境质量整体改善，城乡发展质量和资源环境承载能力明显提升，综合治理能力显著提高，绿色生活方式普遍推广。到 2035 年，城乡建设全面实现绿色发展，碳减排水平快速提升，城市和乡村品质全面提升，人居环境更加美好，城乡建设领域治理体系和治理能力基本实现现代化，美丽中国建设目标基本实现。

《意见》共 5 个部分。第 1 部分"总体要求"中，明确了指导思想、工作原则和总体目标。第 2 部分"推进城乡建设一体化发展"中，提出促进区域和城市群绿色发展、建设人与自然和谐共生的美丽城市、打造绿色生态宜居的美丽乡村等 3 项主要任务。在第 3 部分"转变城乡建设发展方式"中，《意见》从建设高品质绿色建筑、提高城乡基础设施体系化水平、加强城乡历史文化保护传承、实现工程建设全过程绿色建造、推动形成绿色生活方式等 5 个方面提出了转型发展的要求。在第 4 部分"创新工作方法"中，《意见》提出要统筹城乡规划建设管理、建立城市体检评估制度、加大科技创新力度、推动城市智慧化建设、推动美好环境共建共治共享等 5 项方法，将为城乡建设绿色发展提供坚实保障。在最后一部分"加强组织实施"中，《意见》提出加强党的全面领导、完善工作机制、健全支撑体系、加强培训宣传等重要措施。《意见》的实施，对于统筹解决城乡建设当中的一些突出问题，将新发展理念贯穿城乡建设全过程和各方面，形成更高质量、更有效率、更加公平、更可持续、更为安全的发展格局，具有十分重要的意义。

（7）国务院：发布关于完整准确全面贯彻新发展理念做好碳达峰碳中和工作的意见❶

2021 年 10 月 24 日，中共中央、国务院正式对外印发《中共中央 国务院关于完整准确全面贯彻新发展理念做好碳达峰碳中和工作的意见》（以下简称《意见》），是国家建立"1＋N"政策体系中的"1"，在碳达峰碳中和"1＋N"政策体系中发挥统领作用。《意见》提出主要目标：到 2025 年，绿色低碳循环发展的经济体系初步形成，重点行业能源利用效率大幅提升。单位国内生产总值能耗比 2020 年下降 13.5％；单位国内生产总值二氧化碳排放比 2020 年下降 18％；非化石能源消费比重达到 20％左右；森林覆盖率达到 24.1％，森林蓄积量达到 180 亿 m^3，为实现碳达峰、碳中和奠定坚实基础。到 2030 年，经济社会发展全面绿色转型取得显著成效，重点耗能行业能源利用效率达到国际先进水平。单位国内生产总值能耗大幅下降；单位国内生产总值二氧化碳排放比 2005 年下降 65％以

---

❶ http：//www.gov.cn/xinwen/2021-10/24/content _ 5644613.htm

上；非化石能源消费比重达到 25% 左右，风电、太阳能发电总装机容量达到 12 亿 kW 以上；森林覆盖率达到 25% 左右，森林蓄积量达到 190 亿 m³，二氧化碳排放量达到峰值并实现稳中有降。到 2060 年，绿色低碳循环发展的经济体系和清洁低碳安全高效的能源体系全面建立，能源利用效率达到国际先进水平，非化石能源消费比重达到 80% 以上，碳中和目标顺利实现，生态文明建设取得丰硕成果，开创人与自然和谐共生新境界。

《意见》提出 10 方面 31 项重点任务，明确碳达峰碳中和工作的路线图、施工图。一是推进经济社会发展全面绿色转型，强化绿色低碳发展规划引领，优化绿色低碳发展区域布局，加快形成绿色生产生活方式。二是深度调整产业结构，加快推进农业、工业、服务业绿色低碳转型，坚决遏制高耗能高排放项目盲目发展，大力发展绿色低碳产业。三是加快构建清洁低碳安全高效能源体系，强化能源消费强度和总量双控，大幅提升能源利用效率，严格控制化石能源消费，积极发展非化石能源，深化能源体制机制改革。四是加快推进低碳交通运输体系建设，优化交通运输结构，推广节能低碳型交通工具，积极引导低碳出行。五是提升城乡建设绿色低碳发展质量，推进城乡建设和管理模式低碳转型，大力发展节能低碳建筑，加快优化建筑用能结构。六是加强绿色低碳重大科技攻关和推广应用，强化基础研究和前沿技术布局，加快先进适用技术研发和推广。七是持续巩固提升碳汇能力，巩固生态系统碳汇能力，提升生态系统碳汇增量。八是提高对外开放绿色低碳发展水平，加快建立绿色贸易体系，推进绿色"一带一路"建设，加强国际交流与合作。九是健全法律法规标准和统计监测体系，完善标准计量体系，提升统计监测能力。十是完善投资、金融、财税、价格等政策体系，推进碳排放权交易、用能权交易等市场化机制建设。

（8）国务院：发布 2030 年前碳达峰行动方案❶

2021 年 10 月 24 日，国务院发布 2030 年前碳达峰行动方案，主要目标是，"十四五"期间，到 2025 年，非化石能源消费比重达到 20% 左右，单位国内生产总值能源消耗比 2020 年下降 13.5%，单位国内生产总值二氧化碳排放比 2020 年下降 18%，为实现碳达峰奠定坚实基础。"十五五"期间，到 2030 年，非化石能源消费比重达到 25% 左右，单位国内生产总值二氧化碳排放比 2005 年下降 65% 以上，顺利实现 2030 年前碳达峰目标。方案提出将碳达峰贯穿于经济社会发展全过程和各方面，重点实施能源绿色低碳转型行动、节能降碳增效行动、工业领域碳达峰行动、城乡建设碳达峰行动、交通运输绿色低碳行动、循环经济助力降碳行动、绿色低碳科技创新行动、碳汇能力巩固提升行动、绿色低碳全民行动、各地区梯次有序碳达峰行动等"碳达峰十大行动"。

---

❶ http：//www.gov.cn/xinwen/2021-10/24/content_5644613.htm

3.1.2 相关部委：助力双碳行动

（1）生态环境部：碳排放正式纳入环评，启动碳监测评估试点

2021 年，生态环境部陆续出台一系列政策文件，助力双碳行动。1 月 11 日，印发《关于统筹和加强应对气候变化与生态环境保护相关工作的指导意见》❶，提出"十四五"期间，应对气候变化与生态环境保护相关工作统筹融合的格局总体形成，协同优化高效的工作体系基本建立，在统一政策规划标准制定、统一监测评估、统一监督执法、统一督察问责等方面取得关键进展，气候治理能力明显提升。5 月 17 日，根据《碳排放权交易管理办法（试行）》，出台《碳排放权登记管理规则（试行）》《碳排放权交易管理规则（试行）》《碳排放权结算管理规则（试行）》等碳排放三项重要管理规则❷。6 月 9 日，印发《关于加强高耗能、高排放建设项目生态环境源头防控的指导意见》❸，将碳排放影响评价纳入环境影响评价体系。各级生态环境部门和行政审批部门应积极推进"两高"项目环评开展试点工作，衔接落实有关区域和行业碳达峰行动方案、清洁能源替代、清洁运输、煤炭消费总量控制等政策要求。在环评工作中，统筹开展污染物和碳排放的源项识别、源强核算、减污降碳措施可行性论证及方案比选，提出协同控制最优方案。鼓励有条件的地区、企业探索实施减污降碳协同治理和碳捕集、封存、综合利用工程试点、示范。

为支撑减污降碳协同增效，2021 年 9 月生态环境部发布《碳监测评估试点工作方案》❹，对碳监测评估试点工作进行部署，聚焦区域、城市和重点行业三个层面，开展大气温室气体及海洋碳汇监测试点。到 2022 年底，探索建立碳监测评估技术方法体系，发挥示范效应，为应对气候变化工作提供监测支撑。区域层面，基于现有国家环境空气质量监测网背景站及地基遥感站，结合卫星遥感手段，进一步完善监测网络，开展区域大气温室气体浓度天地一体监测、典型区域土地利用年度变化监测和生态系统固碳监测。城市层面，综合考虑城市的能源结构、产业结构、城市化水平、人口规模、区域分布等因素，选取唐山、太原、上海、杭州、盘锦、南通等 16 个城市，分基础试点、综合试点和海洋试点三类，开展大气温室气体及海洋碳汇监测试点。重点行业层面，选择火电、钢铁、石油天然气开采、煤炭开采和废弃物处理五类重点行业，国家能源集团、中国宝武、中国石油、中国石化、光大环境等 11 个集团公司开展温室气体试点监测。

（2）国家发展改革委联合科技部、工业和信息化部、财政部、自然资源部、

---

❶ https：//mp.weixin.qq.com/s/RFCgR0elwxThexZSKIijGQ

❷ http：//www.mee.gov.cn/xxgk2018/xxgk/xxgk01/202105/t20210519_833574.html

❸ https：//mp.weixin.qq.com/s/Bx6jNAmzi9HRnpSUCwd9jg

❹ https：//www.mee.gov.cn/ywdt/spxw/202109/t20210923_952715.shtml

生态环境部、住房和城乡建设部、水利部、农业农村部、市场监管总局等九部门印发《关于推进污水资源化利用的指导意见》❶

经国务院同意，国家发展改革委联合科技部、工业和信息化部、财政部、自然资源部、生态环境部等九部门共同印发了《关于推进污水资源化利用的指导意见》，对全面推进污水资源化利用进行了部署。《指导意见》明确，到 2025 年，全国污水收集效能显著提升，县城及城市污水处理能力基本满足当地经济社会发展需要，水环境敏感地区污水处理基本实现提标升级；全国地级及以上缺水城市再生水利用率达到 25％以上，京津冀地区达到 35％以上；工业用水重复利用、畜禽粪污和渔业养殖尾水资源化利用水平显著提升；污水资源化利用政策体系和市场机制基本建立。到 2035 年，形成系统、安全、环保、经济的污水资源化利用格局。

（3）国家发展改革委、财政部、中国人民银行、银保监会、国家能源局等五部门：引导加大金融支持力度促进风电和光伏发电等行业发展❷

2021 年 2 月 24 日，国家发展改革委、财政部、中国人民银行、银保监会、国家能源局联合印发《关于引导加大金融支持力度促进风电和光伏发电等行业健康有序发展的通知》。强调各地政府主管部门、有关金融机构要充分认识发展可再生能源的重要意义，合力帮助企业渡过难关，支持风电、光伏发电、生物质发电等行业健康有序发展。一是为保证可再生能源补贴资金来源，各相关电力用户需严格按照国家规定承担并足额缴纳依法合规设立的可再生能源电价附加，各级地方政府不得随意减免或选择性征收。二是各燃煤自备电厂应认真配合相关部门开展可再生能源电价附加拖欠情况核查工作，并限期补缴拖欠的金额。三是企业结合实际情况自愿选择是否主动转为平价项目，对于自愿转为平价项目的，可优先拨付资金，贷款额度和贷款利率可自主协商确定。

（4）中央财经委员会：把碳达峰碳中和纳入生态文明建设整体布局❸

2021 年 3 月 15 日，中央财经委员会第九次会议研究促进实现碳达峰、碳中和的基本思路和主要举措。会议强调，实现碳达峰、碳中和是一场广泛而深刻的经济社会系统性变革，要把碳达峰、碳中和纳入生态文明建设整体布局，拿出抓铁有痕的劲头，如期实现 2030 年前碳达峰、2060 年前碳中和的目标。此外，会议明确实现碳达峰、碳中和的基本思路及主要举措。"十四五"是碳达峰的关键期、窗口期，重点做好：一是控制化石能源总量，构建以新能源为主体的新型电力系统；二是实施重点行业（工业、建筑和交通）领域减污降碳行动；三是推动

---

❶ https：//www.ndrc.gov.cn/xwdt/tzgg/202101/t20210111 _ 1264795 _ ext.html

❷ https：//www.ndrc.gov.cn/xxgk/zcfb/tz/202103/t20210312 _ 1269410.html? code ＝ ＆ state ＝ 123

❸ https：//mp.weixin.qq.com/s/VkRj7SC2sHUclRLAGmP4FA

绿色低碳技术实现重大突破，建立完善绿色低碳技术评估、交易体系和科技创新服务平台；四是完善绿色低碳政策和市场体系，加快推进碳排放权交易，积极发展绿色金融；五是倡导绿色低碳生活，鼓励绿色出行；六是提升生态碳汇能力，强化国土空间规划和用途管控，提升生态系统碳汇增量；七是加强应对气候变化国际合作，推进国际规则标准制定，建设绿色丝绸之路。

（5）国家发展改革委和能源局：下发各省可再生能源电力消纳责任目标❶

2021年5月25日，国家发展改革委、国家能源局联合发布2021年可再生能源电力消纳责任权重和2022年预期目标。按照文件，从2021年起每年初滚动发布各省权重，同时印发当年和次年消纳责任权重，当年权重为约束性指标，各省按此进行考核评估，次年权重为预期性指标，各省按此开展项目储备。各省在确保完成2025年消纳责任权重预期目标的前提下，由于当地水电、核电集中投产影响消纳空间或其他客观原因，当年未完成消纳责任权重的，可以将未完成的消纳责任权重累计到下一年度一并完成。各省可以根据各自经济发展需要、资源禀赋和消纳能力等，相互协商采取灵活有效的方式，共同完成消纳责任权重。对超额完成激励性权重的，在能源双控考核时按国家有关政策给予激励。

3.1.3　地方层面：开展双碳行动

（1）广东、北京、上海：提出率先碳达峰目标

"十四五"期间，北京、上海、广东等地研究提出力争在全国率先实现碳排放达峰的目标：北京正在开展碳达峰评估❷，其碳强度为全国省级地区最低，"十四五"时期将开展碳减排专项行动，实现碳排放稳中有降。上海给出明确的时间表，力争比全国时间表提前五年实现碳达峰目标❸，到2025年实现"两稳定、两初步"，做到"三达、两保、两提升"，其中"三达"指：大气环境质量全面达标，水环境功能区基本达标，碳排放总量力争达峰。广东在《中共广东省委关于制定广东省国民经济和社会发展第十四个五年规划和二〇三五年远景目标的建议》提出，"制定实施碳排放达峰行动方案，推动碳排放率先达峰"，但未明确达峰年份和总量。

（2）深圳：到本世纪中叶力争实现碳中和❹

2021年2月，深圳市推进中国特色社会主义先行示范区建设领导小组印发了《深圳率先打造美丽中国典范规划纲要（2020—2035年）及行动方案（2020—2025年）》。提及美丽中国典范建设"三个台阶"的目标愿景：一是到

---

❶　https：//mp. weixin. qq. com/s/ph9dd-N4VMsFryOJnfDYdQ

❷　https：//mp. weixin. qq. com/s/jOAYkgRdN0MLN9IOZ-W3Tw

❸　https：//mp. weixin. qq. com/s/Hf9ZOztZPMnFQH7fTBUp4w

❹　https：//mp. weixin. qq. com/s/RKK8jifuQlmPtTe2ATpC9w

2025 年，生态环境质量达到国际先进水平、细颗粒物（PM$_{2.5}$）年均浓度不高于 20μg/m^3，景观、游憩等亲水需求得到满足，以碳排放达峰为核心做好工作安排。二是到 2035 年，生态环境质量达到国际一流水平，PM$_{2.5}$ 年均浓度不高于 15μg/m^3，生态美丽河湖处处可见，碳排放达峰后稳中有降。三是到本世纪中叶，力争实现碳中和，城市生态环境治理范式全球领先。

（3）广东、湖南、河南、福建、上海：绿色建筑条例或管理办法施行使绿色建筑发展步入法治轨道

2021 年 1 月 1 日起施行《广东省绿色建筑条例》❶，对于全面推行绿色建筑，提高城乡人居品质，推进建筑业转型升级，实现绿色、低碳、循环发展，推动经济高质量发展具有重要意义。主要亮点：一是全面推行绿色建筑，实行等级管理。二是全力打造大湾区绿色建筑发展新高地。三是全过程加强建设管控。四是全环节加强运行监管。五是全套推出绿色建筑激励措施。六是全心全意提升民众对绿色建筑的认知认同和获得感。

2021 年 10 月 1 日起施行《湖南省绿色建筑发展条例》❷，湖南将通过大力推行绿色建造方式，规范绿色建筑活动，助力碳达峰碳中和，实现建筑领域节能减排目标，满足人民美好生活需要。亮点是对绿色建筑实施范围、等级目标等提出了具体要求：国土空间规划确定的城镇开发边界范围内新建民用建筑，应当按照基本级以上标准建设；建筑面积 3000m^2 以上的政府投资或者以政府投资为主的公共建筑以及其他建筑面积 2 万 m^2 以上的公共建筑，应当采用装配式建筑方式或者其他绿色建造方式，并按照一星级以上标准建设。《条例》鼓励其他公共建筑和居住建筑按照一星级以上标准建设。

2021 年 9 月 29 日，河南省十三届人大常委会第二十七次会议审议了《河南省绿色建筑条例（草案）》❸，条例草案包括了总则、规划与标准、建设与改造、技术创新与循环利用、使用与保障、法律责任、附则。增加了"碳达峰、碳中和"的目标，限定了河南省发展绿色建筑范围为"城市规划区范围内新建民用建筑（农民自建住宅除外）"，同时，政府投资或者以政府投资为主的建筑、建筑面积大于 2 万 m^2 的大型公共建筑、建筑面积大于 10 万 m^2 的住宅小区，应当照绿色建筑标准进行建设。县级以上人民政府自然资源主管部门在土地出让或者划拨时，应当将建设用地规划条件确定的绿色建筑等级和装配式建筑建设要求，纳入国有土地使用权出让合同或者国有土地划拨决定书。

2021 年 7 月 29 日，福建省第十三届人民代表大会常务委员会第二十八次会

---

❶ http://www.baoan.gov.cn/gkmlpt/content/8/8569/post_8569717.html#1328

❷ http://www.hunan.gov.cn/hnszf/hnyw/sy/hnyw1/202109/t20210915_20580415.html

❸ https://baijiahao.baidu.com/s?id=1711940452462723508&wfr=spider&for=pc

议通过《福建省绿色建筑发展条例》❶，该条例分七章，包括总则，规划、设计与建设，运营与改造，技术与应用，引导与激励，法律责任以及附则，本条例自2022年1月1日起施行。城镇建筑用地范围内的新建民用建筑，应当按照基本级以上绿色建筑标准建设。政府投资或者以政府投资为主的公共建筑、建筑面积大于2万m²的公共建筑应当按照一星级以上绿色建筑标准建设。鼓励其他民用建筑按照一星级以上绿色建筑标准建设。新建民用建筑项目可行性研究报告或者项目申请报告应当载明绿色建筑等级要求，明确工程选用的绿色建筑技术、节能减排等内容。

2021年9月13日，上海市政府第139次常务会议通过《上海市绿色建筑管理办法》❷，自2021年12月1日起施行。新建民用建筑，应当按照绿色建筑基本级及以上标准建设。其中，新建国家机关办公建筑、大型公共建筑以及其他由政府投资且单体建筑面积达到一定规模的公共建筑，应当按照绿色建筑二星级及以上标准建设。以有偿方式使用建设用地的建设项目，土地供应前，规划资源管理部门应当就绿色建筑等级、装配式建造、建筑信息模型技术应用、全装修住宅、可再生能源利用等绿色建筑具体要求，征询住房城乡建设管理部门的意见，并纳入土地使用合同。

（4）南京：出台绿色建筑示范项目管理办法❸

2021年3月16日，南京市城乡建设委员会、南京市财政局出台了《南京市绿色建筑示范项目管理办法》，推动南京市绿色建筑高质量发展，规范绿色建筑示范项目管理和专项引导资金使用。绿色建筑示范项目引导资金专项用于全市绿色建筑示范项目的补助，包括以下六种类型：一是新建绿色建筑示范项目。包括当年获得二、三星级绿色建筑标识的单体项目，绿色建筑片区集成示范及绿色小镇项目。二是超低能耗建筑示范项目。优先支持近零能耗建筑及零能耗建筑。三是新建可再生能源建筑应用示范项目。包括采用浅层地能、太阳能热水、光伏的建筑工程。优先支持采用两项以上技术集成应用项目。四是既有建筑节能改造示范项目。五是建筑节能监管体系建设示范项目。六是建筑信息模型（BIM）示范项目。

（5）广州：发布促进绿色低碳发展办法❹

2021年5月12日，《广州市黄埔区 广州开发区 广州高新区促进绿色低碳发展办法》印发，进一步放大财政资金的带动作用。文件指出：对纳入监管的重点用能单位实施节能降耗，最高补贴1000万元；对企业实施循环经济和资源综合

---

❶ http：//www. fujian. gov. cn/zwgk/flfg/dfxfg/202108/t20210811 _ 5667248. htm

❷ https：//www. shanghai. gov. cn/nw12344/20211108/8e8b6be4f4d04ff588b76cbea9b6c1e6. html

❸ https：//mp. weixin. qq. com/s/XcumjxjH3zOUfCn1fP2Iyg

❹ http：//www. gz. gov. cn/gfxwj/qjgfxwj/hpq/qbm/content/post _ 7277979. html

利用项目的按实际投资总额给予最高 200 万元补助；对建设充电基础设施项目的给予最高 100 万元补贴。对在我区举办国际级或国家级新能源绿色产业峰会、重大论坛、创新大赛等活动的给予最高 100 万元补贴。

（6）成都：召开碳达峰碳中和工作推进会❶

2021 年 5 月 26 日，成都市召开市委理论学习中心组（扩大）专题学习会暨全市碳达峰碳中和工作推进会。会议强调，"十四五"是生态文明建设进入以减污降碳为重点、实现生态环境质量改善由量变到质变的关键期。一是以更加积极主动的姿态率先实现碳达峰，加快建设碳中和"先锋城市"；二是以六大重点领域的关键性突破带动成都碳达峰碳中和整体性推进；三是加快提升以生态价值转化为关键的生态碳汇能力，率先探索建设全面领先的碳中和绿色生态试验区；四是以公园城市示范区建设为统揽，实现绿色发展的率先突破、引领示范，加快构建人与自然和谐共生的现代化城市；五是以抓铁有痕、踏石留印的坚韧执着扛起示范责任，加快推动经济社会发展全面绿色转型。

（7）多省份开启碳排放环境影响评价试点

2021 年 7 月 27 日，生态环境部发布《关于开展重点行业建设项目碳排放环境影响评价试点的通知》❷，提出将在河北、吉林、浙江、山东、广东、重庆、陕西等地，在电力、钢铁、建材、有色、石化和化工等重点行业，开展碳排放环境影响评价试点。鼓励其他有条件的省（区、市）根据实际需求划定试点范围，并向生态环境部申请开展试点。2021 年 8 月 2 日，广东省生态环境厅印发《关于开展石化行业建设项目碳排放环境影响评价试点工作的通知》❸，要求：列入《国民经济行业分类》（GB/T 4754—2017，按第 1 号修改单修订）中"2511 原油加工及石油制品制造""2522 煤制合成气生产""2523 煤制液体燃料生产"小类，按照《建设项目环境影响评价分类管理名录》规定应编制环境影响报告书的新建、改建、扩建项目，全部纳入试点项目范围。

2021 年 8 月 2 日，海南省生态环境厅发布《关于试行开展碳排放环境影响评价工作的通知》❹，将试行开展碳排放环境影响评价工作，实施范围包含省级以上重点产业园区，电力、建材、石化、化工、造纸、医药、油气开采等重点行业，海口江东新区、三亚崖州湾科技城、博鳌乐城国际医疗旅游先行区、洋浦经济开发区应在 2021 年底前完成现状碳排放环境影响评价工作并将碳评文件报备案审查，其他产业园区应尽快开展碳排放环境影响评价并及时报备案审查。新建"两高"项目应该在开展环评工作时同步开展碳评工作，鼓励现有"两高"项目

---

❶ 成都生态环境 https：//mp. weixin. qq. com/s/ZMBcAcvcafiLBVALBhVlhg
❷ https：//www. mee. gov. cn/xxgk2018/xxgk/xxgk06/202107/t20210727 _ 851553. html
❸ http：//gdee. gd. gov. cn/shbtwj/content/post _ 3450729. html
❹ http：//hnsthb. hainan. gov. cn/xxgk/0200/0202/hjywgl/hjyxpj/202108/t20210802 _ 3028348. html

积极开展碳评现状工作，主动提出碳排放总量控制及减排要求。

3.2 学术支持：推动绿色低碳发展

3.2.1 国际论坛：探索城市绿色低碳发展路径与模式

（1）2020 绿色发展城市高峰论坛暨第八届深圳国际低碳城论坛❶

2020 年 12 月 6 日至 8 日，2020 绿色发展城市高峰论坛暨第八届深圳国际低碳城论坛在深圳召开（图 1-3-1），主题为"新冠疫情大考：绿色复苏 绿色治理全球行动"，为城市经济复苏提供参考。本次论坛包括粤港澳大湾区绿色发展高峰论坛、绿色金融论坛、能源论坛、绿色城市论坛、第六届哈尔滨工业大学（深圳）创新经济论坛、绿色健康人居环境创新与技术应用专业论坛、碳交易机制助力城市碳达峰/碳中和专题等分论坛。

图 1-3-1 2020 绿色发展城市高峰论坛暨第八届深圳国际低碳城论坛会议现场
（来源：http://www.cinn.cn/dfgy/202012/t20201210_236418.html）

本次论坛启动了多项重大项目，如"全球首批车电分离暨弗迪动力电池＋南网电动智慧能源运营项目"、南网电动重卡智慧储能换电站投运仪式暨宁德时代、华菱星马"车电分离"电动重卡大湾区首发等。发布多份重要研究报告，如《守住发展和生态两条底线的重要探索——基于"生态元"的全国省市生态资本服务价值排行榜（2000—2015）》《中国绿色低碳城市评价研究》（以第三方视角对

---

❶ http://www.cinn.cn/dfgy/202012/t20201210_236418.html

2018 年全国 169 个地级以上城市进行了多维度绿色低碳评估）等。

（2）2021（第十七届）国际绿色建筑与建筑节能大会❶

2021 年 5 月 18 日至 19 日，2021（第十七届）国际绿色建筑与建筑节能大会暨新技术与产品博览会在成都召开（图 1-3-2）。大会以"聚焦建筑碳中和，构建绿色生产生活新体系"为主题，设立 49 个分论坛，从城市—城区—社区—建筑四个维度，围绕"低碳、智慧、健康"，交流国内外绿色建筑与建筑节能的最新科技成果、发展趋势、成果案例。研讨绿色建筑与建筑节能技术标准、政策措施、评价检测、创新设计和优化建造，加速推进绿色生态城区的实施，探讨建筑领域碳达峰和碳中和的技术路径，分享国际国内绿色建筑与建筑节能新经验、新技术，加快装配式建筑的普及和绿色建筑的发展。

图 1-3-2　2021（第十七届）国际绿色建筑与建筑节能大会会议现场

（3）2021 上海绿色建筑国际论坛❷

2021 年 9 月 29 日，由上海市绿色建筑协会举办的 2021 上海绿色建筑国际论坛在上海举行（图 1-3-3）。聚焦"上海明天 绿色新城"，深入探索了城市绿色低碳发展路径与模式，为推动建筑业绿色化、工业化、信息化融合发展，推动绿色低碳生产生活方式提供了新思路，为企业搭建了高端前沿的信息交流平台，拓宽了企业的思路和视野。论坛上正式发布《上海绿色建筑发展报告（2020）》，从政策法规、科研标准、重点推进、综合成效、产业推广和发展展望等几个方面对上海绿色建筑发展概况进行了详细的表述。

---

❶ https：//baijiahao.baidu.com/s？id=1700731650815782848&.wfr=spider&.for=pc

❷ https：//www.sohu.com/a/494626095＿121123910

图 1-3-3　2021 上海绿色建筑国际论坛
（来源：https：//www.sohu.com/a/494626095_121123910）

3.2.2　城镇会议：推动城市生态文明高质量发展

（1）2021 年世界城市日中国主场活动暨首届城市可持续发展全球大会❶

2021 年 10 月 31 日，2021 年世界城市日中国主场活动暨首届城市可持续发展全球大会在上海举行（图 1-3-4）。以"应对气候变化，建设韧性城市"为主题，开展低碳经济、城市历史文化保护传承、城市治理、生态韧性和新城建设 5 场主题论坛，中国城市高质量发展、国际城市与建设产业论坛、中国城市发展案例展等多场专题论坛及配套活动。来自国内外的政府官员、国际组织代表、专家学者等分享在推进城市绿色低碳发展和提升城市安全韧性方面的经验做法。会上发布了上海指数综合指标体系框架、《上海手册——21 世纪城市可持续发展指南·2021 年度报告》。"上海指数"综合指标体系框架是全球首个以经济、社会、文化、环境和治理"五位一体"理念为基础框架设置的城市可持续发展指数体系，旨在评估全球城市可持续发展进步水平，推广以人为本的城市可持续发展理念。

（2）2021 年生态文明贵阳国际论坛❷

2021 年 7 月 12 日至 13 日，2021 年生态文明贵阳国际论坛召开，以"绿色低碳循环发展，共建全球生态文明"为主题，探讨绿色低碳循环发展与全球生态文明建设，共商生态文明教育与绿色治理转型（图 1-3-5）。主题论坛上发布了

---

❶　http：//www.mohurd.gov.cn/xwfb/202111/t20211101_252127.html

❷　https：//mp.weixin.qq.com/s/ticSt6EAJFxh0VxD9Z6iHw

图 1-3-4　2021 年世界城市日中国主场活动暨首届城市可持续发展全球大会现场
（来源：https://www.yicai.com/news/101214202.html）

《应对气候变化的基于自然解决方案全球案例》报告，报告以生态文明理念为指导制定研究标准，汇集全球基于自然的解决方案优秀案例，旨在通过分享优秀案例，分析其成功经验，为中国开展相关实践提供借鉴，为中国建设生态文明，实现碳中和目标贡献力量。

图 1-3-5　主题论坛现场图
（来源：https://mp.weixin.qq.com/s/ticSt6EAJFxh0VxD9Z6iHw）

3.2.3 低碳会议：研讨"碳达峰、碳中和"行动方案

（1）《零碳建筑技术标准》启动加快建筑领域落实双碳目标❶

2021 年 4 月 9 日，国家标准《零碳建筑技术标准》启动会召开。该标准应以"支撑指导任务分解、综合考虑分级覆盖、逐步迈向能碳双控、保持全口径碳覆盖"为原则开展编制，为建筑领域达峰的路线图和时间表的确认起到重要支撑作用。该标准是住房和城乡建设领域积极落实双碳目标的重要工作，将对建筑领域减碳目标分解落实，引导强制性标准提升具有重要支撑作用。

（2）"中国碳中和 50 人论坛"成立大会❷

2021 年 5 月 8 日，由清华大学全球共同发展研究院、华夏新供给经济学研究院、生态环境部环境规划院和北京华软科技发展基金会共同发起的"中国碳中和50 人论坛"在京成立，旨在深入落实"碳达峰、碳中和"行动方案（图 1-3-6）。

图 1-3-6 "中国碳中和 50 人论坛"成立大会现场

（来源：https://m.thepaper.cn/baijiahao_12593051）

论坛上共同发表了《"推动中国全面绿色转型"北京宣言》，倡议积极响应和配合中国政府环境保护的低碳承诺；倡议设立企业减排目标与企业气候变化战略，长期指导企业发展方向；倡议努力提高人们在生产和消费过程中的资源和能源利用效率，提高可再生能源在能源结构中的比例。宣言呼吁：全球各界力量一起，在实现全球碳中和及构建人与自然生命共同体的道路上，合作共赢，督促各

---

❶ https://mp.weixin.qq.com/s/nA8w4hTRXwY13L_Rql18Mg

❷ https://mp.weixin.qq.com/s/c4mPruDVXf2HSTb5jr6pNw

国加快制定有效的全球气候政策框架，建立起政府、企业界及社会各界参与的全球环境治理协调机制。

（3）工业低碳行动方案研讨会强化工业领域双碳工作顶层设计❶

2021年5月21日，工业和信息化部节能与综合利用司在京召开工业低碳行动方案研讨会，参会专家分析了当前工业领域碳排放现状及存在的问题，围绕构建低碳工业体系、提升工业用能低碳化水平、实施绿色制造工程、研发推广低碳工艺技术、重点行业低碳发展路径等进行了交流讨论。下一步，工业和信息化部将深入贯彻党中央、国务院关于碳达峰碳中和工作的决策部署，进一步强化顶层设计，做好工业领域碳达峰碳中和工作，加快推进工业绿色低碳转型。

（4）中国科学院学部第七届学术年会公布"碳中和"框架路线图研究进展❷

2021年5月30日，中国科学院学部第七届学术年会（图1-3-7）公布了《中国"碳中和"框架路线图研究》研究进展，提出初步看法：一是"碳中和"过程既是挑战又是机遇。"技术为王"将在此进程中得到充分体现。国家需要积极研究与谋划、谋定而动、系统布局、组织力量、特殊支持，力争以技术上的先进性获得产业上的主导权，使之成为民族复兴的重要推动力。二是这轮"大转型"需要在能源结构、能源消费、人为固碳"三端发力"，必须坚持市场导向，鼓励竞争，稳步推进。政府的财政资金应主要投入在技术研发、产业示范上，力争使我国技术和产业的迭代进步快于他国。三是学术界应该秉持开放的态度，广泛参与，发挥出想象力和创造力，先经历一段"百家争鸣"时期。四是"大转型"中，行业的协调共进极其重要。"减碳、固碳""电力替代""氢能替代"均需要

图1-3-7 中国科学院学部第七届学术年会现场

（来源：https://www.cas.cn/cm/202105/t20210531_4790514.shtml）

---

❶ https://mp.weixin.qq.com/s/aN-GHXQh-ZK2qkBqrQF6XQ

❷ https://cn.chinadaily.com.cn/a/202105/30/WS60b3516fa3101e7ce975262e.html

增加企业的额外成本。由此，分行业设计"碳中和"路线图及有效的激励/约束制度需尽早提上日程。五是评价国家、区域、行业、企业甚至家庭的碳中和程度，需从收、支两端计量。国家应尽早建立系统的监测、计算、报告、检核的标准体系，以期针对我国的碳收支状况，保证话语权。

3.3　技术发展：加快节能减排进程

3.3.1　光储直柔概念提出与发展[❶]

光储直柔是在建筑领域应用太阳能光伏、储能、直流和柔性四项技术的简称，英文简称 PEDF (Photovoltaic, Energy storage, Direct current and Flexibility)，即在建筑中通过直流母线连接分布式光伏、储能和可调用电负荷实现市电功率柔性控制。光储直柔的"光"，是分布式太阳能光伏。"储"就是分布式蓄能，广义上说有很多种方式，包括电化学储能、储热、抽水蓄能等。"直"就是低压直流配电系统。"柔"，就是柔性，一方面是电器设备根据直流母线电压的波动动态调整输出功率，也就是说当电器设备感知到外界电力供应处于高峰或紧张时，在满足舒适条件的同时，设备自动降低功率运行；一方面是通过光伏、储能以及负荷三者的动态匹配，实现与电网的友好说话。传统建筑能源供应主要是解决电力供应和建筑用能二者之间的关系，柔性要解决的是市电供应、分布式光伏、储能以及建筑用能四者的协同关系（图 1-3-8）。

光储直柔不仅仅是技术变革，其中也包括理念、文化与协同，比如大家对分布式光伏的认知与理念，电动车充电桩进楼以及双向充放，电力负荷调节机制等。国家已明确 2030 年碳达峰 2060 年碳中和的目标，能源领域有了清晰的发展路径，光储直柔逐渐得到了越来越多学者、企业和老百姓的关注。

北京市政策和地标先行一步，推广光储直柔系统。2020 年 11 月 18 日，北京市发展和改革委员会、北京市财政局、北京市住房和城乡建设委员会联合印发

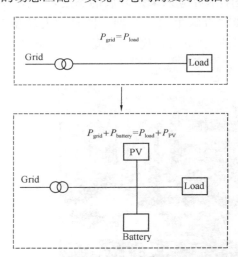

图 1-3-8　建筑用能两者关系变成四者关系

（来源：https://mp.weixin.qq.com/s/Udz4GK1zMOtwN-Z3XgtAug）

❶　https://mp.weixin.qq.com/s/Udz4GK1zMOtwN-Z3XgtAug

了《关于进一步支持光伏发电系统推广应用的通知》（以下简称《通知》），进一步加快光伏发电系统推广应用，《通知》提出对"自发自用为主，余量上网"模式并网发电的分布式光伏发电项目，市级财政按项目实际发电量给予补贴，个人利用自有产权住宅建设的户用光伏发电项目补贴标准为 0.3 元/kWh（含税），学校、社会福利场所等执行居民电价的非居民用户项目补贴标准为 0.4 元/kWh（含税），还有全部实现光伏建筑一体化应用的项目补贴标准也为 0.4 元/kWh（含税），连续补贴 5 年。由此，居住建筑中太阳能光伏发电系统的投资回收期可缩短到小于 5 年。

2021 年 1 月 1 日正式实施北京市《居住建筑节能设计标准》DB11/891—2020，本次修订除提高建筑节能目标（节能率由 75% 提升至 82%）外，还修订了与太阳能相关的条文，要求新建居住建筑在太阳能光热和太阳能光伏二者之间必选其一，且安装面积应不少于全部屋面水平投影面积 40% 的屋面设置太阳能光伏组件；采用太阳能光伏系统时推荐采用直流配电，并设置合理储能。主要是通过可再生能源的合理应用，降低建筑物对化石能源的消耗水平。

2021 年 10 月 26 日，国务院印发《2030 年前碳达峰行动方案》，围绕贯彻落实党中央、国务院关于碳达峰碳中和的重大战略决策，按照《中共中央　国务院关于完整准确全面贯彻新发展理念做好碳达峰碳中和工作的意见》工作要求，聚焦 2030 年前碳达峰目标，对推进碳达峰工作作出总体部署。光储直柔正式写入《2030 年前碳达峰行动方案》重点任务四"城乡建设碳达峰行动"中，加快优化建筑用能结构，提高建筑终端电气化水平，建设集光伏发电、储能、直流配电、柔性用电于一体的"光储直柔"建筑。到 2025 年，城镇建筑可再生能源替代率达到 8%，新建公共机构建筑、新建厂房屋顶光伏覆盖率力争达到 50%。

3.3.2　碳排放影响评价技术（编制）指南

2021 年 6 月 9 日，生态环境部印发《关于加强高耗能、高排放建设项目生态环境源头防控的指导意见》❶，将碳排放影响评价纳入环境影响评价体系。2021年 7 月 27 日，生态环境部办公厅发布《关于开展重点行业建设项目碳排放环境影响评价试点的通知》，组织河北省、吉林省、浙江省、山东省、广东省、重庆市、陕西省等部分省份开展重点行业建设项目碳排放环境影响评价试点。要求2021 年 12 月底前，试点地区发布建设项目碳排放环境影响评价相关文件，研究制定建设项目碳排放量核算方法和环境影响报告书编制规范，基本建立重点行业建设项目碳排放环境影响评价的工作机制。通知中发布《重点行业建设项目碳排放环境影响评价试点技术指南（试行）》，要求在环境影响报告书中增加碳排放环

---

❶　https：//mp. weixin. qq. com/s/Bx6jNAmzi9HRnpSUCwd9jg

境影响评价专章，分析建设项目碳排放是否满足相关政策要求，明确建设项目二氧化碳产生节点，开展碳减排及二氧化碳与污染物协同控制措施可行性论证，核算二氧化碳产生和排放量，分析建设项目二氧化碳排放水平，提出建设项目碳排放环境影响评价结论（图 1-3-9）。

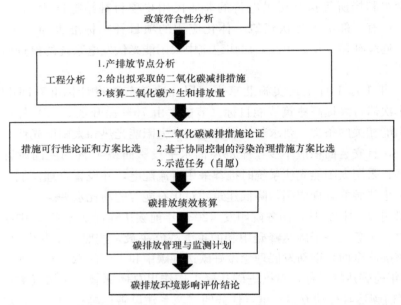

图 1-3-9　建设项目碳排放环境影响评价工作程序图

（来源：《重点行业建设项目碳排放环境影响评价试点技术指南（试行）》）

（1）重庆发布规划及建设项目环评碳排放评价技术指南❶

2021 年 1 月 26 日，重庆市生态环境局发布了《重庆市规划环境影响评价技术指南——碳排放评价（试行）》《重庆市建设项目环境影响评价技术指南——碳排放评价（试行）》。该指南适用于重庆市域内的钢铁、火电（含热电）、建材、有色金属冶炼、化工（含石化）五大重点行业的规划环评和需编制环境影响报告书的建设项目环评，以及产业园区规划环评的碳排放评价。其他行业及建设项目环评中碳排放评价可参照使用。

（2）浙江发布建设项目碳排放评价编制指南❷

2021 年 7 月 8 日，浙江省发布《浙江省建设项目碳排放评价编制指南（试行）》，要求碳排放评价工作主要内容包括政策符合性分析、现状调查和资料收集、工程分析、措施可行性论证和方案比选、碳排放评价、碳排放控制措施与监

---

❶　http：//sthjj. cq. gov. cn/zwgk _ 249/zfxxgkml/zcwj/qtwj/202102/t20210208 _ 8885745. html

❷　http：//sthjt. zj. gov. cn/art/2021/7/8/art _ 1229263469 _ 2310637. html

测计划、评价结论。相关工作融入环境影响评价报告相应章节中，并设立单独评价专章。同年 8 月 8 日起，浙江省范围内的钢铁、火电、建材、化工、石化、有色、造纸、印染、化纤等九大重点行业，编制环境影响报告书的建设项目环境影响评价中开展碳排放评价试点工作。

3.4 实践探索：示范节能减排建设

3.4.1 深圳：发布全国首个 GEP 体系❶

2021 年 3 月 23 日，深圳正式发布全国首个 GEP 核算制度体系——《深圳市生态系统生产总值（GEP）核算技术规范》。GEP 叫作生态系统生产总值，也就是生态系统服务价值，是指生态系统为人类福祉和经济社会可持续发展提供的最终产品与服务价值的总和，包括物质产品价值、调节服务价值和文化服务价值三部分。GEP 核算体系有效弥补了 GDP 核算未能衡量自然资源消耗和生态环境破坏的缺陷，将无价的生态系统各类功能"有价化"来核算"生态账"，让人们更加直观地认识生态系统的价值。按照《深圳市 2020 年度生态系统生态总值（GEP）核算报告》，深圳市 2020 年度 GEP 为 1303.82 亿元，其中物质产品价值 23.55 亿元，调节服务价值 699.52 亿元，文化旅游服务价值 580.75 亿元，占比分别为 1.8%，53.7% 和 44.5%，单位面积 GEP 为 0.65 亿元/km² （图 1-3-10）。

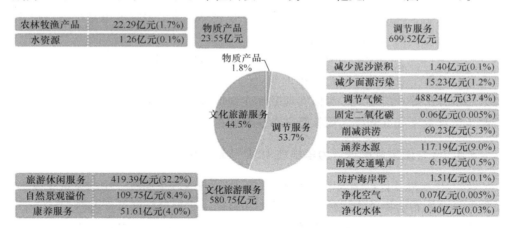

图 1-3-10 2020 年深圳市生态系统生态总值（GEP）构成

（来源：《深圳市 2020 年度生态系统生态总值（GEP）核算报告》）

2019 年 8 月，《中共中央 国务院关于支持深圳建设中国特色社会主义先行示

---

❶ https：//mp.weixin.qq.com/s/65Ks91b-mapAvuEHYLXVCw

范区的意见》明确要求"探索实施生态系统服务价值核算制度",《综合改革试点实施方案》进一步要求"扩大生态系统服务价值核算范围"。深圳市完成了以GEP核算实施方案为统领,以技术规范、统计报表制度和自动核算平台为支撑的"1+3"核算制度体系:

一个统领——GEP核算实施方案统领。2021年2月9日,市生态环境局与统计、发改部门联合出台GEP核算实施方案(试行)。明确了核算方法,要求GEP核算按技术规范统一核算,按统计报表制度统一填报;规范了核算流程,确定每年核算结果于次年7月底前正式发布;理清了部门职责,明确GEP核算责任分工和工作要求。

一项标准——GEP核算的地方标准。《深圳市生态系统生产总值(GEP)核算技术规范》确立了GEP核算两级指标体系,以及每项指标的技术参数和核算方法。其中一级指标有3项,分别为物质产品、调节服务和文化旅游服务。二级指标16个,包括农林牧渔产品、调节气候、涵养水源、净化空气、游休闲服务等等。这个技术规范与联合国统计局的生态系统核算(SEEA—EA)技术指南和国家GEP核算标准相互衔接,是我国首个高度城市化地区的GEP核算技术规范。

一套报表——GEP核算统计报表制度。2020年10月12日实施了GEP核算统计报表制度(2019年度)。将200余项核算数据分解为生态系统监测、环境与气象监测、社会经济活动与定价、地理信息4类数据,全面规范了数据来源和填报要求,数据来源涉及18个部门,共有48张表单。该报表制度也是全国首份正式批准施行的GEP核算统计报表。

一个平台——GEP自动核算平台。2020年8月率先上线了GEP在线自动核算平台,核算平台设计了部门数据的报送、一键自动计算、任意范围圈图核算、结果展示分析等功能模块,可以实现数据在线填报和核算结果的一键生成,极大提高了核算效率和准确性。该核算平台是全球首个GEP自动核算平台。

3.4.2　中国宝武钢铁:力争提前10年实现碳中和[❶]

2021年4月8日,中国宝武钢铁集团有限公司(以下简称"中国宝武钢铁")率先向社会发布要提前实现碳达峰、碳中和目标,实现目标的3个步骤是:一是以优化管理、提升效率的路径力争实现2023年碳达峰;二是以技术创新、优化流程的路径力争2035年减碳30%;三是以工艺革命、流程再造的路径力争实现2050年碳中和。

中国宝武钢铁率先提出碳达峰碳中和目标是在巨大的压力之下做出的决策,

---

❶　https://mp.weixin.qq.com/s/YvO8nJt4LBN_2O5-AvOM4A

国外诸多钢铁企业均提出要在 2050 年实现碳中和，许多欧盟国家客户对其提出了产品要具备全生命周期评价评估报告、企业要发布可持续发展报告和碳减排路线图等要求，否则将拒绝采购相关产品。在国际、国内都对钢铁行业节能减排提出新要求的背景下，中国宝武钢铁下决心要走低碳创新转型之路，变被动为主动，提出"以绿色发展为统领，以低碳冶金和智慧制造实现钢铁生产过程的绿色化，以精品化实现钢铁产品使用过程的绿色化，为构建碳中和社会做贡献"的绿色低碳发展思路（图 1-3-11）。

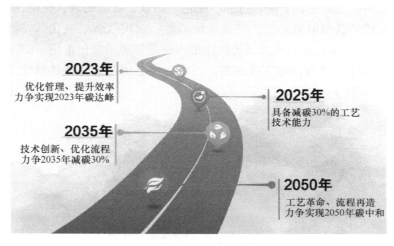

图 1-3-11 中国宝武钢铁低碳冶金路线图

（来源：https：//mp. weixin. qq. com/s/YvO8nJt4LBN _ 2O5-AvOM4A）

3.4.3 国家电网、南方电网："碳达峰、碳中和"行动方案❶❷

2021 年 3 月 1 日，国家电网发布"碳达峰、碳中和"行动方案，提出 6 个方面 18 项重要举措，成为首个发布碳达峰碳中和行动方案的中央企业。国家电网"碳达峰、碳中和"行动方案提出：在能源供给侧，构建多元化清洁能源供应体系，大力发展清洁能源，最大限度开发利用风电、太阳能发电等新能源，坚持集中开发与分布式并举，积极推动海上风电开发，大力发展水电，加快推进西南水电开发，安全高效推进沿海核电建设，加快煤电灵活性改造，优化煤电功能定位，科学设定煤电达峰目标。到 2025 年，输送清洁能源占比达到 50%。预计2025 年、2030 年，非化石能源占一次性能源消费比重将达到 20%、25% 左右。做好能源供给侧和需求侧的有效衔接，让新能源优先就地并网。

---

❶ https：//mp. weixin. qq. com/s/M6dVsmoFdLHIG9REcnRt4w

❷ https：//mp. weixin. qq. com/s/tzemW2N5eEa91kh1zOGgeg

2021 年 3 月 18 日，南方电网发布"碳达峰、碳中和"工作方案，从 5 个方面提出 21 项措施，将大力推动供给侧能源清洁替代，以"新电气化"为抓手推动能源消费方式变革，全面建设现代化电网，带动产业链、价值链上下游加快构建清洁低碳安全高效的能源体系。一是能源供应：南方电网公司将大力推动能源供给侧结构优化调整，全力服务新能源接入和消纳。到 2030 年，推动南方五省区新能源再新增装机 1 亿 kW 左右，达到 2.5 亿 kW；非化石能源装机占比提升至 65%，发电量占比提升至 61%。二是能源配置：构建现代化电网，最大限度消纳清洁能源。全面建设安全、可靠、绿色、高效、智能的现代化电网，构建以新能源为主体的新型电力系统。三是能源消费：加快"新电气化"，提高电能消费比重。到 2030 年，助力南方五省区电能占终端能源消费比重由 2020 年的 32% 提升至 38% 以上，支撑南方五省区单位国内生产总值二氧化碳排放比 2005 年下降 65% 以上（图 1-3-12）。

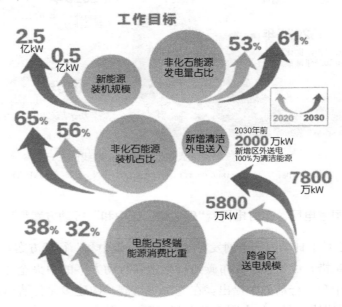

图 1-3-12 南方电网构建清洁低碳安全高效的能源体系目标图
（来源：https://www.sohu.com/a/456867065_121028641）

3.4.4 上海崇明：全力打造碳中和示范区 ❶

2021 年 3 月 18 日，上海市生态环境局与崇明区人民政府签署共建世界级生态岛碳中和示范区合作框架协议。崇明将在碳达峰碳中和方面积极发挥优势，主

---

❶ https://baijiahao.baidu.com/s?id=1694625122228249593&wfr=spider&for=pc

动担当重责，大力推进绿色环境、绿色能源、绿色交通、绿色生产、绿色生活，结合崇明三岛实际，分类开展碳达峰碳中和，加快推进碳减排，着力增加碳汇能力，以高能级生态引领高质量发展、创造高品质生活，努力打造成为具有世界影响力的生态优先、绿色发展的碳中和示范区，为上海加快实现碳达峰碳中和作出更大贡献。

崇明承载着上海市三分之一的森林，三分之一的基本农田，拥有东风西沙、青草沙水库两大核心水源地，森林覆盖率达到30.5％，到2025年，自然湿地保有量不少于24.8万 hm²，生态环境优势明显，是上海重要的碳汇基地，具备布局建设"碳中和"试点项目的先天优势和独特条件。崇明启动了减碳行动暨造林碳汇工程，将通过"光储微网"一体化绿电项目，实现横沙全岛可再生能源电力供给，计划到2025年，建成30万 kW 光伏、配套8万 kWh 储能项目及生物质发电，形成全岛自发自用、供需平衡、余电外送的绿电格局（图1-3-13）。

图 1-3-13　崇明渔光互补项目

（来源：https：//export.shobserver.com/baijiahao/html/357475.html）

3.4.5　无锡：零碳之路❶

2021年5月19日，在2021碳达峰碳中和无锡峰会上，发布《碳达峰碳中和形势下的无锡城市发展愿景》，无锡深化推进生态文明建设，促进资源节约高效利用，持续打好污染防治攻坚战，创新开展"碳普惠制"试点、零碳科技产业园建设、零碳创新中心建设等工作，积极探索生态优先、绿色低碳的高质量发展之路。全方位、高标准打造新时代碳中和先锋城市、加快打造碳达峰"无锡模式""无锡样板"：一是打造零碳科技产业园：在无锡高新区规划建设零碳科技产业

---

❶　https：//mp.weixin.qq.com/s/rnSzS4W511GWgnYj_AnaUg

园，将其打造成为长三角乃至全国知名的零碳技术集聚区、产业示范区。二是创设零碳基金：将进一步加强与国内头部股权投资机构的战略合作，在无锡设立一批重量级零碳基金，引导和鼓励更多社会资本投入绿色产业领域。三是建设碳中和示范区：紧扣"源、网、荷、储、碳"五大环节，构建智能碳管理、智能需求侧管理和智能车辆电网协同三大系统，积极推进无锡经开区中瑞低碳生态城建设。四是建设创新零碳谷：将在宜兴环科园谋划建设"创新零碳谷"，目前已经明确了"三中心—金融"的实施路径。

4 实施挑战与发展趋势

4.1 实 施 挑 战

世界谋求"低碳"发展，遏制全球气候变化。中国勇于承担责任，但面临艰巨挑战。2007 年 6 月中国制定了《中国应对气候变化的国家方案》，2020 年 9 月中国提出"二氧化碳排放力争于 2030 年前达到峰值，努力争取 2060 年前实现碳中和"。这意味着，我国在持续为减缓气候变化影响做贡献的基础上，按下了减碳的加速键。城市作为人类文明的物质形态和象征，我国城镇化和人民居住的主要的物质场所，对我国低碳减排成败起着至关重要的作用。

实现碳中和，煤电二氧化碳排放要基本清零，非化石能源发电 80％以上，低碳转型非常艰难。我国城市普遍存在高碳的能源结构，高碳的产业结构，工业化仍在进行中，实现碳达峰、碳中和时间短等问题。

另外当前城市低碳研究和应用以单一系统为主。城市科学将城市作为一个完整的不可分隔的系统/对象，相互影响是关键，要以系统论的思想研究城市。如何以更小成本实现基础设施、交通运输、绿色空间等多维度的协调配合，正向发挥多维度的叠加效应，实现最大化的整体减碳效果，是未来城市面临的挑战。

《中国低碳生态城市发展报告 2021》针对气候变化，研究碳中和、零碳城市的动态，探讨了生态环境保护、绿色高质量发展、加快智慧化进程、示范引领生态文明建设等从政策指引、学术支持到实践探索的可行方案，对我国 2020—2021 年低碳城市发展动向和研究成果进行总结，并在应对气候变化、实现碳中和和推进零碳城市方面提出了新要求，注入新动力。实现习近平总书记在中央财经委员会第七次会议上的讲话"要更好推进以人为核心的城镇化，使城市更健康、更安全、更宜居，成为人民群众高品质生活的空间"和完善城市化战略"建立高质量的城市生态系统和安全系统"的目标要求。

4.2 发 展 趋 势

随着国家出台包括"碳达峰""碳中和"等重大战略决策和一系列的低碳减排政策措施，低碳建设成为低碳生态城市亟须关注解决的议题。我国信息化进入第三个阶段，我们已经体会到信息化对生活方式和思维方式的改变，尤其是对资源环境的保护，信息化提供了更加好的提高资源利用和社会运行效率和生态保护能力的基础。同时信息化为我国碳交易市场等高效运行，为低碳生态城市的迭代优化，让城市人民群众生活在高品质生活的空间提供条件。在加快城市智能化进程背景下，低碳生态城市发展将呈现以下发展趋势：

利用绿色发展技术，推动绿色高质量发展。风电、光伏、加之水电能和核能的利用，未来可再生（清洁）能源将能够支撑我国能源需求。按照我国碳中和碳达峰目标，到 2050 年我国非化石能源比例需超过 85％，非化石电力在总电量的比重需超过 90％。低碳生态城市可借鉴墨尔本、新加坡、哥本哈根和东京等建设零碳城市经验，打造发展绿色建筑和基础设施，发展绿色能源，利用清洁电力进口，并增加光储直柔等可再生能源和新兴低碳技术的研发。

引领循环经济和供应链零碳发展。当前消费水平下，45％的温室气体排放来自日常生活用品的生产过程（如汽车、衣服、食品等）。循环经济策略在钢铁、水泥、塑料、铝及食物领域的应用，可消除上述 45％温室气体排放的一半。一些高端制造业和商业巨头推进绿色供应链发展，亚马逊、微软等公司相继宣布零碳计划。同时中国宝武、国家电网、南方电网等发布碳达峰、碳中和行动方案。未来低碳生态城市企业需要考虑打造有影响力的碳中和示范区或试点市县。

温室气体减排、大气污染协同治理和跨部门协同减排。温室气体和污染物同根同源，主要来源于化石燃料利用，温室气体减排和大气污染治理措施具有明显的协同性。中国的清洁空气行动同样推动了二氧化碳减排。双碳目标落实，不是简单地要求 IPCC 定义的四个主要碳排放工业、建筑、交通、电力四个部门达峰或中和，关键是跨部门协同，在不影响经济发展的同时，实现科学系统减排。因此低碳生态城市不同碳排放部门之间需要考虑跨部门协同发展。

开展碳交易和街区碳排放统计，示范引领生态文明建设。2011 年 11 月，国家发展改革委在北京、天津、上海、重庆、湖北、广东和深圳开展碳排放交易试点工作。2021 年 7 月 16 日，全国碳交易市场启动。我国发射的全球首颗主动激光雷达二氧化碳探测卫星，将提供高精度的碳监测数据，更好地推动碳市场的运行。在街区碳排放的统计结果表明单位面积碳排放，高排放街区与低排放街区的排放量可以达到 1∶3；绿色技术的减碳效果明显。因此要识别减碳重点行业和企业、布局绿色出行的紧凑城市、引导功能混合布局。

第 二 篇 | 认识与思考

　　新冠肺炎疫情令世界人民充分意识到可持续发展的重要性，应对全球气候变化也已经成为世界各国刻不容缓的重要任务。城市作为一个国家或地区经济发展的牵引力量，产生了全球 72% 的温室气体排放，以城市为主体的减碳策略有望成为实现"2030 碳达峰和 2060 碳中和"目标的最佳方案。城市向着更人本、更低碳、更清洁、更具有韧性的方向发展，尤其是中国"碳达峰"和"碳中和"的重要承诺与疫情冲击和影响的背景下，城市建设这一全方位、宽领域的系统工程，需要统筹协调，多方面重视减碳排和增碳汇，从低碳产业、绿色交通、低碳市政设施、绿色基础设施等城市生态系统建设提高蓝绿碳汇能力，早日实现城市碳氧平衡。

　　本篇通过低碳城市在"碳达峰"和"碳中和"背景下的使命为出发点，围绕"以人为本""碳中和路径""城市韧性"系统梳理了低碳城市与现代健康城市关键作用、建设路径和发展趋势。基于"碳达峰"和"碳中和"的迫切需要，结合国内外低碳城市建设经验，重新思考中国城市低碳转型之路，探寻属于中国未来的低碳化、清洁化、可持续的城市高质量发展模式，实现将城市建设成为宜居、韧性、智能的城市。在"十四五"期间应主动采取措施，识别城市"碳达峰"和"碳中和"的关键，降低城市建筑能耗、农村建筑能耗、城市交通能耗及长距离交通能耗等，以人为本、自我改进重视生态与历史文化，警惕"低碳陷阱"，创造出一个中国的低碳发展新模式。

实施（30·60）战略是一项系统工程，具有紧迫性、复杂性和艰巨性，以城市为主体来实施（30·60）战略具有无可替代的优势。从低碳转型到韧性城市，再到决胜"碳中和"，现代健康城市始终坚持以人为本、城市生命力的发展方向，指出为应对不确定性带来的冲击压力，建立韧性城市的未来方向与关键步骤，从建筑节能、交通低碳、废弃物循环利用、市政便民等视角详细解读中国现代健康城市发展趋势。

1 "碳中和"承诺的兑现关键在城市

1.1 "碳中和"承诺的兑现关键在城市❶

"全球进入'气候紧急状态'!"联合国秘书长古特雷斯在 2020 年 12 月召开的气候雄心峰会上呼吁。2020 年的新冠肺炎疫情令世界人民充分意识到可持续发展的重要性,应对全球气候变化也已经成为世界各国刻不容缓的重要任务。作为一个发展中国家,中国尽管在实现"碳中和"目标上面临着比发达国家更大的压力和挑战,但依然向世界展现了坚定不移的减排决心和大国担当。中国多次表示,二氧化碳排放力争在 2030 年前达到峰值,努力争取 2060 年前实现碳中和。2021 年的中央经济工作会议更是将做好"碳达峰""碳中和"工作列入 2021 年要抓好的八大重点任务之一。

作为一个国家或地区经济发展的牵引力量,城市约占地球陆地面积的 3%,却产生了 75% 的温室气体排放。可见,"碳中和"承诺的兑现关键在城市。以城市为主体的减碳策略有望成为实现"2030 碳达峰和 2060 碳中和"目标的最佳方案。支撑这一预判和观点的主要理由如下:

(1)城市是二氧化碳等温室气体排放的"主角",占总量 75% 以上;

(2)将城市和乡村等有机结合,整体布局可再生能源和碳汇基地,把碳吸收(碳汇)、能源供给与消费(碳源)做有效布局;

(3)我国改革开放四十年以来城市间的 GDP 竞争可转向 GDP 与减碳双轨竞争,要推进实现"碳达峰、碳中和",就要双轨道并行,一个轨道是发展,另一个轨道是减碳;

(4)"从下而上"能"生成"全国韧性碳中和体系,"从下而上"是指调动企业、地方政府的积极性,生成一个韧性碳中和体系。

城市减碳(生成)与行业减碳(构成)能互补融合。城市的减排是内生的,是从下而上的,与行业的电力、水泥、钢铁这些大行业减排能够互补融合,结合点就在城市。城市还可以通过数字技术创新应用使碳减排"三可":可监测、可

---

❶ 国务院参事、住房和城乡建设部原副部长仇保兴在由国际绿色经济协会主办的 2021 中国绿色经济年会中作了题为"中国(30·60)战略的难点与对策"主题演讲。

47

评价、可监督，多用信息，少耗能。创新多种技术组合可使不同气候区的城市发挥"综合减碳"效应，特别是植物在城市建筑中的应用。

1.2　城市的低碳转型之路[1]

在"十四五"期间应主动采取措施，降低城市建筑能耗、农村建筑能耗、城市交通能耗及长距离交通能耗等，由此未来的低碳发展的路径会越走越顺，可以创造出一个中国的低碳发展新模式。

首先，城市建设应该以人为本，具有自我改进的能力，城市可以从高碳向低碳转移，发动每个市民的能动性和积极性。其次，要尊重自然生态、尊重当地历史文化和普通居民的利益。因为当地的历史文化蕴涵着节能减排的古代先贤智慧，只有以尊重普通居民的长远利益为前提，进行富有创造力的规划管理工作，才能使城市具备持续减碳的自进化能力。

在空间规划上，要遵守"城市空间紧凑混合有序与田园项目宽敞宜人，二者相互依托"的原则，尊重大自然，尽可能地对河流、山丘、绿地等自然环境造成最小干扰，将城市轻轻地"安放"在大自然中。

在交通规划中，将绿色交通设计与用地模式融合，一并进行考虑规划，不能仅仅站在汽车的角度去建设城市，还应从自行车、行人的角度来建设，使其共同友好相处，这需要把轨道交通与微交通联系在一起规划。

同时，在城市中补充建设"微循环"。坚持优化可再生能源以及材料的循环利用，坚持采用分布式的能源系统，用微能源来代替工业能源中心式的能源系统。例如从水的角度看，应该建立多级的塔式用水模式，对水资源进行多次甚至 N 次反复利用，有效提升水的利用效率。绿色建筑、健康建筑是生态城市的细胞，也是城市保持弹性的基础，它应该与城市共同进化、自我更新，来协同使城市的绿色发展走得更稳、更快、更和谐。

此外，在城市建设中，还要警惕高技术的"低碳陷阱"和外部植入式的"低碳陷阱"。应利用传统智慧、本地文化、实用的新技术、现代信息技术组合进行合理的城市规划，坚持"以人为本"的生态城市建设灵魂。另一类"低碳陷阱"就是"逆城市化"的新城建设。"逆城市化"模式错误地认为，市场机制能自发促进城市进化到低碳发展阶段，因此提倡倒退到农耕社会生活方式，远离现代城市文明，这是被动适应，也是难以持续的。

---

[1]　《环球》杂志。

1.3　基于城市共性的减碳路径❶

在双碳背景下，可以把目标放在城市为主体的"碳达峰、碳中和"的路线上。首先，城市是人为温室气体排放的主体，离开城市就没有任何有效的行动计划可谈。第二，中国城市与西方不同，它的管辖范围包括农村，这种情况会有利于因地制宜布局可再生能源和碳汇。第三，改革开放四十多年，中国一条很重要的经验——经济增长过程是一边竞争、一边相互学习。未来应当把 GDP 增长和减碳的"双轨竞争"开展起来，长三角已有不少城市开展这方面的减碳竞争。第四，最重要的是用自下而上生成碳中和体系，因其充满不确定性，应该以每个城市作为主体，根据自身的情况采用合适的技术，与自上至下的行业减排相结合，才能取得成功。

制定减碳路线图应当符合五个标准：一是安全韧性，将能源安全放在首位；二是成本趋降性；三是技术可靠性；四是灰色和绿色系统的兼容性，结合中国实际情况，不能盲目"一刀切"被抹除；五是进口替代性。以城市为主体的"碳达峰、碳中和"路线图制定，需要城市重新制定减碳模式，将复杂的城市分为五个模块联动，即碳汇与农业农村、建筑、交通、废弃物处理与市政，以及工业制造业。

其中，每个城市的工业和碳汇都不一样，一些城市是资源依赖型，一些城市是工业依赖型，还有一些城市基本上没有农业、森林的碳汇。但所有城市都离不开建筑、交通、市政，所以这三个模块在城市之间可以开展平等竞争，如果找到一种合适的机制，把这个竞争动力发挥出来，那么就能解决一半以上的碳，甚至更多。

分析"碳中和"涉及的政策和技术的选择性应用，把这些政策的不确定性和收益做归类，可以发现选择正确的政策、技术尤为重要。这种选择不是靠专家，而是靠千百万的企业科技人员与政府联合，根据当地资源和气候条件来获得成功、逐步推广。

从交通来说，如果选择灰氢排出的二氧化碳气体比直接使用化石能源更高，那么就应该考虑转而推行绿氢。其他可再生能源同理，应基于其来源，判断孰"绿"孰"灰"再做决定，所以交通行业选择燃料的来源非常重要。如果城市交通用电动车代替燃气车，只减排 20%，但电力来源是可再生能源的绿色电力，

---

❶　国务院参事、住房和城乡建设部原副部长仇保兴在中国环境与发展国际合作委员会（国合会）2021 年年会期间的主题论坛"落实双碳目标，赋能高质量发展"发表以"城市为主体的双碳战略"为题的主旨演讲。

则接近零碳了，而像电动自行车、公共汽车这些占地面积小、污染气体排放少的基础设施，都是城市交通极佳的选择。另外，我们还要注意到，对于代替燃油车的电动车充电装置，充电价格和充电机制的建立也非常重要。

从城市建筑来说，中国建筑全生命周期的碳排放跟全球也不一样。由于中国绝大部分建筑用钢筋混凝土筑造，在建筑全生命周期中，建材的碳排放占了总排放的60%以上，而运行只占不到20%。那么中国建筑全过程建材绿色化则尤为重要。其中公共建筑、北方供暖建筑的减碳潜力最大，应引起公共政策制定者的注意。

以城市为主体进行"双碳"战略的实施，需要尤其关注建筑在全生命周期内的碳排放，使建筑"聪明"起来，把建筑变成正能建筑（Energy Positive Buildings）。未来的绿色建筑，应该是气候适应型建筑，应与当地的气候结合做广泛研究。随着太阳能光伏成本不断走低，可以和建筑结合，使建筑变成一种正能建筑，建筑发电能力大于其耗电量，具有推广前景。如果在社区层面上，将可再生能源与电动车结合，以电动车作为储能单元，这种微能源体系实际上也是一种决定性手段。

废弃物处理也非常重要。一种想法是推行"城市矿山"——如果每年生产12亿t钢材，不锈钢或者耐火钢的百年以后回收这些钢材是没有损失的，这样就把钢铁行业减排带动起来。废水可以采用集装箱处理，就近处理、就近回用。海绵城市也可以进入碳市场，城市内部植被比外部种树植被减排作用大，可以减少热岛效应，降低空调用量。基于此，城市内部建设立体型网络式的城市公园，使园林一体化，如在建筑阳台种树，空调用量节省50%，中水、厨余垃圾能够得到回用。通过采取不同的技术和方法，从上而下按步推进，顶层设计一定要粗，要调动下面的积极性，这样上下结合才能取得成功。

1.4 "以人为本"是低碳生态城市的灵魂

阿联酋阿布扎比市附近的"生态新城"马斯达尔（Masdar）是"技术本位"的典型代表。马斯达尔是一座建立在沙漠之上且实现了碳中和、零废弃物的城市，形成了利用一系列绿色科技项目，实现城市内部自循环、完全零碳排放的城市体系。马斯达尔的建设计划中，最核心的理念就是让这座诞生在石油之都的城市不使用一滴石油，全部采用可再生能源，其中光电太阳能占52%，大规模的太阳热能农场占26%，屋顶太阳能热水收集器占14%，将废弃物转化为能源的工厂占7%，风能占1%。马斯达尔城禁用汽车，上班族可以使用私人快速运输系统（PRT），该系统由大约3000辆以可回收镉锂电池驱动的汽车构成。车辆停靠车站时可同时充电。

马斯达尔延续的是工业文明的传统思路——挑战自然，以高科技、高代价、高指标来追求零排放。它是为了新技术的集成使用而设计的城市，而不是为了人的生活更美好。这类城市建造维护的成本非常高昂，计划居住 5 万人，总成本高达 220 亿美元。高昂的建造成本使得某些项目难以进行，如造价极高的自动汽车驾驶轨道，面对无人驾驶新技术，很快就会被淘汰。这种城市忽略了城市改造的渐进性以及居民的自主创造能力，成为"低碳的居住机器"，却与人的行为无关。

此外，外部植入式的人居聚居模式，虽然对当地自然环境影响比较小，但是与当地建筑的文化、居民的生活习俗完全脱节。典型代表是辽宁省本溪市的黄柏峪村。黄柏峪村总体规划引入威廉·麦克唐纳"从摇篮到摇篮"的可持续发展理念。其特色包括三方面：一是优化土地资源利用，集中村落生产生活用地；二是新建住宅采用当地可获得的、可再生的建筑材料，使新民居具有环保、节能的良好性能；三是生产原料和能源要形成可持续循环。建成后的可持续发展用房存在建设造价高、使用年限短、功能设计不便以及居住成本过高等问题，无法得到村民认同。而且引进的威蒙砖头不适用于当地寒冷的气候条件，经过两年的冰冻，建筑表面的砖块就会散掉，抗压强度也会大大下降。

建设低碳城市应尊重自然生态、历史文化，考虑普通居民的实际利益，有创造性地进行规划、管理，使城市具有持续减碳的自我进化能力。要将紧凑、混合的城市空间与宽敞的田园相结合，设计建造适应本地气候的绿色建筑，不使用昂贵不可复制的技术，"以人为本"是低碳生态城市的灵魂。

1.5 黄河中游城市"碳中和"路径[1]

应对气候变化，全球承担共同但有差别的责任，英美等国家从"碳达峰"到"碳中和"有六七十年的跨度，中国从"碳达峰"到"碳中和"只有短短 30 年左右的时间，时间紧、任务重。如果将碳排放看作一个生态阻击战，中国生态阻击战的分量非常大，总量是美国和欧盟的总和。美国等国家在 2007 年就已经碳达峰，但是达到碳中和的时间很长，中国跟他们的区别就是碳达峰到碳中和时间很短。在此背景下，要求各省、各都市连绵带，率先于全国实现碳达峰、碳中和，要抢时间，抢二氧化碳的累计排放量与排放比的下降。现在中国的累计排放还处在美国、欧盟之后，所以联合国提出应对气候变化，各国有共同的目标，而中国也提出了自己的目标，要在 2030 年碳达峰，并让碳排放量逐步下降。全国各省

[1] 2021 年 4 月 26 日，中国区域经济 50 人论坛第十九次专题会议暨首届黄河流域生态保护与郑洛西高质量发展会议在河南省洛阳市举行。此次会议的主题为"黄河流域生态保护和郑洛西高质量发展合作带建设"。国务院参事、住房和城乡建设部原副部长仇保兴在专题会议上作了主题发言。

（市区），尤其是郑洛西城市带，都将会承担很大的责任。

从汉到唐，郑洛西是中国高质量发展的领头羊。现在郑洛西又面临着一个是否能在高质量发展中成为领头羊，打好碳达峰、碳中和的硬仗的问题。郑洛西区域工业用能很高，电力去煤和工业去煤进度较慢。但太阳能光伏和陆上风电使用郑洛西后来居上，成为低碳发展样板的重头戏。郑洛西应以城市作为主体实现碳达峰、碳中和的目标，把能源供应、能源消费整体进行布局。

郑洛西地域面积跟英国差不多，人口也是英国的 60% 左右，因此可以借鉴英国的经验。英国在控制碳排放方面进展很快，电力去煤占 40%，清洁工业占 40%，可再生能源利用率快速提高。这两项提高后，英国的人均碳排放低于美国，只占美国的 1/2 不到，英国的控制碳排放模式在 OECD 中是最成功的。清洁工业实际上是工业去煤，这正是郑洛西的短板，郑洛西电力主要是煤电，工业原料与燃料也主要是煤，所以电力去煤和工业去煤进度较慢。

郑洛西的工业用能很高，通过去煤发展工业，难度非常大。电 90% 以上也是煤供应的，改用天然气也做不到，因为生产和进口的天然气无法供应郑洛西。但在太阳能光伏和陆上风电方面，郑洛西后来居上，成为低碳发展样板的重头戏。太阳能光伏在这十年之内下降了 82% 的价格，同时效率提高了 20%。陆上风电的价格下降得比较快，十年之内，也就是说碳达峰之前还可以下降 50% 的成本，这给了我们一个巨大的希望。

从总量上来讲，2060 年如果需求 1000 亿 GJ，能够满足的就只有风电，其他能源都不能满足。那么光伏呢？只要在郑洛西千分之一左右土地面积布局光伏发电，就能够满足所有的能源需求。

为什么郑洛西应该以城市作为主体实现 2030 年、2060 年的目标？第一，城市是二氧化碳排放的主角。第二，城市包括山、水、林、田、河，可以把能源供应、能源消费整体进行布局。第三，改革开放后中国社会经济能够快速发展，重要原因就在于城市之间的竞争，竞争中产生合作。未来，一定会把 GDP 增长竞争和减碳竞争这两方面结合起来。第四，中国能源系统的形成，一方面要在行政方面自上而下地产生减碳动力，另一方面要以城市为主，自下而上地形成具有韧性的能源系统，否则这个系统是很脆弱的。

郑洛西在碳排放方面距离国际标准的水平还差得远。把城市作为碳中和主体，分为碳汇、建筑、交通、废弃物处理、工业等板块。工业的减排、制造业减排主要是以企业家根据市场信号以及碳交易、碳汇主动进行调整，或者引到可再生能源多的地方去；而建筑、交通、市政减排要由政府进行事先顶层设计，统筹安排，才能发挥人为节能节水的积极性。在郑洛西地区实现碳汇减碳很难，因为河南地区林地每年只能减排 0.5t 碳，非常少，换算成太阳能，就是一亩的太阳能光伏减碳量相当于郑洛西 15 亩的林地，可见太阳能的去碳效应非常大。

郑洛西采取三步走，就会在 4 年以后，重新成为中华民族绿色高质量发展的领头羊。2030 年以前，实现人均碳达峰，大部分城市碳达峰；2045 年之前的关键期，电力系统碳中和，一半的城市碳中和；到了决胜期，所有城市碳中和。

2 以城市为主体的（30·60）战略

2.1 以城市为主体的（30·60）战略❶

根据联合国测算，城市排放的温室气体占全部排放量的75%，解铃还须系铃人，必须要抓住主因。"十四五"期间，要双轨发展，既要经济发展，也要实现减碳，所以城市之间都在你追我赶。每个城市除了经济发展、人民财富提高外，同样重要的是碳排放要实现下降。

实施（30·60）战略是一项系统工程，具有紧迫性、复杂性和艰巨性，以城市为主体来实施（30·60）战略具有五大优势。第一，城市是人为温室气体排放的主角（占75%）。第二，中国城市行政区包括山水林湖田乡村和城镇，有利于因地制宜、科学布局可再生能源和碳汇基地。第三，改革开放四十年城市间的GDP竞争可转向GDP增长与减碳双轨竞争。第四，以城市为减碳主体可使"从下而上""生成"碳中和体系，与"从上而下""构成"行业碳中和体系进行互补协同。第五，以城市为主体的（30·60）战略能演化成最优碳中和路径。"解铃还须系铃人"，城市的问题还需要通过城市自身来解决，需要通过目标导向、问题导向和经验导向这三方面的综合演化出最佳碳中和线路图和实施图。

城市是人为温室气体排放的主场，以城市为主体开展"碳达峰、碳中和"战略有利于因地制宜布局可再生能源和碳汇基地，同时更能有效引导城市由过去唯GDP竞争转向GDP与减碳双轨竞争模式，使城市间的低碳发展具有极高的效率和动能激励。目前国际发布的城市减排和温室气体核算标准其实存在很多问题。例如，供给侧与消费侧的温室气体核算未加以区分，企业责任与市民行为的减碳也未具体定义。并且根据当前发展趋势，建筑的耗能和产能将会组合，但相关国际标准并未提及这一变革趋势。如果采用了这类国际标准势必将会造成失误，因此中国要建立自己的城市减排标准。以城市为单元进行碳交易，可以极大地提高城市减排动力。城市可以在各种各样的政策和技术中灵活地选用实践，并且根据

---

❶ 2021年4月16日，在"新发展格局与'十四五'大趋势——2021新京智库春季峰会"的"新发展理念与城市治理创新"主题论坛上，国务院参事、住房和城乡建设部原副部长仇保兴作了"以城市为主体的（30·60）战略初探"主题演讲。

当地的生产力发展与自然禀赋采取相应的政策措施。

城市碳减排最大的难点是城市对"工业文明思路"发展路径的锁定，过于成功的工业文明经验让决策者以为中心控制越强越好，流水线生产规模越大最好，但随着人口大量流动、人口产业高度集聚、高层建筑和重要设施高度密集、轨道交通承载量超负荷以及极端天气引发的自然灾害，技术创新中的不确定性等因素、城市风险也在不断酝酿、发酵，因此"碳中和"的目标必须与韧性城市建设相融合。

要努力避免"城市矿山"，经过工业革命 300 年的掠夺式开采，全球 80% 以上可工业化利用的矿产资源，已从地下转移到地上，并以垃圾的形式堆积在周围，总量达到数千亿吨，并还在以每年 100 亿 t 的数量增加。而靠工业文明发展起来的发达国家，正成为一座座永不枯竭的"城市矿山"。北欧一些国家在金属储存方面设置了一条警戒线，该警戒线是以第二次世界大战武器使用的钢材量为标准建立的，当金属储存量到达这一条线时即说明该国的钢材储备达到了国防安全，可以不依赖进口。对国家而言需要有一定的钢铁储备，而钢铁和其他金属材料的储备都可以以"城市矿山"的方式进行。比如，不锈钢或耐火钢建材建造的建筑，其建材在 60 年甚至百年以后，由于其自身特性，受腐蚀的程度很小，可以有效回收利用，从而大幅度减少钢铁行业碳排放并增强国民经济体系的韧性。

与此同时，一系列"碳负面清单"值得关注。例如，城市低密度发展、按建筑平方米计价的集中供热、玻璃幕墙建筑、超高层建筑、中央空调等。中国从碳达峰实现碳中和的路径大概可分为三个阶段：2021—2030 年为碳达峰阶段，大部分城市实现人均碳达峰；2030—2050 年为碳中和关键期，电力系统碳中和，一半城市实现碳中和；2050—2060 年为碳中和决胜期，所有城市碳中和、交通系统实现碳中和。

2.2 识别城市碳中和的认识误区[①]

在现有的城市建设过程中，对实施"双碳"仍存在不少误区。

例如城市低密度、蔓延式地扩张。以美国为例，由于美国在城市建设过程中蔓延式的扩张，造成了美国城市每平方公里约 2000 人的低密度。如此一来，使公共交通、自行车等没有效率和便利性，市民必须开私家车出行，以至于美国式家庭一个三口之家需要有三辆车之多，而相较于中国一个家庭一辆车的模式，美国在交通层面造成的碳排放要高出中国好几倍。

在南方地区或长江流域推行按建筑平方米计价的"集中供热"，以及"三联

[①] 国务院参事、住房和城乡建设部原副部长仇保兴在 2021 联想创新科技大会智慧城市分论坛发表主旨演讲。

供"或"四联供"系统供能也是一个误区。按建筑平方米计价的"集中供热"和"三联供、四联供"等供能方式都是属于"工业文明"的惯性思维，这种过于强调大型化、集中式、中心控制的思路在"双碳"目标下是不合理的。如果一个大楼 10 万 m^2，即使只有几个人在也需要把这套系统开启，这样的方式会造成更高的耗能。

再如玻璃幕墙建筑并不适合在所有城市建设。以上海为例，玻璃幕墙具有很高的光导热性，所以在夏天时这样的建筑需要消耗一般建筑三倍的空调制冷量才能维持舒适的温度环境。但如果在哈尔滨建造玻璃幕墙建筑，建筑就是节能的，因为冬天依靠玻璃幕墙良好的光导热性就不需要消耗太高能源来供暖。

城市实现碳中和，需要碳汇，但很多人对碳汇存在一个认识误区，认为多种树（进行碳汇）就行。实际上不论是森林、草原能够进行碳汇的量都很有限，植物从生到死的全过程，对碳而言是"零排放零吸收"的一个过程。不同的树种在不同生长环境下，所产生的碳汇效果也不同。比如用材林和景观林的碳汇效果是不一样的，如果是景观林碳封存可达上百年，而用材林其实也就一二十年。更重要的是，在中国 90％的土地上种树需要考虑浇水问题，如果浇的水太多，这是不合算的。因为植物只能利用浇水量 1％～0.5％进行合成转化为碳水化合物，另外 99％都会被蒸发。因此，如果是在年降雨量少于 500mm 的地方种树，其实不仅没有减碳，反而是高碳行为，对于这种降雨量少，需要靠远距离调水来浇灌树的地区，这样种的树是无法帮助实现减碳的。

对于交通工具所消耗能源也存在认识误区。例如人们常常习惯性认为氢燃料是绿色能源，只要多用氢燃料就是减碳的方式，但现在 85％的氢气都来自天然气转化，如果用这种通过天然气转化的"灰氢"做燃料，不如直接用汽油，因为在天然气转化为氢气的过程中还需要大量耗能。燃油摩托车 $PM_{2.5}$ 的排放比一般小汽车都大，所以要禁摩，但不是禁电动自行车。

2.3 建筑行业是决定城市碳中和是否成功的关键

城市是温室气体排放的绝对主角，而其中建材生产、建材运输、建筑运行等在内的建筑行业，则是决定一个城市碳中和是否成功的最重要的关键。

从建筑角度来讲，建筑的碳排放和减排潜力实际上比人们想象的大得多，建筑的全生命周期包括建材（水泥、钢筋）生产运输、建造、建筑运行和拆除回收过程等，建筑全生命周期的温室气体排放可达全社会碳排放的 50％左右。中国公共建筑面积小，但所需的能耗强度却远超一般城镇住宅、农村住宅等。但中国每平方米住宅能耗强度远远不及美国、英国、加拿大等国家。

在当前"碳中和、碳达峰"的大背景下，绿色建筑已成为推进建筑业转型升级和高质量发展的重要抓手并上升为国家战略，推行绿色建筑，将有效降低建筑碳排放。绿色建筑有两个含义。第一，在全生命周期实现节能、节水、节材、节地，空气质量比较好。第二，绿色建筑是气候适应性建筑，室内温度能随气候变化而自行调节。像长江流域的一些建筑，把冬天的冷源藏在地下，夏天的时候抽出来，这样的建筑能实现 75% 以上的节能。因此通过推行绿色建筑，可使城市碳排放有效降低。

绿色建筑在全生命周期体现了节能、节水和节材等特性，全面实施绿色建筑将为城市"碳中和"提供重要贡献。将风能、太阳能光伏与建筑一体化，通过城市有机物发电、地热与地质储能，以及立体园林建筑、"鱼菜共生"等模式，可发挥综合减排作用，助力城市"碳中和"。

做好碳减排工作要避免犯一些"易犯"的错误。例如，在南方地区推行按建筑平方米计价的集中供暖属于高碳行为，同时在南方还应避免"四联供"供能系统和玻璃幕墙的滥用。有数据表明，作为以玻璃幕墙为主的上海火车南站，其能源消耗造成的碳排放要比一般建筑高出一倍，如果该建筑建在广东，则会高出三倍，如果建在北京、哈尔滨等地区造成的碳排放又会比一般建筑减少许多。所以在建筑节能设计方面，应着重考虑当地气候采取因地制宜的办法。另外，不提倡扩大使用中央空调来调节室内温度。中央空调由于其集中供能常常处于"大马拉小车"的状态，累计下来人均耗能是普通分体空调的好几倍。

除此之外，不宜在农村倡导消灭土坯房，农村抗震夯土农房实际上属于气候适应性建筑，土坯房对热量的储蓄和绝热能力是钢筋混凝土和砖墙的一倍以上，可以实现室内温度的自动调节，况且，对于农村新型夯土房如今已有国家标准。

2.4 碳汇的"负面清单"

首先，森林的碳汇能力远没有人们所想象般巨大。我国曾公布到 2020 年森林面积比 2005 年增加 4000 万 hm^2，木材蓄积量增加 13 亿 m^3。即每年净增加不足 1 亿 m^3，约等于每年削减几亿吨二氧化碳排放，与我国每年超百亿吨的排放量相比，收效甚微。

对各种碳汇进行比较，单位海域生物固碳能力是森林的 10 倍、草原的 200 倍。而森林每立方米蓄积量约吸收 1.83t 二氧化碳，释放 1.62t 氧气。

海洋生物碳汇过程中，大量的贝类，如牡蛎能够将二氧化碳封存后转化为牡蛎的甲壳，固碳期几乎无限，可达数千甚至上万年，属于自然固碳。大自然中大量的贝壳甲壳化学成分都是碳酸钙，由此导致海洋的碳汇量巨大。相比之下森林的碳汇量则小得多，但是其对陆地生物多样性的贡献达 80%。很多人倡导通过在城外农地上种树来提高碳汇，实际上这一方案碳收益很低，例如沿海的深圳市，与其花费大量的人力财力种树，不如把深圳近海的红树林培养好，单位面积的红树林（包括海洋生物）的固碳量比森林固碳能力高出数倍甚至数十倍。

其次，光伏发电综合减碳效应明显。除了自然固碳之外，还可以利用光伏进行减碳。一亩地的光伏板所减碳量和固碳量远高于一亩草原，在一些戈壁滩上建立光伏发电站，不仅能够利用光伏发电，还能挽救和改良生态，丰富物种多样性和有效阻止沙漠化蔓延。因为高原地区（昼夜）温差大，早晨的雾气可以凝结在光伏板上，使光伏板下的沙地得到滴灌，有了水后自然就会长草。

内蒙古磴口光伏治沙项目，电站规模 5 万 kW，占地面积约 1700 亩，板间种植苜蓿等防沙植物 800 余亩。自 2013 年并网以来，电站周围植被覆盖率从建站前 5％上升到 2018 年 77％，配合外围防护林实现了沙丘全部固定，有效阻止沙漠化蔓延。项目每年通过生态治理可实现 8556t 二氧化碳的固化。

太阳能光伏板的制造需要单晶硅原料的提炼，提炼后还需进行切割，不论是提炼还是切割都需要耗能，那么从全生命周期来看，是不是太阳能光伏板这种减碳方式并不合理？事实上，十多年前这种顾虑是成立的，但是随着光伏技术的发展，现在的光伏板寿命和光能转化率比过去明显提升，而且全生命周期的能耗也因技术创新而成倍下降，根据当前光伏板转化效率和成本测算，一块光伏板在安装后 3～5 年发出来的电量就可以填补光伏板在生产过程中产生的全部能耗。

根据测算，北京地区每亩太阳能板减碳能力相当于 15.4 亩林地。太阳能光伏电站当前的标杆电价是 0.3 元/kWh，而居民用电约为 0.5 元/kWh，工业用电约为 0.7 元/kWh。因此，只要光伏发电达到一定规模就有足够的利润。

再次，错误的植树造林反而会增加碳排放。不同品种、不同树龄的树林，产生的碳汇量都不一样。碳四类植物由于它的光合作用比一般碳三类植物高约一倍，例如玉米、高粱等，这些植物用同样的水灌溉，但在成长的过程中吸收的碳远超其他植物。世界上碳四类植物约有 50 多种，如果将他们中的部分进行转基因培育，使其干茎生长更快，固碳效能更高，收割后利用余热碳化，固碳的成本也将大大低于传统的 CCUS 法。

此外，树木碳汇也要注意"碳负面清单"，如果采用负面清单上的方式进行种树，减碳效果不仅很小甚至会起到反作用。例如现在很多城市还在将深山老林的老树、大树移植到城市中来，其实老树大树的新增碳汇效果是比较小的，挖、运、植的过程中反而要排放大量二氧化碳。而将树木通过交通工具远距离运送，实行异地种树，也是一种高碳的行为。除此以外，还有一些非专业的种树等不仅不是低碳行为，反而会造成高碳排放。最需要注意的是不能在年降雨量小于 500mm 的地方植树，树木成长需要大量水分，北方许多城市用水都只能依靠南水北调，而这南水北调的水是实实在在的高碳水。特别是主张在沙漠种树种水稻这类事情，绝大多数是荒谬的，即使能种树，那也是依靠抽取大量地下水灌溉，这无异于饮鸩止渴。大家都知道胡杨的树根可以深深扎根到数十米深，这些依靠地下水灌溉的树木或水稻可能在前几年会长得很好，但是地下水水量非常有限，一旦抽取过度，水位下降，即使有着"沙漠卫士"的胡杨也无法幸免于难。

不同种植物在成长过程中所需水量不同，对植物所浇的水，植物只可能吸收 $0.5\%\sim1\%$ 用于固碳，而其他 99% 的水都蒸发掉了。针叶树产生 1kg 生物量所需的水分最多，水分足时，针叶树的蒸发量成倍增长，但水分少时也可以存活。而阔叶树则是水多水少都会蒸发，水少的话甚至还会死掉。综合表现来看，桉树表现最好，所需水量最少，但在北方地区无法存活。

总结一下，通过推广光伏治沙项目，可以实现既治沙又发电，而且通过凝结的水蒸气还可以进行沙漠绿化。另一方面还可以推广的项目是发展风光电-水-土-林-汇模式，通过采取扩大人工造林和增加土壤固碳潜力两个措施来进行固碳。目前在美国等一些发达国家正专注于发展碳捕捉技术，这是固碳的有效办法，但综合其收益与成本来看，并不值得广泛普及，当前不能盲目学习推广美国高成本、高耗能的碳捕捉技术，而是应该促进生物质自然碳捕集与封存发展。

3 中国现代健康城市发展趋势

3.1 智慧城市建设的三个方向[1]

城市碳中和的最大难点在于"工业文明思路"的锁定，以及如何摒弃旧工业文明时养成的思维。工业文明至今已有 300 年的历史，在中国也有长达 40 年的历史。工业文明的巅峰是 20 世纪 50 年代，超大规模的流水线，超强的中心控制，超高的资本投入，三个"超"意味着巨大的规模效应，但这种规模效应对实现"碳中和"目标而言并不是好现象。"碳中和"目标的实现，需要分布式和具有韧性的设施和系统。如果还是用旧工业文明的思维那就是走了一个错误的路线。

实现城市的碳中和目标，可以通过智慧城市的信息技术对碳排放过程中的数据进行管理、监测，可以用这些"智慧"的技术，实现"多用信息少用能源"，还可以通过信息对碳足迹的过程回溯。"双碳"目标下，智慧城市的建设有 3 个方向值得注意。

首先是以信息代替能源，使城市中的温室气体排放过程能够做到可测量、可报告、可核实，信息用得越来越多，其价值就会越高，这与能源不一样，能源是用完了就变成废品。

其次，信息系统的协调性需要重视起来。比如每一栋建筑都有一个表告诉你，你今天用了多少能源，用了多少吨水，如果在整个社区中你的碳减排量最低，那么在公示效果下，每个人都会进行改变。

需要强调的是，城市内的"社区微电网"的建立尤为重要。将风能、太阳能光伏与建筑进行一体化设计，利用电梯的下降势能和城市生物质发电，利用社区的分布式能源微电网以及电动车储能组成微能源系统。借助这个微能源系统，可以有效调节电网波动，例如在峰谷的时候，用电动汽车进行充电；当峰顶时，可以借用电动车所储电能反馈电网一部分电力，对电网用能进行调节。如果外部突发停电，社区也可以借助各家各户的电动车电能作为临时能源供应。

---

[1] 国务院参事、住房和城乡建设部原副部长仇保兴在 2021 联想创新科技大会智慧城市分论坛发表主旨演讲。

智慧城市的特长可以在"双碳"中发挥出来，同时智慧城市建设不能妄自认为依靠一个"大而全"的系统方案就可以解决城市内的所有问题，而是需要集合公众的智慧、依靠城市内各主体"自下而上"的创新才能更容易实现，城市的"智慧"绝不是"一次性交钥匙"，永远只有进行时。

3.2　迈向韧性城市[1]

不确定性是现代城市最难对付的风险因素，而传统的应对思路——放大冗余或者制定预案，均不能应对"黑天鹅风险"。因此，韧性城市就成为应对"黑天鹅风险"的必然选择。韧性城市被定义为具有吸收未来的对其社会、经济、技术系统和基础设施的冲击和压力，仍能维持基本的功能、结构、系统和特征的城市。

习近平总书记在 2015 年中央城市工作会议上指出，无论是规划、建设还是管理，都要把安全放在第一位。当前城市的发展正在面临着越来越多的不确定性，城市如果不安全，一切归零。未来的城市发展，面临的普遍问题大致有气候变化、环境危机以及各种极端事件的威胁。因此，"以人为中心和绿色发展"的新型城镇化，就必须要考虑韧性城市的建设。党中央五中全会指出，中国要将城市建设成为宜居、韧性、智能的城市。城市韧性体现在结构韧性、过程韧性和系统韧性三个层面。

除了遇到传统的风险之外，还会遇到新的不确定风险来源，如极端气候、科技革命、冠状病毒、突发袭击等情况，这些情况会对城市带来极大影响，由此可以看到人类是如此脆弱，因此应当建立韧性城市。

韧性城市包含几个要素：第一个要素是主体性。主体性实际上就是系统的主体，也就是民众，包括各个市场主体在应对外部干扰或者灾害来临时候的应对、学习、转型、再成长的能力。日本有学者曾提出，一个城市的韧性，首先注重于人们素质的提高，提升居民的个人素质可以决定减灾的成败，在灾害的现场要求人民在不确定的信息基础上，开展合理的避灾行动。日本与地震灾害进行了近千年的斗争，面临一般性的地震时，日本的民众伤亡和次生灾害是最小的，这主要归因于其主体的适应能力是最高的。主体还包括多个层次，比如说建筑、社区、城区主体，企业、单位、各级政府主体，不同的主体相互之间是良性互动的，这是主体性的要求之一。主体性的另一个要求是每一个主体要发挥自己的功能。比如，欧洲一些国家提出微农场，在建筑内部生产蔬菜，通过新的 LED 光源，能

---

❶　国务院参事、住房和城乡建设部原副部长仇保兴在第十五届中国城镇水务发展国际研讨会开幕式上、中国区域经济 50 人论坛上的致辞。

够在一年中实现 20～25 次采摘，其单位产出蔬菜、瓜果比大田里面还高出 50 倍，更重要的是，这是现代版的菜篮子、米袋子。城市如果借鉴这种做法，城市的安全性就会提高。再比如，目前提出的自然农场，菜肴 15 分钟就可以从田间到达案头，而且整个过程可视化，整个产业链非常短，也被称作短链生产体系。这个短链生产体系体现的就是韧性，也是菜篮子现代化的方向。

第二个要素是多样性。任何一个系统特别是中心城市的产业应该多样化，防灾能力要具备多样性，更重要的是，要在城市基础设施上推广分布式、去中心、小型化、并联式，这种生命线的系统比传统城市那种大规模化、中央控制、串联运行更具韧性。在此方面，城市的发展也有不少例子。比如，天津滨海新区曾规划建设亚洲最大的危险品仓库，为什么危险品仓库要最大呢？其价值和意义值得商榷，相反把危险品分散、小型专业储存似乎更具合理性。再比如，北京的新发地市场，曾有人提议要把它建成世界最大的批发地市场，结果整个河北甚至山西的蔬菜果品，都要到新发地去进行流通，这似乎并没有必要，相反却越集中越危险。工业文明时代要去中心化、大型化、流水线化，但其同时也造成了新的脆弱性。英国研究韧性城市的专家曾经说过，真正大规模的杀伤性武器不是别的，而是那种集中性的、大型的城市基础设施。交通设施也是一样，目前的实践中经常把交通看成串联式，从步行到公交，公交到轨道，轨道再到高铁，但其实应该建设成为并联式，也即各种各样的交通工具都可以到达目的地，这样人们可以有更多的选择余地，比如电动自行车、自行车、步行都能够到达目的地，这种交通基础设施才是韧性系统。

再比如，城市公共空间可以通过各种各样的空中连廊连接起来，当特大洪水、超历史纪录的洪水来临时，这些空中连廊就可以变成紧急的生命线功能和避灾场所，同时保持城市的基本交通功能不变。日本的筑波城区位类似于中国的雄安，地势比较低洼，旁边还有一个大湖，其在规划时把主要建筑用空中连廊连接起来，离开地面大约 7.5m，这样一来，当超历史纪录洪水来临时，这些连廊就成了生命线工程，可以保持城市正常的功能不变，日常这些连廊可以成为人们绿色交通、步行、自行车交通的主要通道，跟地面机动车分道而驰。类似的连廊工程在中国沿海一些城市都已经在实施，而且这些连廊工程最后成了城市的共享空间和避灾场所，显著增强了城市的活力和韧性。

第三个要素是自治性。也就是说，每一个单元、每一个主体，特别是城市的社区，都具备自救功能，能够在灾害来临的时候自己存活、自己解救。比如，日本居民家里就有"三个一"：一是每一个家里都有急救包，这个急救包里面有三天的食品、三天的水、三天的药品，那么在三天与外界隔离情况下，可以维持正常的生活；二是周边社区公园有一个急救站，这个急救站里面可以维持一个社区一万人口三天的水、药品、食品需要；三是城市里面还有若干个急救中心，可以维持所有市民使用三天的水、药品、食品，这样的城市和这样的社区，就具有强大的自治功能，可以把许多灾害造成的次生灾害消除在萌芽状态。再比如，在防御洪灾时可以采取升降式防洪墙设计，因为五百年一次的洪水跟一百年一次的洪水在大平面上就相差一米，甚至一米都不到，利用一个挡板就可以解决问题。但是这些挡板如果做成可升降的，可以大大地改善景观，而平常状态则可以作为路面。荷兰则发明了一种价格比较昂贵的可以自动升降的挡板，面临水位提升挡板可以自动升起来。

第四个要素就是冗余。冗余就是有备胎，现实中人们往往追求系统的运行效率，运行效率越高就会出现剑走偏锋式的脆弱性，因此，任何一个复杂系统，特别是特大型城市、中心城市，它必然包含着备胎，也就是无用之用，但是遇到重大灾害的时候，那些无用的部分恰恰是效率最高的。比如疫情之后中央决定一定要把救助药品、救助物资的仓库系统运转好。比如，在每一个居民区里设置一定的超市存储必要的粮食、油、干净饮用水，包括基础性的一些药品，备足供应这个小区三天之用，这样的超市可以给予一定的补贴，也即这些必需的储藏品应该有一定的冗余。再比如，可以在每一个卫生间里面装上可以节水 35% 的微中水系统，也就是另外一个小的系统，通过收集雨水，在每一个落水管装上一个三吨重的水桶，这个水桶就可以吸去洪峰的 30%，再加上屋顶绿化，透水的地面，可以把洪峰吸走一半，对于抵御洪水具有重要作用。实际上，这些系统在灾害来临时就是消防系统和微救灾系统。城市可以把微中水进行 N 次使用，使用的次数越多，这个城市水循环的韧性就越强。雄安规划设计实践中就使用了这种集装箱式的污水处理系统，每一个集装箱每天处理一百吨到两百吨水，如果不够可以再增加集装箱数量，就地收集、深度处理小区的污水，形成无数个小的微循环，如果哪一个集装箱坏了，马上换上另一个，实现并列式运行，这种系统要显著优于传统的集中式污水处理。

第五个要素是慢变量管理。因为城市运行中许多的脆弱性，都是温水煮青蛙慢变量积累造成的。比如，燃气管道陷入一定程度以后，它的空腔里面燃气跟其他气体混合到一定比例的时候会产生大爆炸，慢变量的管理办法就是要找到临界值，因为慢变量最后肯定要到达临界点，如果能够把这些慢变量找出来，那么不仅可以预防"黑天鹅"事件，也可以预防"灰犀牛"事件。这些问题，都是韧性城市设计和建设要考虑的。慢变量管理是比较困难的，但通过微计量和智慧城市的办法，能够把这些数据都精确地搜集起来，然后跟模型比对，预测什么时候会出现颠覆性的事件，也即通过慢变量管理可以显示、警示，同时发出警报。

最后一个韧性的要素是标识。这个标识在复杂的系统中间，就提供了相互之间主体配对和解决灾变所带来的灾害的具体办法。标识实际上是一个古老的方法，但是在现代的情况下却越来越重要。比如，消防队员要穿红色的衣服，医生要穿白色衣服，这些都是标识，标识在危机的时候就会发挥作用，比如需要医生时，找到穿白大褂的就是找到对象了。标识的目的在于帮助人们进行配对。大自然界包括免疫系统都存在这种标识，没有标识系统则无法运行。如果标识十分可靠，而且能够自动寻找对方进行配对，那么这个标识系统就是非常强大的。现如今的人脸识别、人工定位，实际上都是标识系统。比如新冠肺炎疫情期间，利用一个好的系统可以把每一个感染者的空间轨迹进行精确定位，可以帮助大家了解信息，保持主动隔离。

现在是万物互联的时代，这种万物互联其实有两种可能，一方面它可能把各种危险都连接在一起，但是另一方面，也有好的侧面。只要把万物互联根据韧性城市要素进行标识的配对使用，可以迅速帮助人们在需求与供给之间自动自组织进行配对，手机进行方便的助力工作，在混乱中间起到关键性作用，使得整个5G系统能够在灾害来临的时候，帮助人们进行迅速的配套和配对，然后自动地发出要求配套援助的信号，这样一个标识系统，在灾害来临时可以减少大量的人员损耗，把次生灾害降至最低程度。

总结起来，第一，传统城市防灾思维总是企图建造一个巨大的拦水坝，把各种各样的不确定性拒之于城外，这样做不仅浪费极大，有时还会造成新的脆弱性。第二，传统的工业文明思维下，城市要越集中、越大型、越中心控制才越好，这样的思路必须彻底抛弃，比如世界上最大的新发地市场，世界上最大的危险品仓库集中市场，包括深圳建设的世界上最大的集中堆场，这些从一个侧面来看其实潜藏着危险，所以必须辅之以各种微循环、分布式的新模式，而且这样的成本更低、效果更好。第三，在城市设计中，要采用第三代的系统理论，跳出第一、第二代系统论的局限性，因为第三代的系统论坚持了主体的自主能动性，只有在坚持主体自主能动性基础上，系统才有多样性和自治性，才有足够的冗余和备胎，然后才可以进行慢变量管理，加之丰富的标识系统建设，才能使城市韧性变得越来越强。

建立韧性城市的十大步骤：

第一步骤，转变思想观念。传统工业文明思路下的城市基础设施的集中化、大型化、中心控制模式不仅造价高昂，而且也成为"脆弱性"的源头，如2015年8月天津危险品仓库的爆炸等事件。

第二步骤，设计研究机构创新。放弃传统的规范标准和习以为常的技术路线，拥抱接受新事物、新技术和新模式。

第三步骤，分析生命线工程脆弱点及治理成本，列入"五年规划"。

第四步骤，编制生命线工程分组团化改造方案。

第五步骤，在每个组团中补充建设"微循环"。

第六步骤，利用信息技术协同各个组团和各类"微循环"设施。如风能、太阳能光伏与建筑一体化；电梯下降能、城市有机物发电；地热能与地质储能；分布式能源＋微电网＋电动车储能＝微能源系统。

第七步骤，结合老旧小区改造，补足社区单元短板。

第八步骤，新建和改造公共建筑均考虑"平疫结合""平灾结合"。

第九步骤，布局建设具"反磁力"的"微中心"。

第十步骤，深化网格式管理智慧城市建设。

韧性城市是对原有工业文明时代城市规划建设的创新，必须与分布式新能源、海绵城市、水处理等协同建设，同时还需要城市管理者转变思想理念，从传统的"集中化、大型化、中心控制模式"工业文明思维里跳出，构建强调主体生成、开放协同、分布式并联运行的未来城市韧性设计新途径。通过建设韧性城市，使城市具有流动性与地域性、人地耦合、供需匹配。

3.3　建　筑　节　能　减　碳

第一，建筑全生命周期碳排放约占全社会排放量的一半。据《中国建筑能耗研究报告（2020）》，从 2005 年到 2018 年，中国建筑全过程碳排放变动趋势，建筑全生命周期碳排放量达到了 49 亿 t（约占全社会碳排放的 48%），并且碳排放主要集中在建筑运行和建材生产过程，而建筑施工碳排放只占其中的很小一部分。由此可见，计算建筑碳排放，判断一个建筑是高耗能或低碳建筑，不能只考虑运行阶段的碳排放，而是应该从全生命周期来衡量碳的排放。

从当前建筑运行相关的二氧化碳排放状况来看，中国公共建筑的面积最小，但是耗能强度最大；北方采暖建筑总面积不大，但碳排放约为 5.5 亿 t。现在还有很多南方城市在计划实行集中供暖，如不谨慎考虑，将会明显增加这些城市的碳排放。思想观念不能仍停留在工业文明搞大投资的传统理念上，也要更多考虑能耗和碳排放的问题。

第二，中国住宅运行能耗明显低于发达国家。中国每平方米建筑能耗强度远远低于美国、英国、加拿大等国家。美国的人口不到中国的 1/4，但是所消耗的建筑能耗远比中国要高，一个美国人的建筑能耗相当于 5 个中国人。为什么这么高呢？主要有三个原因：一是中国人均住宅面积约为 $40m^2$，而美国人均拥有住宅达 $85m^2$；二是中国住宅主要用分体空调，而美国住宅主要用集中空调；三是中国家庭不用烘干机，而烘干机在美国基本属于必需品，正是由于这几个因素，使得中国人均建筑能耗要比美国低得多。对中国建筑尤其是住宅实行每个房间安装一个空调是最节约的模式，分布式的能源供应和设施是最节能的，而"三联供"的集中供热模式从实践来看其实只适用于我国北方城市。

第三，绿色建筑能为城市碳中和提供基础性贡献。绿色建筑有一个重要的特征，即能够在建筑全生命周期体现节能、节水和节材。例如建筑材料如果是本地生产的，没有长距离的交通成本基本属于低碳，但是如果是从意大利进口的建筑材料，那就得加上运输过程中的碳排放，这显然属于高碳项目。

绿色建筑颠覆了中国传统的建筑碳排放计算标准，这也使技术人员掌握了国际通用的能耗计算标准。绿色建筑还有个别名为"气候适应性建筑"，即建筑的能源系统和围护结构能够随着气候的变化而自行调节，使建筑的用能模式发生适应性变化。例如夏天的时候可以把多余的热量储存在地底下，使土壤成为一个热储存器，到冬天的时候又把这些热量取出来用于取暖。春天、秋天为什么能耗很低？因为这时候只需要开开窗户就行了。这套系统比较适用于冬冷夏热的长江流域。

值得注意的是，玻璃幕墙建筑虽被视为城市建筑现代化的标志，但是在南方地区却要谨慎大面积推广。玻璃本身的导热性能好，而隔热效果差，在夏天，太阳辐射热大，导致建筑内温度很高。

第四，建筑碳中和的关键在于社区级能源微电网。需要强调的是，建筑减碳潜力在于社区"微能源"系统。将风能、太阳能光伏与建筑进行一体化设计，同时利用电梯的下降势能和城市生物质发电，利用社区的分布式能源微电网以及电动车储能组成微能源系统。

借助微能源系统，有效调节电网波动，例如在峰谷的时候，用电动汽车进行充电；当峰顶时，借用电动车所储电能反馈电网一部分电力，对电网用能进行调节。如果外部突发停电，社区也可以借助各家各户的电动车电能作为临时能源供应。但是这种模式面临的问题在于需要各地电网公司积极参与和推广这种做法。

第五，建筑内部的"鱼菜共生"系统有可能在将来发挥重要脱碳作用。国外已经开展了大量研究，绿色建筑的高级阶段可以发展为"鱼菜共生"系统，使日常食物能够在建筑内实现并就近供应。鱼菜共生是一种新型的复合生态体系，它把水产养殖与水耕栽培两种原本完全不同的农耕技术，通过巧妙的生态系统设计，达到在建筑内科学的协同共生，从而实现养鱼不换水而无水质忧患，种菜不施肥而正常成长的生态共生效应。

对于建筑节能减碳还需要建立一个负面清单：一是防止城市低密度发展，即防止美国式的过度郊区化；二是在南方地区或长江流域谨慎推行按建筑平方米计价的"集中供热"，以及"三联供"或"四联供"系统供能；三是在夏热冬暖或夏热冬冷地区谨慎使用大面积的玻璃幕墙；四是限制盲目建设超高层建筑，超高层建筑人均能耗要比普通建筑至少高 15％；五是防止过度推行中央空调；六是农村谨慎消灭土坯房，实际上，夯土建筑每立方米比热容量约为混凝土的一倍，改良后的抗震夯土建筑不仅成本低廉也是最节能的，凝聚了过去老百姓的历史生活经验和古老的中华智慧。

3.4 城市间交通便捷且低碳化

城市之间的不同交通选择对碳排放强度影响显著。2018 年，在交通部门的总排放量中，道路运输、铁路运输、水路运输和民航运输分别占 73.5%、6.1%、8.9% 和 11.6%，道路运输占比最高，增长也明显高于其他运输模式。中国道路交通的碳排放在逐年升高，这一定程度上是由于私家车的使用比例在提高。日本在 20 世纪 60 年代研究提出，同样一吨货物，用小车公路运输产生的碳排放比大车运输要高出 20 倍，占地面积大 30 倍，这一研究成果促使了日本大力推行新干线的建设。

当使用不同燃料时，即使是同样的车辆交通，其产生的碳排放也有明显差别。如果以氢气作为燃料，灰氢与绿氢产生的碳排放相差数十倍，不同来源的甲烷产生的碳排放也完全不一样。

其次，城市内不同燃料和交通工具将决定交通碳中和的难易程度。对各类交通工具的碳排放与其占地面积进行比较后发现，单人出行的私家车人均占地面积和碳排放最大，其次是插电式电动车、拼车式私家车、摩托车等。摩托车的碳排放比地铁、巴士的碳排放还要高，而且摩托车乘用两冲程内燃机，燃烧不充分产生的污染比四冲程的一般燃油汽车更大。由此可见，自行车、电动自行车，以及共享单车显然是绿色低碳的交通方式。现在世界各国都已经陆续公布了燃油车的禁售时间。

有相关数据表明，实际上高达 90% 的私家车大部分时间停在路边或者车库中，如果要满足民众出行需求，可能只需要现有车辆总量的 10% 左右。借助日益成熟的 5G 技术，在未来中国许多城市可以发展网联车，充分提升出行、交通效率和降低交通碳排放。

在交通碳排放总量中，道路运输占比最大，而铁路运输的碳排放很小，特别是高铁。同样，水运也不会增加碳排放。所以，应该扩大发展铁路和水运交通。20 世纪，人们就发现同样重量的货物，通过铁路运输要比公路运输的碳排放减少 20 倍。

使用不同的燃料产生的碳排放不一样。陆路交通工具的碳排放也是不一样的，步行、自行车和电动自行车的碳排放很低，占地面积又很小，所以电动车、电动单车应是国家大力推行的。建议在城市之间多建一些适宜这类绿色交通的专用道路，让低碳交通工具可以安全顺利通行。电动车发展、燃油车停滞，这是一个必然趋势，而且时间表越来越近，这将对汽车工业产生重大的影响。

3.5 从废弃物处理与市政角度看减碳

第一，垃圾微循环利用能发挥明显的减碳效果。城市与自然对立的表现就在于生产、消费、降解三者的失衡，必须要逐步实现资源使用低碳化，对废弃物进行就近降解再循环。但是中国现在流行做法是将废弃物通过长途运输，然后集中处理，这种被称之为"静脉产业"的做法仍旧属于工业文明的处理方式。

大自然对废弃物是"处处微循环"，工业文明的处理方法是"处处长循环"。这方面科学减碳就必须使各种废弃物就近循环使用。尤其是百年高达五十亿吨的建筑垃圾，推行就地加工制成建筑材料回用是最低碳的模式。

废物处理方式中，传统的垃圾填埋方式不需要消耗能源，但是这一处理方式的占地面积很大，对地下水生态系统干扰也极大；稍好的主流办法是采取"废弃物能源化"，即燃烧处理，这一方式消耗能源是所有方式中最高的，但产生的污染和次生废弃物量也很大。最绿色的技术是垃圾就地循环使用，既不占用太大面积，也不需要太高的能源产出，关键在于废物循环利用与减量减碳化。

第二，中水多级、多次回收再利用是减少供排水碳排放的重要途径。城镇住宅和生产单位污水，目前都是通过污水管网收集长距离输送到污水处理厂进行集中处理，这是一种工业化处理的方式，碳排放强度很高。值得推广的新模式是用分散式的集装箱式再生水处理器，这种方式不仅能够实现水的"微循环"，而且更节能、节地、节省投资。事实上，水只要不蒸发就能就地实现 N 次循环利用，并且这类设施将单位体积的污水处理成纯净水比海水淡化成本降低一半。

第二个节水的办法是户内"中水回用"。利用户内中水集成系统可以将洗脸盆、洗衣机、淋浴产生的废水集中储存在一个装置内自动进行过滤消毒，消毒后就成为抽水马桶、拖布池的用水。这套系统可以杜绝部分居民由于不放心其他楼层居民的健康状况，导致不愿意使用中水的顾虑，因为这类户内中水回用设施用的是自己一家人的废水。

高级别的海绵城市与低级别的海绵城市工程产生的减碳效益完全是不一样的，城市网络每一个节点采用不同的技术和措施，产生的节水、节能和碳减排的效益也都有差别。有时越是开发强度高的大拆大建项目的综合节能降碳效益反而越不好。

低碳城市设计建设是否成功，有时取决于细节上是否科学合理。著名生态城市瑞典马尔默生态城，一般的降雨可以由地砖缝隙下渗吸收，稍微大点的降雨量可以流经路旁的小型湿地园由植被土壤吸收下渗，大雨时则借助该湿地园植物下渗净化作用，使污染物较高的初期雨水进入河流前被小型湿地净化。由于马尔默市街道边这道利用小型湿地园下渗的细节，使其雨洪中杂质得到缓冲吸收，降低了对自然水系的干扰。这种投资很少、见效很快、景观宜人，可灵活性安排的小项目很值得在中国推广。

第三，煤氨混烧可能是保障城市电力供给韧性和脱碳的优先选择。据日本媒体报道，日本政府 2050 年实现二氧化碳净零排放，燃料氨产业是重点领域之一。

日本经济产业省（METI）已经制定计划，到 2050 年日本燃料结构中使用 3000 万 t 可再生氨，以减少传统发电厂和航运船只的排放。日本经济产业省计划到 2030 年用氨与煤炭混烧，替代日本燃煤发电站 20％的煤炭供应，随着时间的推移，这一比例将上升到 50％以上。最终目标是建设氨气发电厂，作为新的低碳电力结构的一部分，再加上海上风能和核能达到净零排放。

值得指出的是：在诸多类型的燃料中，煤炭的贮存成本和安全性最好。如果中国在碳达峰、碳中和进程中采用"氨煤混烧"工艺路线，不仅能利用中国全球数量最多的燃煤电厂来脱碳供电，而且一旦出现危急状态，这些电厂或锅炉又可重新恢复燃煤发电，从而确保中国应急能源供应。

第四，城市内部的绿化具有显著的综合减碳效应。城市内部绿化对于碳汇的作用其实很少，但这类绿化一旦合理布局就会产生间接而且巨大的综合减碳作用。行道树木和小型园林中的乔木能够通过水蒸发和遮阳效应达到明显的环境降温作用，能够促使民众减少使用空调，从而间接地实现了节能减碳。

基于这个原理，同样一片区域内的 $40hm^2$ 绿地，如何布局才能使其效益最大化？绿地系统设计首先需要网格化的布局；二是需要结合社区空间结构见缝插针，多种植占地小遮阳效果好的高大乔木；三是社区微园林要设计成花草灌乔多层合理搭配的布局。这样减碳和美化环境效果才能达到最大化。城市内部的绿化具备减碳效应，但 80％以上是通过减缓热岛效应而产生的间接减碳，通过植物作用进行直接碳汇的量很少。

立体园林建筑是近几十年出现的建筑新模式，这种建筑可以使每户人家拥有 $20\sim50m^2$ 的菜地花园。这些阳台菜园可以种花种菜，具有五大综合减碳效果：一是减少热岛效应，使夏天的空调有效减少，可以节省 30％～55％能源消耗；二是因植物量很大，可以使小区绿化率提高到 160％；三是充分利用多余的中水和雨水在阳台园地实现水循环利用；四是将厨余垃圾简易处理后成为花草菜的肥料；五是微型园林有助居住者身心健康。2016 年《英国精神病学杂志》发表的一项研究表明居住在城里患焦虑症的人口比充满绿色的农村多 50％，精神分裂症则高几倍。"少得病、少吃药、增健康"也是一种间接减碳成果。

第 三 篇 ┃ 方法与技术

　　中国提出二氧化碳排放力争于 2030 年前达到峰值，努力争取 2060 年前实现"碳中和"，这是推动落实应对气候变化《巴黎协定》所迈出的重要一步。由于中国人均碳排放量远远低于主要发达国家，也小于全球平均值，追求 2060 年达到"碳中和"的难度远大于发达国家，任重而道远，而碳减排的重要承诺背后，需要提高认识、落实方法、创新技术。基于碳中和国家战略目标和已有的科研成果，实现碳减排目标的过程既是挑战又是机遇，伴随着一场涉及广泛领域的大变革，需要在能源结构、能源消费、人为固碳"三端发力"。

　　从城市治理、空间规划、生态修复等领域思考碳减排方法和技术。国土空间格局及相应的土地、海洋保护开发利用状况，与碳排放和双碳目标密切相关。在中国向世界作出双碳目标这一庄严承诺的新形势下，国土空间规划的编制实施及相应的规划环评，必须有碳减排的新要求。通过空间规划及环评中融入低碳规划理念，在具体实施和管理中落实碳排放管控措施，实现通过空间规划实施增加"绿色碳汇"和"蓝色碳汇"，是下一步空间规划及环评工作的一项重要内容，使碳减排目标在多个空间尺度的规划及环评中得到落实。生态保护补偿机制是构建以国家公园为主体的自然保护地体系的重要制度保障，国家公园生态保护补偿的政策框架和关键技术研究，以期为中国国家公园生态保护补偿机制的建立提供科学支撑。针对水生态的基于自然的解决方案（NBSs）是保护、可持续管理和改良生态系统的新路径，探索NBSs在乡村地区小尺度水生态修复中的可行性变得尤为重要。

在国际双碳形势背景下，探索油气行业转型发展路径，提出路径建议。碳直接监测方法是作为碳排放量估算方法的辅助工具，可用来评估排放因子和估算结果的可靠性，从火电行业、钢铁行业、石油天然气开采行业、煤炭开采行业、废弃物处理行业等重点行业试点，提出试点监测技术方案的设计思路。

1 碳减排目标融入空间规划环评的几点思考[1]

党的十九届五中全会通过的《中共中央关于制定国民经济和社会发展第十四个五年规划和二〇三五年远景目标的建议》明确要求，"形成主体功能明显、优势互补、高质量发展的国土空间开发保护新格局"。科学编制和有效实施国土空间规划，是形成国土空间开发保护新格局的必然要求。2019 年 5 月 10 日发布的《中共中央 国务院关于建立国土空间规划体系并监督实施的若干意见》指出，"国土空间规划是国家空间发展的指南、可持续发展的空间蓝图，是各类开发保护建设活动的基本依据"，并明确要求"国土空间规划需依法开展环境影响评价"，再次强调了 2003 年《环境影响评价法》实施以来规划环评这一项生态文明制度，也是习近平生态文明思想在"多规合一"国土空间规划体系建构方面的具体落实。在中国向世界作出双碳目标这一庄严承诺的新形势下，国土空间规划的编制实施及相应的规划环评，必须有碳减排的新要求。

1.1 空间规划及环评要充分体现碳减排目标

碳中和是指人为排放量（化石燃料利用和土地利用）被人为作用（木材蓄积量、土壤有机碳、工程封存）和自然过程（海洋吸收、侵蚀-沉积过程的碳埋藏、碱性土壤的固碳等）所吸收，即净零排放[2]。2019 年，全球碳排放量为 330 亿 t 二氧化碳，其中 86%源自化石燃料利用，14%由土地利用变化产生。这些排放量最终被陆地碳汇吸收 31%，被海洋碳汇吸收 23%，剩余的 46%滞留于大气中[3]。

为兑现《巴黎协定》"1.5℃"控温目标，全球已有超过 120 个国家和地区提出了碳中和时间表和路线图。欧盟、英国、加拿大、日本、新西兰、南非等计划在 2050 年实现碳中和。习近平主席 2020 年 9 月 22 日在联合国大会上宣布，努力在 2060 年实现碳中和，并采取"更有力的政策和措施"，在 2030 年之前达到

---

[1] 作者：王亚男，中国城市科学研究会研究员，博士；赵永革，自然资源部国土空间规划局，博士，注册城乡规划师。

[2] Thomas B Fischer，Partidario. Strategic Environment Assessment in Transport and Land Use Planning [M]. Earthscan Publications Limited，2002.

[3] 徐鹤，朱坦，梁丹. 战略环境评价方法学研究 [J]. 上海环境科学，2001，20（6）：295-296.

排放峰值。"30·60 目标"是我国向国际社会做出的庄重承诺，彰显了中国作为人类命运共同体一员的大国担当。为实现"30·60 目标"，国家"十四五"规划和 2035 年远景目标纲要中明确："十四五"时期单位国内生产总值能耗和二氧化碳排放分别降低 13.5%、18%。

实现双碳目标的压力很大。目前，中国碳排放总量大，人均增长依然显著。碳排放总量在 2008 年首度超过美国，占全球总碳排放的 27.2%，超过美国和欧盟的总和。人均碳排放量已超过欧盟，排名全球第二。2019 年，碳排放强度为 6.88t/万美元，高出全球平均 43%。与此同时，中国的能源资源禀赋一直是"富煤缺油少气"，化石能源大幅偏重于高碳密集度的煤炭，直到 2018 年煤炭在我国一次能源中的占比仍然高达 58%，而石油和天然气仅分别占 20% 和 7%（从全球平均水平来看，石油、天然气、煤炭的占比更加均衡，分别为 34%、24%、27%；美国、欧盟的化石能源都更加依赖于石油和天然气，而煤炭占比很低；低碳能源如核电、水电、可再生能源方面，中国的低碳能源以水电为主，水电份额（为 8%）高于美国、日本、欧盟的水平；但中国的核能份额仅为 2%，低于美国、欧盟；可再生能源方面，中国和全球平均水平一致（均为 4%），低于欧美和日本队水平❶。

国土空间格局及相应的土地、海洋保护开发利用状况，与碳排放和双碳目标密切相关。国土空间规划体系的建立，体制上解决了"多规合一"的困境，是生态文明时代国家空间治理体系和治理能力现代化建设的必然要求。2013 年 5 月 24 日，习近平总书记在十八届中共中央政治局第六次集体学习时指出，国土是生态文明建设的空间载体，从大的方面统筹谋划、搞好顶层设计，首先要把国土空间开发格局设计好；2015 年 9 月 11 日，习近平总书记主持中共中央政治局会议审议通过《生态文明体制改革总体方案》时提出，建立以空间治理和空间结构优化为主要内容，全国统一、相互衔接、分级管理的空间规划体系；2018 年 4 月 26 日，习近平总书记在深入推动长江经济带发展座谈会上的讲话中强调，要按照"多规合一"的要求，在开展资源环境承载能力和国土空间开发适宜性评价的基础上，抓紧完成长江经济带生态保护红线、永久基本农田、城镇开发边界三条控制线划定工作，科学谋划国土空间开发保护格局，建立健全国土空间管控机制；2019 年 7 月 24 日，习近平总书记在中央全面深化改革委员会第九次会议上强调，按照统一底图、统一标准、统一规划、统一平台的要求，建立健全分类管控机制；2020 年 4 月 10 日，习近平总书记在中央财经委第七次会议上强调，要完善国土空间规划，落实好主体功能区战略，明确生态红线，加快形成自然保护

❶ 王亚男，赵永革．空间规划战略环境评价的理论、实践及影响［J］．城市规划，2006，30（3）：20-25．

地体系，完善生物多样性保护网络，在空间上对经济社会活动进行合理限定；2021 年 4 月 30 日，习近平总书记主持中共中央政治局第二十九次集体学习时指出，要强化国土空间规划和用途管控，落实生态保护、基本农田、城镇开发等空间管控边界，实施主体功能区战略，划定并严守生态保护红线。在空间规划及环评中落实碳减排目标和行动，就是落实习近平生态文明思想的重要路径。

以往的空间规划环评包括了低碳生态的目标，从国际国内的实践来看，已经向着可持续评价的路径在逐步进行。在双碳目标成为一种国家承诺、空间规划又与双碳目标紧密相关的情况下，规划环评就要把碳减排作为一个突出的评价标准。通过空间规划及环评中融入低碳规划理念，在具体实施和管理中落实碳排放管控措施，实现通过空间规划实施增加"绿色碳汇"和"蓝色碳汇"，是下一步空间规划及环评工作的一项重要内容。

1.2 低碳生态目标下空间规划环评与"双评价"的协同

规划环评是国土空间规划编制中的评价程序与方法，目的在于提高规划科学性，推动生态文明建设和生态环境保护。《中共中央 国务院关于建立国土空间规划体系并监督实施的若干意见》中，明确要求"在资源环境承载能力和国土空间开发适宜性评价的基础上，科学有序统筹布局生态、农业、城镇等功能空间"。2020 年 1 月 19 日，自然资源部发布《资源环境承载能力和国土空间开发适宜性评价指南（试行）》，指导各地开展"双评价"工作。随着各级国土空间规划的陆续开展，作为其前置条件的"双评价"受到广泛关注。鉴于"双评价"与规划环评工作内容和重点的相似性，空间规划环评应与原城乡规划和土地利用规划环评在工作方法上有所不同，在国土空间格局整体可持续、碳减排是重要任务的共同目标导向下，二者协同开展。

有共同的基础性研究。国土空间规划编制首先要进行现状与问题分析、形势研判与趋势展望。例如，自然资源部发布的《省级国土空间规划编制指南（试行）》要求从数量、质量、布局、结构、效率等方面，评估国土空间开发保护现状问题和风险挑战；《市级国土空间总体规划编制指南（试行）》要求分析区域发展和城镇化趋势、人口与社会需求变化、科技进步和产业发展、气候变化等因素，系统梳理国土空间开发保护中存在的问题，开展灾害和风险评估。这些分散在各条目中的内容，不管是否叫"评价"或"评估"，实质都属评价或评估范畴。

"双评价"为规划环评奠定工作基础。作为国土空间规划编制的一个"内部"环节或程序，"双评价"是国土空间规划所承接融合的源头，即城乡规划和土地利用规划等多种空间类规划长期以来在规划编制中各类评价或评估环节、方法的整合与升级。也可以说是将这些评价或评估中隐性程序的显性化，将非正式的内容变成正式的制度安排。而"双评价"指南就是将规划编制中原有的资料收集、专家咨询、实地调研等工作整合到工作准备环节；生态保护区域和城镇空间发展及建设规模的评估等工作被整合到本底评价环节；资源环境、现状问题的评估等工作被整合到综合分析环节。这一整合使得这些评价环节实现了由分散到集中、由隐性到显性、由概括到具体的转变。

二者是开放包容的制度环节。规划环评从最初起，就是一个开放性、包容性的制度安排。国土空间规划的"双评价"，也应是开放与包容的，要为与已有规划环评进行协同甚至整合提供可能。当然，空间规划体制改革的当下，规划环评也需要进一步改进、完善与升级，以适应空间规划体制改革与空间规划体系构建、发展与完善，并与包括"双评价"在内的其他各类评价或评估进行协同与整合，共同促进规划的科学编制和可持续性实施。

包含低碳生态目标的"双评价"，是编制国土空间规划的基础和前提，评价结论作为空间规划编制的依据；而为达成低碳生态目标的规划环评，是基于整个规划的未来实施情况，特别是把规划实施对未来的生态环境影响作为分析评价的核心内容。

二者工作内容需要协同。国土空间规划制度建设内容中必然包括"双评价"相关要求。"双评价"的制度安排和机制设计要在国土空间规划和生态环境保护共同遵循的生态优先、绿色发展理念基础上，与规划环评的制度进一步协调和衔接。例如，明确规划编制机关作为"双评价"和规划环评的责任主体，承担"双评价"、规划环评、规划草案的协同审查或会审、并联审批等；与此同时，未来规划环评的制度修订应主动衔接"双评价"。规划环评也可借"双评价"的契机，实现"早期介入"或"尽早介入"，以评价结论和成果作为规划编制的依据，避免非低碳生态的国土空间格局和规划方案进入到实施操作中，或者避免规划方案来回"翻烧饼"。

二者在技术方法、工作流程上进行整合，避免重复或结论的矛盾。空间规划环评和"双评价"在许多内容和关键程序上存在一定联系和交叉，比如生态功能的重要性和脆弱性评价、承载规模评价、资源环境禀赋分析、现状问题和风险识别、碳减排的未来情景分析等。两者整合要避免内容和环节上的重复，在相同的概念、内容、程度或方法上须一致，采用的分析方法和所需的基础数据须一致以保证分析结论的一致性和"稳健性"，调整优化各自工作流程以促进两者良性、充分、及时互动。例如，承担规划环评和"双评价"的两个机构，在各自评价中须加强协作与互动，或组成联合工作组，甚至也可由同一个咨询机构或团队来完成。

1.3 碳减排目标的空间规划环评的多空间尺度重点和一致性分析

碳减排目标需要在多个空间尺度的规划及环评中得到落实。

第一个尺度是建筑或者是场地的尺度。比如说在建筑设计上，是否采用适应地形和环境条件的建筑布局和形式，是否采用合理的生态建筑、节能技术、生态材料等，通过合理的密度、合理的开发强度等实现建筑和场地的低碳目标。

第二个尺度是社区、城市的尺度。解决社区和城市尺度的节能减排，最主要还是从城市形态入手，规划绿色生态安全格局，发展"紧凑城市"，以公共交通为导向，减少出行对汽车的依存程度。城市层面的空间规划对于城市发展有长期的、结构性的作用，其结构一旦建立起来很难改变，并对人们的社会生活和经济活动有深远影响。通过产业结构调整、健康的生活方式和技术革新可以减少在生产、生活与消费领域的能源消耗与的排放，但是这些措施并不能改变由城市空间结构布局所带来的土地利用形式的变化、交通出行格局和方式及其相应的能耗与排放。因此，在规划阶段引入低碳理念，总体布局和空间结构上注重节能减排，可以具有前瞻性和战略性地有效控制碳使用和排放。如果能够保证执行可持续的空间规划策略，则城市就能够把握住不同于普通的发展模式的、可持续的低碳生态发展重大机遇。

总规层面：首先应注意城市密度，构建绿色低碳的城市形态，推动生物多样性保护与山水林田湖草系统治理，优化碳汇空间格局，推进生态绿道和绿色游憩空间等建设，建立通风廊道分级分区管控体系，以及融入本土自然特征的绿色生态空间，构建环境友好型城乡生态系统。同时，引入基于自然的解决方案（NbS）等理念，推进城市生态修复，提升生态碳汇能力，推动生态修复与固碳提升协同增效。

城市的空间形态在很大程度上是由城市的交通体系所决定的。一定的城市空间结构需要有相应的交通结构体系，低碳生态型城市的空间结构的形成需要有绿色交通体系的支撑。国内外研究普遍认为，可持续发展交通规划的一般法则是：减少出行的需求和出行距离，支持步行、自行车、公共交通，限制小汽车。形态上合理的城市结构需要得到同样合理的交通结构体系的支撑才能真正实现低碳低能耗的目标。如果不匹配，则交通系统将会改变城市原有的形态或将规划设想的形态，向符合交通系统的方向引导。绿色低碳的短路径出行为主的城市，只有通过功能的多样性和多种功能的混合才能实现，混合式的土地使用能鼓励乘坐公共交通。应提倡"有效混合"的理念，尤其是要尽量减少长距离的工作出行。城市中的大街坊、大马路的建设模式更倾向于产生小汽车导向的街区，应极力避免。

　　详细规划和专项规划层面：教育、基层卫生和文化体育等公共服务设施的布局，如果与周边学龄生源、服务人口不匹配，公共服务设施服务水平不均衡，就会导致社区居民的更多生活出行，产生大量不必要的交通；公共服务设施布局如果没有考虑与公共交通的衔接，也会带来私人交通的大量使用；就居住区用地规模而言，城市建设过程中大地块的开发在整体交通组织、绿化等方面有一定的优势，但小区如果具有明确的界限和封闭管理，公共交通被挡在社区之外，为居民出行带来很大不便，社区生活圈也难以形成。因此，详细规划和专项规划是具体落实低碳目标的最后规划行动方案。

　　第三个尺度是国土空间即区域的尺度。区域尺度空间规划策略的任务，首要是安排山水林田湖草海的科学空间格局，划定各种保护性红线和资源要素开发利用底线，并进行相应的包括低碳目标在内的可持续性环境评价。同时，要引导区域的交通出行向更加有序的方向发展，结合轨道或区域公共交通导向的走廊式发展模式，通过空间整合与控制小汽车的使用，达到节约能源和低碳减排的目标。乡村也是实现低碳目标的重点，应在乡土自然基础上规划建设低碳乡村，保护富有传统意境的田园乡村景观格局，实现村庄与周边自然环境有机融合，村庄规模适度、尺度适宜，并合理配置公服设施，加强供水、排水、道路等基础设施配套建设绿色化，推动农村生活垃圾减量化资源化，研究采用绿色农房适宜技术路线，稳步提升农房节能标准，加强可再生能源推广应用。

　　通过空间规划及环评，设计并制定落实低碳目标的规划实施管理政策，也是一个重要的方面。英国莫顿市（Merton）于2003年公布的规划法规，名为"莫顿定律"（The Merton Rule），受到英国国内不同政府和城市决策者高度关注。该市在2003年制定出一项规划许可条件，要求所有大于$1000m^2$的商业发展项目必须使用不少于10％的可再生能源。根据此项地方法规，地方政府以规划许可手段强制发展商在开发地块内提供及使用可再生能源，并把此要求立法通过实施。可以说，"莫顿定律"的实施代表了一项突破性的政策，其目的是以规划许可为手段，推动可再生能源使用，从而减少碳排放，提供一项走向低碳经济的政策工具。英国部分其他政府以及一些国家在其后也通过了类似的政策和法规，值得我们借鉴。把低碳生态的目标具体化到规划管控的指标和手段，并落实到法定化的详细规划中，以项目审批和规划许可的方式成为管控工具，是碳减排目的的落地的保障。

　　评估是否通过规划手段增强碳汇能力，也是双碳目标的规划环评重要内容。充分发挥绿色植物的碳汇潜力，通过土地利用调整和生态措施积极扩大碳汇是成本较低的碳中和途径。植树造林、保护湿地、集约利用土地、提高国土绿化率，就是固碳减碳。反之，搞不切实际的大规模城市开发建设，毁掉大批耕地，使土壤中的有机碳释放出来，将碳汇变成碳源，随意侵占山体和水体，破坏原生态的天然碳库，是应极力避免的做法。进一步说，增强城市的碳汇能力，要求在规划中多保留生态景观，少建体现"形象工程"的大面积硬地广场和草坪广场，限建高耗电能的人工瀑布、喷泉，多营造有利于户外健身、增氧、减少热岛效应的树林绿荫地，实施立体绿化，保留自然山体和河湖水景，可以提高城市绿地单位面积的绿化功能和吸碳功能，并明显降低城市热岛效应。目前，低冲击开发模式在国内外城市建设中得到越来越多的施行，这种城市与大自然共生的开发模式，使城市建设之后不影响原有自然环境的地表径流量，城市建成区成为可渗水区域，建筑、小区、街道直至整个城市都有雨水收集储存系统，沟通地表水与地下水之通道等，是不影响基本的地形构造、不影响城市的文脉及其周边的环境的低碳生态城市建设模式。

低碳目标的空间规划环评，应对规划实施全过程中的碳减排措施进行评价，并进行上层级规划到下层级规划的一致性分析。包括规划方案使整体碳排放减量目标能否达标；有关能源及资源利用控制性指标的表现；创新技术及手段对减排的效率及成本利益；以项目或规划范围为对象，分析低碳经济发展下市民的消费及生活习惯的应对；跟踪新规划手段和管理系统的有效性，在传统空间规划管理体制上增加以减低碳排放为主导的不同思维、行动和工具；由大尺度的国土空间整体发展远景一直到小尺度的详细规划和执行，由宏观到微观，是否都有相应的绿色低碳行动建议，等等。规划环评要进行上下层级规划的一致性分析，尤其是落实上一级规划的红线底线（生态保护红线、永久基本农田、城镇开发边界等）、各项强制性约束性指标，包括实现碳减排目的的各项强制性指标的贯通和落实，确保上下位空间规划在约束性指标、发展方向、总体布局、重大政策、重大工程、风险防控等方面的协调性。

2 国家公园生态保护补偿的
政策框架及其关键技术❶

2.1 引　　言

　　建立生态保护补偿机制，是建设生态文明的重要制度保障。在综合考虑生态保护成本、发展机会成本和生态系统服务价值的基础上，采取财政转移支付或市场交易等方式，对生态保护者给予合理补偿，是明确界定生态保护者与受益者权利义务、使生态保护经济外部性内部化的公共制度安排❷。

　　自中共十八届三中全会提出建立国家公园伊始，建立生态保护补偿机制就是国家公园建设的重要制度保障。2016 年，国务院印发了《关于健全生态保护补偿机制的意见》，明确提出"将生态保护补偿作为建立国家公园体制试点的重要内容"。2017 年，中共中央办公厅、国务院办公厅印发了《建立国家公园体制总体方案》，明确提出"健全生态保护补偿制度"。

　　国家公园作为一种特殊的生态环境区域，不仅可为人类发展提供各种必需的生态环境资源，而且其自身的运行与发展也影响着周围更为广泛的生态系统的平衡，其生态保护补偿研究和实践具有重要的示范意义。为此，基于自然保护地生态保护补偿的工作基础，中国开展了许多国家公园生态保护补偿的尝试。虽然这些研究和实践已经认识到了生态效益和社会效益统筹考虑的必要性，也认识到了纠正国家公园扭曲的生态利益分配关系的必要性。但总体来看，中国国家公园生态保护补偿制度的研究和建设仍处于初步发展阶段，在补偿主体确定、补偿标准、补偿方法、资金来源、监管措施等方面，还没有形成一套完整的体系与方法❸。

　　因此，根据国家对国家公园生态保护补偿的要求，基于当前生态保护补偿的研究和实践进展，本研究提出了国家公园生态保护补偿的政策框架，分析了国家公园生态保护补偿的四个关键技术，以期为中国国家公园生态保护补偿机制的建

---

❶ 作者：刘某承，中国科学院地理科学与资源研究所。

❷ 中国生态补偿机制与政策课题组．中国生态补偿机制与政策研究［M］．北京：科学出版社，2007.

❸ 欧阳志云，郑华，岳平．建立我国生态补偿机制的思路与措施［J］．生态学报，2013，33（3）：686-692.

立提供科学支撑。

2.2 方法和材料

2.2.1 方法

本研究按照图 3-2-1 所示的逻辑进行，包括四部分：文献综述、国内外经验总结、国家公园生态保护补偿的理论框架和政策建议。

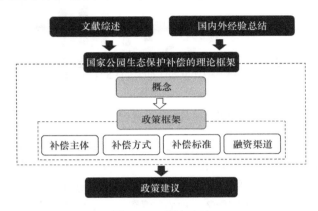

图 3-2-1 研究方法

首先，在不同的中英文文献数据库中广泛搜索和阅读有关国家公园生态保护补偿的文献。其次，在这些文献的基础上，总结目前国内外国家公园生态保护补偿的经验和做法，并对这些实践进行分析，找出我们可以从这些实践中吸取的教训。第三，根据分析，建立了国家公园生态保护补偿的理论框架，包括国家公园生态保护补偿的定义、政策框架以及几项关键技术，如补偿主体、补偿方式、补偿标准和融资渠道等。最后，对未来的研究需求和重点进行了展望，并提出了一些政策建议。

2.2.2 文献综述

我们对 Web of Science 和中国知识基础设施（CNKI）数据库进行了全面搜索。在 Web of Science 数据库中，我们的搜索策略是：TS＝（（compensation OR polic＊ OR Payment＊）AND（"ecosystem service＊" OR "ecological service＊" OR "environmental service＊"）AND（"National Park＊"）AND（China）），索引为 SCI-EXPANDED、SSCI、A&HCI。CNKI 数据库是中国最大的数字图书馆，存放了大部分中国学术出版物。我们在 CNKI 的中文搜索策略是 Themes ＝（"生态补偿"和"国家公园"）。

在这两个数据库中，文献类型为"文章"，检索截止时间为 2019 年 12 月。通过这三个检索，我们分别检索到 110 篇和 230 篇文章（图 3-2-2）。

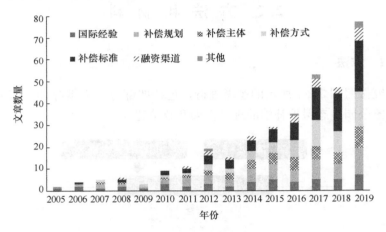

图 3-2-2　中国国家公园生态保护补偿的研究趋势

图 3-2-2 显示，中国对国家公园生态保护补偿的研究逐年增长，尽管趋势有所波动。根据我们的选择标准，最早的研究是 2005 年对国际经验的介绍和自然保护区生态补偿项目的评估（Su & Lai，2005；Weyerhaeuser et al.，2005）。从研究对象上看，包括三江源❶-❺、神农架❻❼、普达措❽国家公园体制试点等区

---

❶　姚红义. 基于生态补偿理论的三江源生态补偿方式探索［J］. 生产力研究，2011，（08）：17-18，41.

❷　岳海文. 青海三江源水生态补偿机制研究［J］. 科技风，2012，（16）：249.

❸　高辉. 三江源地区草地生态补偿标准研究［D］. 西北农林科技大学，2015.

❹　关小梅. 三江源地区横向生态补偿机制的研究［J］. 青海师范大学学报（哲学社会科学版），2008，（06）：14-17.

❺　徐翀. 三江源自然保护区生态补偿政策评估［J］. 黑龙江生态工程职业学院学报，2017，30（02）：1-3.

❻　杨攀科，刘军. 国家公园旅游生态补偿机制的构建——以神农架国家公园为例［J］. 旅游纵览（下半月），2017，（04）：166-167.

❼　马勇，胡孝平. 神农架旅游生态补偿实施系统构建［J］. 人文地理，2010，25（06）：120-124.

❽　张一群，孙俊明，唐跃军，杨桂华. 普达措国家公园社区生态补偿调查研究［J］. 林业经济问题，2012，32（04）：301-307，332.

域；从研究内容上看，包括旅游业等特许经营补偿❶❷、横向补偿❸、社区补偿❹等。

同时，补偿标准研究占文献库的主导（25.88%），其次是补偿方式（18.82%）和补偿规划（18.82%）、国际经验借鉴（13.83%）、补偿主体（13.24%）、资助渠道（7.06%），以及其他方面（2.35%）。

2.2.3 国内外经验总结

（1）国际经验

国外自然保护地生态补偿实践与研究始于 20 世纪 70 年代。一些西方国家对一些污染性能源的消费和森林资源、矿产资源开发行为征收费用，用于对遭损失的自然保护区进行补偿。在我们检索的参考文献中，有 47 篇文章介绍了国外国家公园的生态补偿经验。根据不同的国家，我们对这些文章进行了总结（表 3-2-1）。

国外自然保护地生态补偿的经验　　　　　　　　　表 3-2-1

洲	国家	补偿主体	资金来源	补偿机制
北美洲	美国	国家、私人、财团	联邦政府拨款、旅游收入、商特许经营费	运转靠财政拨款，保护资金主要源于国家财政拨款，部分靠私人或财团捐赠、旅游收入及特许经营费等
	加拿大	国家、旅游经营者	政府投资、旅游收入	经营收入（约 5% 来自旅游业）的 15% 用于生态保护和科研项目支出，10% 用于环境建设，10% 用于帮助当地社区发展旅游业
欧洲	瑞士	旅游经营者	向游客征收生态基金	"hotel plan"对参加生态游的游客征收 5 瑞士法郎的生态基金，用于生态保护、突发事件处理和研究项目

---

❶　杨桂华，张一群.自然遗产地旅游开发造血式生态补偿研究［J］.旅游学刊，2012，27（05）：8-9.

❷　姚小云.世界自然遗产景区生态补偿绩效评价研究——基于武陵源风景名胜区社区居民感知调查［J］.林业经济问题，2016，36（02）：121-126.

❸　Liu M C，Yang L，Min Q W，Bai Y Y. Eco-compensation standards for agricultural water conservation: A case study of the paddy land-to-dry land program in China ［J］. Agricultural Water Management，2018，204：192-197.

❹　Liu M C，Yang L，Bai Y Y，Min Q W. The impacts of farmers' livelihood endowments on their participation in eco-compensation policies: Globally important agricultural heritage systems case studies from China ［J］. Land Use Policy，2018，77：231-239.

83

续表

洲	国家	补偿主体	资金来源	补偿机制
大洋洲	新西兰	国家、旅游经营者	政府拨款、特许经营费	《1996保护法修正案》赋予新西兰保护部对在国家公园及其他保护地内的特许经营活动进行监督管理、收取特许经营费的权利
	澳大利亚	国家、社会机构、旅游经营者	政府拨款、"自然遗产保护旅游信托基金制度"、捐赠、旅游经营收入	生态旅游所得收入并非用于工作人员的报酬，而是等同于政府拨款，由专业机构负责，公园管理机构不参与该资金管理
非洲	肯尼亚	旅游经营者	旅游收入、租金、旅游项目管理费	肯尼亚服务署所获门票、租金、旅游项目管理费等收入专款专用，用于推动整合式的野生动物管理与保护计划和与国家公园、保护区附近居民切身相关的计划
	乌干达		旅游收入	乌干达国家公园服务组织要求所有公园总收入的12%与当地社区共享；1996年，该比例提高至20%
亚洲	印度尼西亚		国际捐赠	国际发展组织美国分部提供启动资金，开展贡通哈利姆生态旅游企业发展计划。随着当地企业收入逐年增加，每年都会投入部分利润进行社区设施建设

国外研究者一般从生态服务效益付费角度探讨自然保护区生态补偿的资金来源、补偿方式等机制运行相关问题。从表3-2-1可知，补偿主体上，保护地政府、旅游经营企业以及旅游者形成合力，共同构成国外自然保护地生态补偿的重要补偿主体；资金来源上，政府拨款、门票收入和特许经营收入中提取补偿资金，用于资源环境维护和社区发展。如果光靠政府预算内拨款，这些自然保护地一般也能维持正常运转，但到访游客数量的较快增长会加大保护地的生态系统压力和环境维护成本，因此有关管理部门仍把补偿资金用于国家公园等保护地的生态环境保护经费的重要补充。此外，国外不少自然保护地也有将补偿资金对自然保护地内部及周边社区发展进行资助和扶持，鼓励当地原住民发展旅游业的做法，体现了管理单位对原住民环境和文化发展权利的尊重；补偿方式上，直接（输血）与间接（造血）相结合，国外保护地的生态补偿十分重视补偿的长效性，在给予补偿金的同时，更强调社区参与景区就业、经营，支持社区发展。

最重要的是，在国家公园生态保护补偿的理论和实践方面有很多可以借鉴的有益的国际经验，包括如何为生态补偿制定坚实的法律基础、如何设计合理的市场化工具、如何利用不同来源的保护资金以及如何加强公众参与。但是，中国与西方国家在文化、历史、社会和经济条件等方面存在显著差异。因此，我们不能简单地照搬国外的措施。

（2）国内实践

目前，中国已初步形成了以政府为主导，以中央的财政转移支付和财政补贴为主要投资渠道、以重大生态保护和建设工程及其配套措施为主要形式、以各级政府为实施主体的生态保护补偿总体框架[1]，在森林[2]、草原[3]、湿地[4]、流域和水资源[5]、矿产资源开发[6]、农业[7]、海洋[8]以及重点生态功能区[9]等领域取得积极进展和初步成效。

当前中国国家公园体制改革正在进行中。十个国家公园体制改革试点享受的生态补偿政策来源复杂，渠道多样（图 3-2-3）。一是自然保护补偿政策，包括国家重点生态功能区、自然保护区、国家级风景名胜区的补偿政策。二是国家公园试点往往内部有多个生态系统，享受不同部门执行的生态保护补偿政策，包括森林、湿地、草原等的补偿政策。三是一些特殊政策，如国家重点土壤和水利工程、三江源国家级自然保护区综合试验区补偿等。

可见，中国目前国家公园生态保护补偿政策大多依赖于国家财政资金。由于各种生态系统的补偿标准较低，补偿政策操作复杂，而且这些补偿资金专门用于特定项目，生态补偿的效率受到影响。

---

[1] 李文华，刘某承．关于中国生态补偿机制建设的几点思考［J］．资源科学，2010，32（5）：791-796.

[2] 李文华，李芬，李世东，刘某承．森林生态效益补偿的研究现状与展望［J］．自然资源学报，2006，21（5）：677-688.

[3] 杨光梅，闵庆文，李文华，刘璐，荣金凤，吴雪宾．基于 CVM 方法分析牧民对禁牧政策的受偿意愿——以锡林郭勒草原为例［J］．生态环境，2006，15（4）：747-751.

[4] Zhen L，Li F，Huang H Q，Dilly O，Liu J Y，Wei Y J，Yang L，Cao X C. Households' willingness to reduce pollution threats in the Poyang Lake region, southern China［J］. Journal of Geochemical Exploration，2011，110（1）：15-22.

[5] 张惠远，刘桂环．我国流域生态补偿机制设计［J］．环境保护，2006，（10A）：49-54.

[6] 胡振琪，程琳琳，宋蕾．我国矿产资源开发生态补偿机制的构想［J］．环境保护，2006，（10A）：59-62.

[7] Liu M C，Xiong Y，Yuan Z，Min Q W，Sun Y H，Fuller A M. Standards of ecological compensation for traditional eco-agriculture：taking rice-fish system in Hani Terrace as an example［J］. Journal of Mountain Science，2014，11（4）：1049-1059.

[8] Rao H H，Lin C C，Kong H，Jin D，Peng B R. Ecological damage compensation for coastal sea area uses［J］. Ecological indicators，2014，（38）：149-158.

[9] 闵庆文，甄霖，杨光梅，张丹．自然保护区生态补偿机制与政策研究［J］．环境保护，2006，（10A）：55-58.

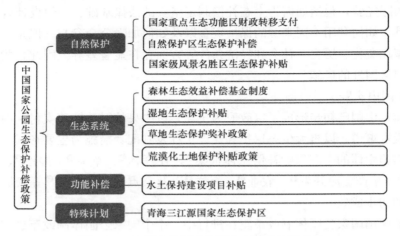

图 3-2-3　中国有关国家公园生态保护补偿政策

2.3　结果和分析

通过对大量文献的收集、分析和总结，结合国内外国家公园生态补偿实践的经验，提出中国国家公园生态保护补偿框架。

2.3.1　国家公园生态保护补偿的必要性

生态系统服务的空间流动是国家公园生态保护补偿的理论基础[1]，也是补偿主体确定、标准计算、资金筹措的重要依据[2]。流动是自然界和人类社会常见的一种现象。生态系统服务也可以通过某些途径可以在空间上流动到系统之外的地区并产生辐射效能[3]。

在自然和社会因素的影响下，国家公园内生态系统的服务具有明显的方向性和区域性（图 3-2-4）。然而，不同类型的生态系统服务"溢出"的惠及范围不尽相同。例如，涵养水源的服务多为流域下游地区所享用，而固碳释氧的服务则可能惠及整个流域、国家甚至全球。同时，某些类型的生态系统服务可能被本地及系统外共同消费。例如，流域上游提供的生态系统服务除被当地利用外，还可供给流域下游甚至更大范围内的区域享用。因此，为了使国家公园提供的生态系统

---

[1]　Liu M C，Yang L，Min Q W. Establishment of an eco-compensation fund based on eco-services consumption [J]. Journal of Environmental Management，2018，211：306-312.

[2]　刘某承、孙雪萍、林惠凤、张彪、朱跃龙、李金亚. 基于生态系统服务消费的京承生态补偿基金构建方式 [J]. 资源科学，2015，08：1536-1542.

[3]　Liu M C，Zhang D，Min Q W，Xie G D，Su N. The calculation of productivity factor for ecological footprints in China：A methodological note [J]. Ecological Indicators，2014，（38）：124-129.

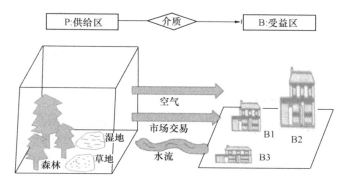

图 3-2-4 国家公园生态系统服务的流动与消费

服务的外部性内部化，需要对国家公园进行生态保护补偿。

2.3.2 国家公园生态保护补偿的内涵

当前对国家公园生态保护补偿内涵的研究较少。尽管已有一些针对自然保护地生态保护补偿的研究和实践探索，但尚没有关于自然保护地生态保护补偿的较为公认的定义（表 3-2-2）。

自然保护地生态保护补偿的内涵

表 3-2-2

文献	自然保护地	生态保护补偿的内涵
杨桂华 （2012）	自然遗产地	包括对损害资源环境的行为进行收费，对保护资源环境的行为进行补偿，以及对因环境保护丧失发展机会的区域内居民进行的补偿
韩鹏❶ （2010）	重点生态功能区	既包括对人的补偿，也包括对自然的补偿，是以改善生态环境、调整社会经济关系以持续获取生态系统服务为目的的一种手段
姚红义 （2011）	三江源国家公园	对损害（或保护）资源环境行为进行收费收税（或补偿），提高其行为的成本（或收益），从而激励损害（或保护）行为的主体减少（或增加）因其行为带来的外部不经济性（或外部经济性），来达到保护资源的目的
岳海文 （2015）	三江源国家公园	包括水生态补偿、大气生态补偿、土壤生态补偿和生物多样性生态补偿等许多方面
高辉 （2015）	三江源国家公园	以维护生态系统持续提供生态服务能力为目的的生态补偿，是对生态系统本身的补偿。对人类行为的补偿，包括对生态系统保护建设行为的正补偿，也包括对生态系统破坏行为的负补偿
张一群❷ （2015）	自然保护地	维护保护地生态系统并促进其生态系统服务的可持续利用，调整保护或破坏旅游生态环境行为产生的生态及相关利益的分配关系

---

❶ 韩鹏，黄河清，甄霖，姜鲁光，李芬. 内蒙古农牧交错带两种生态补偿模式效应对比分析［J］. 资源科学，2010, 32（05）：838-848.

❷ 张一群. 云南保护地旅游生态补偿研究［D］. 云南大学，2015.

从表 3-2-2 可以看出，目前关于自然保护地生态保护补偿的概念主要集中于两个方面：一是对自然保护地生态保护补偿内容进行罗列式描述，但由于其补偿内容的复杂性，极易出现概括不全的问题；二是基于对自然保护地生态保护补偿本质进行抽象式提炼，但不足以展示自然保护地生态保护补偿的内容和边界，需要辅以更为详细的内涵剖析。

基于以上分析，本研究认为国家公园生态保护补偿是以保护和可持续利用生态系统服务为目的，以经济手段为主调节相关者利益关系的制度安排。其内涵有二，一是以维护生态系统持续提供生态系统服务能力为目的的补偿，是对生态系统本身的补偿；二是对人类行为的补偿，包括对生态系统保护建设行为的补偿，也包括对维护生态系统放弃的机会成本的补偿。其主要目的是保护自然保护地生态系统并促进当地生态系统服务的可持续利用。

2.3.3 国家公园生态保护补偿的政策框架

根据国家公园生态保护的内涵，鉴于《关于健全生态保护补偿机制的意见》对"完善重点生态区域补偿机制"的要求，及《建立国家公园体制总体方案》对"健全生态保护补偿制度"的要求，可以构建国家公园生态保护补偿的政策框架（图 3-2-5）。

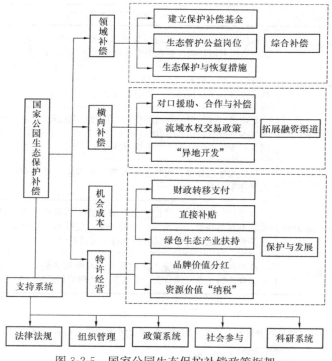

图 3-2-5 国家公园生态保护补偿政策框架

总的看来，国家公园生态保护补偿的政策机制包括四部分内容：一是建立健全森林、草原、湿地、荒漠、海洋、水流、耕地等领域生态保护补偿机制，整合补偿资金，探索综合性补偿办法；二是鼓励受益地区与国家公园所在地区通过资金补偿等方式建立横向补偿关系，同时加大重点生态功能区转移支付力度，拓展保护补偿的融资渠道；三是协调保护与发展的关系，对国家公园内或周边发展受限制的社区就其发展的机会成本给予生态保护补偿，同时对特许经营的主体根据其对资源、景观等的利用方式和占有程度收取补偿资金；四是加强生态保护补偿效益评估，完善生态保护成效与资金分配挂钩的激励约束机制，加强对生态保护补偿资金使用的监督管理。

2.3.4　国家公园生态保护补偿的技术要点

在国家公园生态保护补偿的政策框架内，构建国家公园的生态保护补偿机制还需解决以下几点关键技术，包括识别补偿的主体、构建补偿的方式、确定补偿的标准、拓展融资的渠道等。

（1）生态保护补偿的主体识别

国家公园生态保护补偿的主体应根据利益相关者在特定生态保护事件中的义务和地位加以确定，在我们检索的文献中，有45篇文章讨论了中国国家公园的生态保护补偿主体（图3-2-6）。从这些文章中，我们总结出三个原则来确定国家公园生态保护补偿的主体。

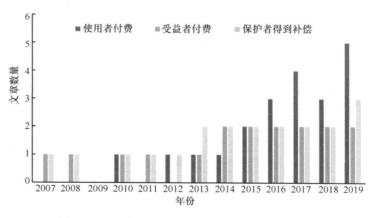

图 3-2-6　国家公园生态保护补偿主体研究的趋势

使用者付费原则。生态资源属于公共资源，具有稀缺性。应该按照使用者付费原则，由生态环境资源占用者向国家或公众利益代表提供补偿。该原则可应用在资源和生态要素的特许经营的管理方面，企业或农户在取得资源开发权或使用权时，需要交纳资源占用费。

受益者付费原则。在区域之间或者流域上下游间，应该遵循受益者付费原则，即受益者应该对生态环境服务功能提供者支付相应的费用。区域或流域内的公共资源，由公共资源的全部受益者按照一定的分担机制承担补偿的责任。

保护者得到补偿原则。对生态建设的保护做出贡献的集体和个人，对其投入的直接成本和丧失的机会成本应给予补偿和奖励。

(2) 生态保护补偿的方式构建

生态保护补偿的方法和途径很多，按照不同的准则有不同的分类体系。按照补偿方式可以分为资金补偿、实物补偿、政策补偿和智力补偿等；按照补偿条块可以分为纵向补偿和横向补偿。

补偿实施主体和运作机制是决定生态保护补偿方式本质特征的核心内容，按照实施主体和运作机制的差异，针对重点领域补偿、横向生态补偿、机会成本补偿以及特许经营补偿，本研究对检索的 64 篇文献中提出的补偿方法进行了总结（表 3-2-3），大致可以分为政府补偿和市场补偿两大类型。

国家公园生态保护补偿的多元补偿方式　　　　表 3-2-3

补偿对象	补偿主体	补偿方式		方式简介
生态系统	政府	政策补偿	生态移民	重新安置居民并给予补偿
			生态管护岗位	设立生态管理岗位，发放工资
		项目补偿	生态恢复工程	野生动物保护工程、天然林保护工程、退耕还林工程等
		资金补偿	财政转移支付	中央政府向国家公园管理局划拨生态补偿资金
保护行为	政府	资金补偿	直接现金补贴	给保护者现金补贴
			绿色发展补贴	为绿色产业的发展提供补贴
		物质补偿	生产条件改善	改善交通、住房、通信、医疗条件
		政策补偿	税收减免	降低税率，减少或免除税收
			优惠信贷	以优惠利率获得贷款
		智力补偿	教育援助	支持大学生生活，鼓励学校教育
			技术培训	提供劳动技能培训
	市场	市场交易	水交易	上下游之间的水交易
		生态认证	生态标志认证	有机认证、绿色认证等
		特许经营	社区特许经营	允许社区居民开展旅游或绿色生产活动
			旅游特许经营	发展旅游业，促进地方发展

政府补偿方式。根据中国的实际情况，政府补偿机制是目前开展国家公园生态保护补偿最重要的形式，也是目前比较容易启动的补偿方式。政府补偿方式包括下面几种：财政转移支付、差异性的区域政策、生态保护项目实施、环境税费制度等。

市场补偿方式。交易的对象可以是生态环境要素的权属，也可以是生态系统服务。通过市场交易或支付，兑现生态系统服务的价值。典型的市场补偿机制包括下面几个方面：公共支付、一对一交易、市场贸易、生态（环境）标记等。

（3）生态保护补偿的标准确定

根据检索的88篇有关生态补偿标准的研究，国家公园生态保护补偿标准的计算方法可以归纳为两个原则，即公平原则和效率原则（图3-2-7）。从图3-2-7可以看出，63.64％的文章采用了效率原则来确定补偿标准，其余36.36％的文章采用了公平原则。

而在具体计算方法上，35.23％的文章是基于国家公园提供的生态系统服务总量进行计算的，其次是投入成本和机会成本、受益者利润和生态恢复成本，分别为27.27％、20.45％和15.91％。以生态系统服务消费为基础计算补偿标准的文献仅有1篇。

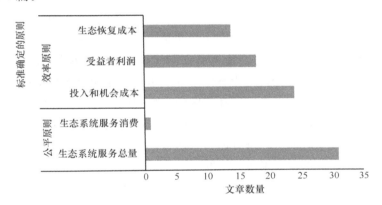

图 3-2-7 基于不同原则的生态保护补偿标准研究

1）基于"公平"的补偿标准

从公平角度讲，应该按照生态系统服务的流动与消费来进行确定，主要是通过评估国家公园内生态系统产生的水土保持、水源涵养、气候调节、生物多样性保护、景观美化等生态服务价值的流向和流量来进行综合评估与核算。国内外对生态系统服务的价值评估已经进行了大量的研究，但生态系统服务的流动研究尚处于初级阶段。就目前的实际情况，在采用的指标、价值的估算等方面尚缺乏统一的标准。同时，从公平角度计算的补偿标准与现实的补偿能力方面有较大的差距，因此，一般按照生态系统服务流动计算出的补偿标准只能作为补偿的参考和理论上限值。

2）基于"效率"的补偿标准

从效率角度讲，只要激励保护者"愿意"进行生态保护的投入或转变生产方式，就可以达到保护生态系统、持续提供生态系统服务的目的❶。那么根据不同情况，可以参照以下三个方面的价值进行初步核算：

一是按生态保护者的直接投入和机会成本计算。生态保护者为了保护生态环境，投入的人力、物力和财力应纳入补偿标准的计算之中。同时，由于生态保护者要保护生态环境，牺牲了部分的发展权，这一部分机会成本也应纳入补偿标准的计算之中。从理论上讲，直接投入与机会成本之和应该是生态补偿的最低标准❷。

二是按生态受益者的获利计算。生态受益者没有为自身所享有的产品和服务付费，使得生态保护者的保护行为没有得到应有的回报。因此，可通过产品或服务的市场交易价格和交易量来计算补偿的标准。通过市场交易来确定补偿标准简单易行，同时有利于激励生态保护者采用新的技术来降低生态保护的成本，促使生态保护的不断发展❸。

三是按生态破坏的恢复成本计算。国家公园特许经营等资源开发活动会造成一定范围内的植被破坏、水土流失、水资源破坏、生物多样性减少等，直接影响到区域的水源涵养、水土保持、景观美化、气候调节、生物供养等生态系统服务。因此，可以通过环境治理与生态恢复的成本核算作为生态补偿标准的参考。

参照上述计算，综合考虑国家和地区的实际情况，特别是经济发展水平和生态状况，通过协商和博弈确定当前的补偿标准；最后根据生态保护和经济社会发展的阶段性特征，与时俱进，进行适当的动态调整。

（4）生态保护补偿融资渠道的拓展

国家公园生态保护补偿的融资渠道，除了接受社会捐赠之外，还应重视以下三个制度的改善和设计（图 3-2-8）：

一是纵向财政转移支付制度设计。财政转移支付是生态保护补偿最直接的手段，也是最容易实施的手段。建议在财政转移支付中增加生态环境影响因子权重，增加对生态脆弱和生态保护重点地区的支持力度，对重要的生态区域或生态要素实施国家购买等，建立生态建设重点地区经济发展、农牧民生活水平提高和区域社会经济可持续发展的长效投入机制。

二是横向财政转移支付制度设计。国家公园生态保护补偿的横向转移支付主要是在流域上下游地区之间发生。在支付方式上，与纵向转移支付不同，不是直

---

❶ 蔡银莺，张安录．基于农户受偿意愿的农田生态补偿额度测算——以武汉市的调查为实证 [J]．自然资源学报，2011，26（2）：177-189.

❷ Liu M C，Min Q W，Yang L．Rice Pricing during Organic Conversion of the Honghe Hani Rice Terrace System in China [J]．Sustainability，2018，10（1）：183.

❸ 刘某承，熊英，白艳莹，杨伦，闵庆文．生态功能改善目标导向的哈尼梯田生态补偿标准 [J]．生态学报，2017，37（07）：2447-2454.

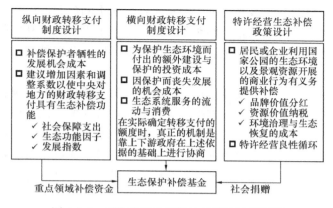

图 3-2-8   国家公园生态保护补偿的融资渠道

接转移，而是先进入上一级政府的生态补偿委员的账户，并设立专门的基金。基金由基金所在的生态补偿委员会和横向转移的两地政府的生态保护补偿委员会共同监督管理。国家公园对基金的使用，必须根据专门的生态环境保护规划，以具体项目的方式申请，经共同监督管理代表批准后方可使用。

三是特许经营生态补偿政策设计。政府手段仍是我国目前生态补偿的主要措施，同时应积极探索使用市场手段补偿生态效益的可能途径。在国家公园特许经营制度下，居民或企业利用国家公园的生态环境以及景观资源开展的商业行为有义务提供补偿，可以通过品牌价值分红、资源价值纳税等手段来进行，以弥补环境治理与生态恢复的成本，形成特许经营的良性循环。

2.4   小 结 和 建 议

2.4.1   小结

生态保护补偿机制是构建以国家公园为主体的自然保护地体系的重要制度保障。根据国家对国家公园生态保护补偿的要求，基于当前生态保护补偿的研究和实践进展，本研究分析了国家公园生态保护补偿的必要性，明确了国家公园生态保护补偿的内涵，提出了国家公园生态保护补偿的政策框架，并构建了国家公园生态保护补偿的四个关键技术，以期为中国国家公园生态保护补偿机制的建立提供科学支撑。

2.4.2   建议

（1）探索建立国家公园体制试点区生态保护补偿基金。当前，中国在森林、湿地、草地、水流及流域等众多领域都已颁布了相关生态保护补偿政策。同时，国家公园体制试点区往往具有多种生态系统，享受不同行业部门的生态保护补偿政策。但由于补偿标准较低，补偿对象分散，影响了生态保护补偿的效率。建议授权国家公园体制试点区建立生态保护补偿基金，以整合多种补偿资金，探索综合性补偿办法。

（2）重视基于绿色产业发展扶持的"造血型"补偿方式。现金补贴是可以有效激励国家公园社区居民参与生态保护、转变生产方式的手段。但另一方面，需要通过资金引导、政策扶持、技术支持、品牌建设等手段，建立可以促进绿色产业发展的长效机制。比如，可以通过补贴国家公园社区居民从事有机生产的前期投入，提供必要的技术支持，创建国家公园农产品的统一品牌等方式建立农业可持续发展的长效机制。

（3）积极探索国家公园流域上下游之间的横向补偿模式。当前，除中央政府纵向生态补偿之外，横向生态补偿可能是国家公园生态保护补偿最重要的融资方式。其模式一般可以分为三个步骤：一是由两地政府议定本底权利（如水权等）分配方案，建立动态调整机制；二是达成补偿协议，界定清楚生态保护补偿的主客体、补偿方式、补偿标准、相关方的权利和责任等内容；三是建立保障机制，包括建立跨省横向财政转移支付制度和省际断面生态数据监测体系。

3　基于自然解决方案的小水源地
生态修复绩效评估[1]

　　水是自然生态系统与社会经济系统的重要资源，水生态系统为人类提供大量生态系统服务[2][3]。水生态系统具有调蓄洪水、补给地下水等功能；作为结构单元，水生态系统与其他类型生态系统的协同作用在改善气候、净化污染、维持区域生态系统平衡等方面起到重要作用[4][5]。特别在基础设施相对薄弱的乡村地区，居民的生活和收入往往更依赖于水生态系统提供的服务[6]。然而，化肥和农药的大量使用以及生活污水的分散排放使得水生态系统退化加剧，水生态环境的退化程度和速度都在其他类型生态系统之上。资金、技术以及基础设施的相对缺乏也为如何可持续地保护和修复水生态系统带来不小的挑战。针对水生态的基于自然的解决方案（NBSs）是保护、可持续管理[7]和改良生态系统的新路径[8][9]，探索NBSs在乡村地区小尺度水生态修复中的可行性变得尤为重要。

　　针对NBSs的绩效评估可以作为制定相应决策时的重要依据。尽管提出NBSs正是源于人们对于生态系统服务的认识，定量评估生态系统服务价值探讨

---

　　[1]　作者：屈泽龙，中国电建集团华东勘测设计研究院与北京大学联合博士后；邬沛伶，谢雨婷[*]（通信作者，Email：xieyuting@zju.edu.cn），浙江大学园林研究所；张海江，大自然保护协会。

　　[2]　欧阳志云，赵同谦，王效科，苗鸿．水生态服务功能分析及其间接价值评价［J］．生态学报，2004（10）：2091-2099.

　　[3]　Aznar-Sánchez J A，Velasco-Muñoz J F，Belmonte-Ureña L J，et al. The worldwide research trends on water ecosystem services［J］. Ecological indicators，2019，99：310-323.

　　[4]　宋豫秦，张晓蕾．论湿地生态系统服务的多维度价值评估方法［J］．生态学报，2014，34（06）：1352-1360.

　　[5]　Hackbart V C S，de Lima G T N P，dos Santos R F. Theory and practice of water ecosystem services valuation：Where are we going?［J］. Ecosystem services，2017，23：218-227.

　　[6]　Kumar P. The economics of ecosystems and biodiversity：ecological and economic foundations［M］. Routledge，2012.

　　[7]　陈梦芸，林广思．基于自然的解决方案：利用自然应对可持续发展挑战的综合途径［J］．中国园林，2019，35（03）：81-85.

　　[8]　刘佳坤，岑涛，赵宇，林美霞，邢莉，李新虎，张国钦，叶红．面向城市可持续发展的自然解决途径（NBSs）研究进展［J］．生态学报，2019，39（16）：6040-6050.

　　[9]　Eggermont H，Balian E，Azevedo J M N，et al. Nature-based solutions：new influence for environmental management and research in Europe［J］. GAIA-Ecological Perspectives for Science and Society，2015，24（4）：243-248.

NBSs 的综合绩效的研究并不常见。当前的研究更关注 NBSs 在城市弹性[1]或者应对气候变化当中的应用[2]。例如，纽约皇后区的海岸恢复湿地在应对百年一遇的洪水灾害时将预计减少约 2.25 亿美元的损失[3]。事实上，NBSs 的绩效中不仅需要考虑直接经济利益，更要包含生态系统修复后所带来的效益[4]，并且生态效益类型是多样的[5]，应该统筹考虑。因此，综合性地评估小尺度的生态系统服务是 NBSs 研究所欠缺的内容。

杭州市余杭区青山村龙坞水库的生态修复通过限制污染物的源头输入来达到提升水质和周围林地环境质量的效果。本研究以青山村的水源地保护为案例，评估了 7 项生态系统服务价值：属于供给服务的原材料、淡水供给；属于调节服务的洪水调蓄、固碳释氧、水源涵养；属于文化服务的休闲游憩。分析比较保护前后总体及各类生态系统服务价值变化情况。此外，还讨论了 NBSs 还带来了经济收益和社会效益。本研究为类似小尺度生态修复绩效评估提供参考，同时为 NBSs 在农村水源地生态修复方面的新模式提供可推广的模式。

3.1 研究区概况及保护行动

3.1.1 区域概况

龙坞水库始建于 1971 年，水面面积为 40489m²，汇水区面积为 2600 亩，位于杭州市余杭区青山村内（图 3-3-1）。村庄地处杭州市西北郊，距离杭州市中心 42km，地理坐标为 119°51′39″E，30°29′12″N。青山村三面环山，气候宜人，具有丰富的自然资源并保存良好，森林覆盖率近 80%，属于钱塘江流域浙西丘陵区，亚热带季风气候，四季分明，雨量充沛。全年平均气温为 17.8 ℃，平均相对湿度 70.3%，年降水量 1454mm，年日照时数 1765h。青山村共有人口 2600

[1] 林伟斌，孙一民. 基于自然解决方案对我国城市适应性转型发展的启示 [J]. 国际城市规划，2020，35（02）：62-72.

[2] Lafortezza R，Chen J，Van Den Bosch C K，et al. Nature-based solutions for resilient landscapes and cities [J]. Environmental research，2018，165：431-441.

[3] Sutton-Grier A E，Wowk K，Bamford H. Future of our coasts：the potential for natural and hybrid infrastructure to enhance the resilience of our coastal communities，economies and ecosystems [J]. Environmental Science & Policy，2015，51：137-148.

[4] Coletta V R，Pagano A，Pluchinotta I，et al. Causal Loop Diagrams for supporting Nature Based Solutions participatory design and performance assessment [J]. Journal of Environmental Management，2021，280：111668.

[5] Martín E G，Giordano R，Pagano A，et al. Using a system thinking approach to assess the contribution of nature based solutions to sustainable development goals [J]. Science of the Total Environment，2020，738：139693.

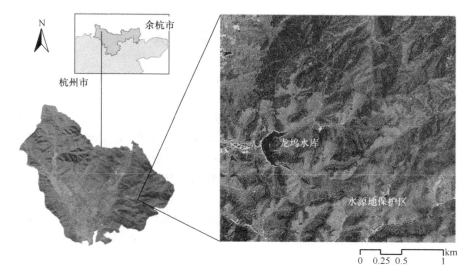

图 3-3-1　龙坞水库地理区位图

余人，主要产业为毛竹、水稻和苗木种植。2014 年村户均年收入大约在 6 万元，其中约 1/4 来自毛竹和竹笋。

3.1.2　水源地保护行动

20 世纪 80 年代，青山村毛竹的种植和加工产业发展迅速，为了获得更高的经济效益，农户在竹林中耕作时不同程度地使用化肥增加竹林和竹笋产量，并使用除草剂清除地表植物。这些生产活动对水库造成了以氮磷为主的面源污染。2014 年的水质监测结果显示 8 个采样点的水质合格，2 个不合格，合格率为 80%，超标项目为总磷，总氮在所有采样点都为Ⅲ类水质标准。

从 2015 年开始，当地开展了龙坞水库小水源地保护行动，以 4 年为周期，通过林权流转的形式获得水库周边 800 亩的林地使用权，并对区域内农药及化肥的使用进行集中管理❶。从污染输入的源头出发，利用生态系统自净能力来实现水质改善的目标。这种通过减少人类活动干扰，利用生态系统恢复力的生态修复行动符合 NBSs 的特征。此外，为了保证水源地保护行动的有效实施，当地还定期开展了水质监测以及面向村民的环保宣传活动。随着水质的不断提高和水资源规划的开展，2017 年水库约 2600 亩的汇水区被余杭区林业水利局划定为饮用水水源保护区，从村级小水源升级为法定保护区。

---

❶　王宇飞，靳彤，张海江. 探索市场化多元化的生态补偿机制——浙江青山村的实践与启示〔J〕.中国国土资源经济，2020，33（04）：29-34，55.

3.2 研 究 方 法

本研究以龙坞水库及其汇水区为对象，核算了 3 大类 7 小项生态系统服务的价值[1]。生态系统提供的物质性产品或非物质性服务，即供给服务和文化服务，能够有明确的付费过程并转换为经济收益，其产生的价值属于直接价值。生态系统调节服务的惠益通常没有明确的交易市场和直接的付费过程，没有直接产生经济效益，属于生态系统服务的间接价值。进而，直接价值包括：淡水供给、原材料供给、休闲游憩。间接价值包括：洪水调蓄、固碳释氧、水源涵养、水质净化。

针对上述 7 项生态系统服务类型，采用市场价值法、替代成本法、影子工程法、旅行费用法分别计算其价值量[2]。其中：一是市场价格法用于有市场价格的生态系统产品的价值，价格取当年市场平均价格；二是替代成本主要用于调节服务的价值计算，利用达到同样效果的生产行为或治理成本来代替，如用工业制氧价格代表单位释氧的价值，污水处理价格代表水质净化价值等；三是影子工程法，以人工建造一个工程来替代生态功能或原来被破坏的生态功能的费用，这里参考水库工程造价；四是旅行费用法主要用于计算基于第三产业的休闲游憩。

本研究基于以上计算方法，对 2015 年、2019 年龙坞水库保护区的直接和间接生态系统服务的功能量和价值量进行评估。

3.2.1 价值总量

生态系统服务价值计算包括功能量计算和价值量计算两部分。生态系统服务功能量是指人类从生态系统中直接或间接得到的产品与服务的物质量，各类生态系统服务的价值量为其对应的功能量与市场价格的乘积。整体的生态系统服务价值为所有类型价值相加，公式为：

$$TES = \sum_{j=1} ES_j \times P_j \tag{1}$$

其中，TES 表示生态系统服务总价值；ES_j 表示第 j 类生态系统服务的功能量；P_j 表示第 j 类生态系统产品或服务的单价。

3.2.2 供给服务

研究区供给服务包括，淡水供给即水库储水为村民提供生产生活用水；原材

---

[1] Costanza R，d'Arge R，De Groot R，et al. The value of the world's ecosystem services and natural capital [J]. nature，1997，387（6630）：253-260.

[2] 张修峰，刘正文，谢贻发，陈光荣. 城市湖泊退化过程中水生态系统服务功能价值演变评估——以肇庆仙女湖为例 [J]. 生态学报，2007（06）：2349-2354.

料供给即毛竹及竹笋的供应。根据杭州淡水地区禁渔规定龙坞水库属于禁渔区，因此供给服务价值淡水产品的部分即鱼虾养殖收益未体现。供给服务相关的产品供应产品数据主要来源于现场调研。

淡水供给价值量使用市场价值法计算，市场价格和功能量以当年各类供水水价和各类供水量为准。淡水供给类型分为生活用水和灌溉用水，根据现场调研资料无工业用水供应。淡水供给功能量核算公式为：

$$ES_{rw} = P \times D_r \tag{2}$$

其中，ES_{rw} 表示生活用水供给量；D_r 表示居民人均年用水量；P 表示用水人数。数据均来自官方统计数据。

$$ES_{aw} = L \times D_a \tag{3}$$

其中，ES_{aw} 表示农业生产用水供给量；L 表示灌溉农田面积，取 100 亩；D_a 表示单位面积年灌溉用水量，取 793.5t/亩❶。

原材料供给也采用市场价值法，市场价格和功能量以毛竹和竹笋当年市场价及当年产量为准。原材料供给功能量核算公式为：

$$ES_m = P_m \times A \tag{4}$$

其中，ES_m 表示毛竹产量；A 表示集水区内毛竹林面积；P_m 表示单位面积毛竹年产量，2015 年为 950kg/亩，2019 年竹林中的 800 亩取 604.7 kg/亩❷。

$$ES_b = P_b \times A \tag{5}$$

其中，ES_b 表示单位面积竹笋年产量；P_b 表示单位面积毛竹年产量，2015 年为 64kg/亩，2019 年竹林中的 800 亩取 20.5kg/亩❸。

3.2.3 调节服务

调节服务中的洪水调蓄价值量计算采用影子工程法，根据洪水调蓄量和单位蓄水成本计算建造同等功能的水库的费用，从而替代生态系统调蓄洪水的价值。洪水调蓄功能量为水库周围毛竹林通过吸纳降水和过境水，蓄积洪峰的水量，核算公式为：

$$ES_f = P_r \times (1 - R_f) \times A \tag{6}$$

其中，ES_f 表示洪水调蓄量；P_r 表示年暴雨降水量，来源于官方数据；R_f 表示毛竹林暴雨径流系数，取 3.79❹。

---

❶ 曹丽军. 杭州市农业用水与水资源配置的研究 [D]. 浙江大学，2002.

❷ 廖署林，肖进军，张雄锋，李育忠，夏家骅，刘迪钦，周永红. 毛竹专用肥研究 [J]. 湖南林业科技，2017，44（03）：75-80.

❸ 沙存龙. 毛竹笋设施高效栽培技术研究 [D]. 浙江农林大学，2012.

❹ 张锦娟，王冉，陆芳春，李钢. 不同配置模式毛竹林水土流失特征 [J]. 水土保持研究，2017，24（03）：92-95.

固碳服务的价值量计算采用市场价值法，市场价格和功能量分别以当年碳交易均价和固碳量为准；释氧服务计算采用替代成本法，以人工制造等量氧气的成本代替水库周边林地植被制造的氧气的价值。固碳功能量为毛竹林所有植被和土壤年均固碳量的总和，释氧功能量为毛竹林植被通过光合作用年均制造的氧气量，核算公式为：

$$ES_{CO_2} = (\Delta V_C + \Delta S_C) \times A \tag{7}$$

其中，ES_{CO_2} 为生态系统固碳总量；ΔV_C 为单位面积植被年固碳量，2015 年和 2019 年分别取 1.63t/hm^2 和 2.08t/hm^2；ΔS_C 为单位面积土壤年固碳量，2015 年和 2019 年分别取 8.05t/hm^2 和 10.91t/hm^2[❶]。

$$ES_{O_2} = \left(\Delta V_C \times \frac{M_{rO_2}}{M_{rC}}\right) \times A \tag{8}$$

其中，ES_{O_2} 为生态系统释氧总量；ΔV_C 为单位面积植被年固碳量；M_{rO_2} 为氧气相对分子质量；M_{rC} 为碳相对原子质量。

水源涵养价值量计算采用替代成本法，以人工储蓄等量淡水的成本代替毛竹林拦截滞蓄降水，从而涵养土壤水分、调节地表径流和补充地下水的价值；其功能量为水源涵养量，核算公式为：

$$ES_r = (P - P \times R - ET) \times A \tag{9}$$

其中，ES_r 表示水源涵养量；P 表示年降雨量，2015 年和 2019 年分别取 1950mm 和 1667.9mm；ET 表示年蒸发量，取 611.9mm，均来自官方统计数据；R 表示毛竹林径流系数，2015 年和 2019 年分别取 1.84 和 1.94。

水质净化价值量的计算采用替代成本法，以通过污水处理达到相同水质的成本代替水生态系统自我净化的价值。水质净化的功能量为净化氨氮总量、净化总磷总量和净化化学需氧量总量三类。由于难以获取小型水库的进出库流速，当污染物对应水质劣于国家三类水标准时按照水体净化能力的浓度计算，水质净化根据污染物含量和综合降解系数计算；当污染物浓度对应水质优于国家三类水标准时未达到水体最大自净浓度，则按照实际污染物浓度计算。核算公式为：

$$ES_{wp} = t \times V_W \times (C_i/e^{-k} - C_i) \tag{10}$$

其中，ES_{wp} 表示净化污染物总量；t 表示降解时间，取 365 天；当对应污染物水质劣于国家三类水时，C_i 表示水体最大自净污染物浓度，当对应污染物水质优于国家三类水时，C_i 表示对应污染物浓度，2015 年氨氮、总磷和化学需氧量分别取 0.75mg/L、0.454mg/L、17.5mg/L，2019 年分别为 0.025mg/L、0.01mg/L、0.92mg/L；k 表示对应污染物降解系数，氨氮、总磷和化学需氧量分别取

---

❶ 李翀，周国模，施拥军，周宇峰，徐林，范叶青，沈振明，李少虹，吕玉龙．不同经营措施对毛竹林生态系统净碳汇能力的影响［J］．林业科学，2017，53（02）：1-9.

0.502d^{-1}、0.385d^{-1}、0.425d^{-1}；V_w 表示水库储水量，取 25.36t。

3.2.4 文化服务

青山村 2015 年未发展旅游业，生态系统的文化服务的主要类型为青山村村民的休闲娱乐，没有产生直接的经济收益，故本次仅计算 2019 年的产值。文化服务的计算方法为旅行费用法，功能量为到访游客总人次，游客的平均旅行成本分为旅行的机会成本和直接旅行花费，核算公式为：

$$ES_\text{cul} = N \times (OC + TC) \tag{11}$$

其中 ES_cul 为文化服务总价值量，N 为到核算地区旅游的总人次，OC 表示游客的平均旅行机会成本，TC 为游客花费的平均直接旅行费用。

$$OC = T \times \sum_{j=1}^{n} W_j \times f_j \tag{12}$$

平均旅行机会成本的计算中，T 为游客用于旅途和核算旅游地点的平均时间，W_j 为来自 j 地的游客的当地平均工资，f_j 为来自 j 地的游客比例。

$$TC = C_\text{tc} + C_\text{if} \tag{13}$$

直接旅行花费包括交通费用 C_tc 和食宿花费 C_if。

3.3 结　　果

3.3.1 供给服务价值

实施龙坞水库保护行为后，生活用水供给增加，毛竹和竹笋产量均下降（表3-3-1）。经过核算，淡水供给服务价值量从 2015 年的 81.8 万元，增长到 2019 年的 112.4 万元，增加 37.42%。原材料供给服务价值从 2015 年的 284.9 万元，下降到 2019 年的 276.5 万元，下降 2.97%，其中毛竹价值下降 6.4 万元，竹笋价值量下降 2 万元。

供给服务功能量变化　　　　　　　　　　　　　　　表 3-3-1

核算指标		单位	2015 年功能量	2019 年功能量	功能量变化
淡水供给	生活用水供给量	10^5t	1.50	2.46	0.96
	灌溉用水供给量	10^4t	7.94	7.94	0
原材料	毛竹年产量	10^5kg	2.47	2.19	-0.28
	竹笋年产量	10^5kg	1.66	1.32	-0.34

3.3.2 调节服务价值

由于年降水量的变化，洪水调蓄和水源涵养的功能量降低，洪水调蓄价值量由 2015 年的 2943.5 万元下降至 2019 年的 2935.3 万元，下降 0.28％。停止施肥和农药增加了水库周围毛竹林和土壤的固碳量及植被的制氧量；污染物输入的减少使水库净化的污染物的物质量均下降（表 3-3-2）。结合不同管理模式下的毛竹林生长状况，固碳释氧价值量由 2015 年的 87.8 万元上升至 2019 年的 98.7 万元，上升 12.44％。水源涵养价值量由 2015 年的 224.9 万元下降至 2019 年的 210.3 万元，下降 6.50％。随着水体污染物输入量的大幅降低，水质净化价值量由 2015 年的 731.5 万元下降至 2019 年的 38.0 万元，下降 94.80％。

直接价值功能量变化 表 3-3-2

服务类型	核算指标	功能量单位	2015 年功能量	2019 年功能量	功能量变化
洪水调蓄	洪水调蓄量	万 m³	113.62	113.32	−0.30
固碳释氧	固碳量	万 t	−0.11	0.00	0.11
	释氧量	t	753.22	817.18	63.96
水源涵养	水源涵养量	万 m³	225.72	210.85	−14.87
水质净化	净化氨氮量	t	45.26	1.51	−43.75
	净化总磷量	t	1.97	0.43	−1.54
	净化化学需氧量	t	857.87	45.1	−812.77

3.3.3 文化服务价值

2019 年文化服务价值计算的数据主要来自实地调查问卷[1]。问卷分别统计了游客基本个人信息、游客出行信息、游客对主要村内景点生态系统服务的感知和选择。问卷就受试者对于青山村石扶梯水库、石扶梯古道、自然学校组团、稻田观景点、后坞水库和龙坞水库六个景点是否具有游憩价值、美学价值、教育价值和康养价值的偏好进行调查。此外，通过问卷调查获取游客在景区的直接花销、交通费用及目前生活的城市等信息，用来评估此次来青山村旅游所产生的费用。

问卷调查通过随机抽样，共发放 176 份，收回 176 份，有效问卷数为 176 份，样本描述性统计如表 3-3-3 所示，被调查对象中女性占大多数，年龄多分布在 18～46 段，绝大部分游客来自杭州，以团体出游。平均日旅游消费集中分布于 100～400 元区间。

根据问卷结果（表 3-3-4），游客花费的平均直接旅行费用为 247.3 元/天，平均旅行时间为 1.98 天，平均工资为 352.69 元/天。计算得出 2019 年文化服务价值为 1036.8 万元。

---

[1] Langemeyer J，Baró F，Roebeling P，et al. Contrasting values of cultural ecosystem services in urban areas：The case of park Montjuïc in Barcelona [J]．Ecosystem Services，2015，12：178-186.

受访者基本特征 表 3-3-3

基本特征	类别	比例
性别	男	27.08%
	女	72.92%
年龄	0~18	0%
	18~45	77.08%
	46~69	20.83%
	70 以上	2.08%
职业	学生	39.58%
	个体经营	2.08%
	企业	14.58%
	事业单位	18.75%
	自由职业	20.83%
	其他	4.17%

问卷统计结果 表 3-3-4

变量	类别	比例
花费时间	当天来回	13.07%
	2~3 天	23.30%
	4~7 天	63.07%
	其他	0.57%
出行人数	1 人	5.11%
	2~4 人	45.45%
	≥5 人	49.43%
直接旅行费用	0~100 元	14.21%
	100~200 元	35.80%
	200~300 元	22.16%
	300~400 元	16.48%
	400~500 元	2.27%
	>500 元	7.39%
生活地区	杭州	88.64%
	上海	7.95%

3.3.4 生态系统服务价值总量变化

根据研究结果，所评估的 7 项生态系统服务价值从 4354.4 万元提升至 4707.9 万元，涨幅 8.12%（图 3-3-2）其中供给服务由 366.7 万元提升至 388.9

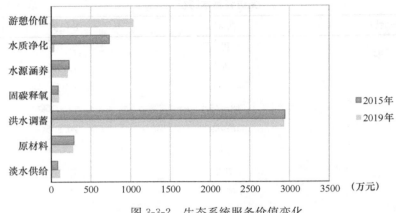

图 3-3-2　生态系统服务价值变化

万元，上涨 6.03％；调节服务由 3987.7 万元下降至 3282.3 万元，降低 17.69％。经过估算，文化服务价值 1036.78 万元。2015 年的生态系统服务占比中，供给服务占 8.42％，调节服务占 91.58％，其中占比最大的两项分别为占 68％的洪水调蓄服务和占 17％的水质净化。2019 年文化服务带来了实际的经济收益（成本法）。虽然调节服务依然是占比（69.72％）最高的服务类型，但水质净化服务的比重仅占 1％。水质的改善以及美丽乡村等建设带来的休闲游憩文化服务逐渐成为占比超过 20％的服务。

3.4　结 论 与 讨 论

3.4.1　NBSs 的经济绩效评估

综合考虑生态系统服务的价值，尤其是其中的中间服务（intermediate services）❶，为决策做依据是 NBSs 的重要出发点❷。当然，如果生态系统服务中的直接经济收益就可以覆盖 NBSs 的水源地保护行动成本时，NBSs 变得更具有可行性和可推广性。结合现场调研，NBSs 的措施成本主要是林地流转产生的费用，包括林地流转承包费用、管护费用和人工费用。林地承包流转费根据土地价值而变动，土地价值按照毛竹和竹笋种植收益扣除必要的人工及其他的成本后所得纯利润计量。支付给农户的流转补偿金稍高于土地价值，平均每年每亩 230 元。管

❶ Nesshöver C，Assmuth T，Irvine K N，et al. The science，policy and practice of nature-based solutions：An interdisciplinary perspective［J］. Science of the total environment，2017，579：1215-1227.

❷ Schneiders A，Van Daele T，Van Landuyt W，et al. Biodiversity and ecosystem services：complementary approaches for ecosystem management？［J］. Ecological Indicators，2012，21：123-133.

护费用主要用于竹林抚育性砍伐及除草，每年 7000 元。人工费用为每年 2 个全职人员，人员成本为每人每年 10 万元。按照 800 亩竹林面积计算，采用 NBSs 模式进行的保护行动最高成本为每年 39.1 万元。如果按照机会成本法❶，以流转毛竹林总产值计算，那么 NBSs 的成本为 73.7 万元。事实上，相对于直接收益的增长来说这些成本是完全可以接受的。仅仅淡水供给这一项，就已经超过每年成本约 40 万。倘若考虑带来约 1000 万价值的旅游业收入，NBSs 所带来的损失变得更加可以接受。目前生态旅游的发展是生态保护行为变现的重要途径❷。此外，通过生态产品认证，以及农旅结合的文化产品输出还可以生态溢价的方式产生更高的供给服务价值❸❹。以此看来，这种通过源头控制来实现小尺度水环境治理是划算的。

3.4.2　NBSs 的生态绩效评估

通过 NBSs 能够通过更低廉的方式达到同样的生态保护效果。至 2019 年，龙坞水库水源地保护行动已解决了水源地内农业面源污染的问题。参照《地表水环境质量标准》，总磷和溶解氧指标从 2014 年的Ⅳ类水标准已全部达到Ⅰ类水标准。假如将这些污染物全部通过传统污水处理方式进行处理，则需要至少 693.5 万元，远远超过使用 NBSs 进行治理的成本。

除水质提升外，NBSs 的保护行动能在保护区域范围内提供额外的生态效益（图 3-3-3）。由于水质提升，为居民提供纯净的饮用水；龙坞水库也从村级小水源地上升为法定水源地保护区，用水人数增加，扩大了生态价值的惠益范围。水库周围毛竹林的植被的固碳效率和土壤有机碳封存量提升，有助于提高汇水区固碳服务❺，有利于实现碳达峰和碳中和目标。不仅如此，随着人类活动对于集水区植被干扰的减少以及水质的提升，山区的生物多样性和物种丰度有望进一步增加。不难看出，NBSs 的路径对生态效益的提升是可以预见的。

3.4.3　NBSs 的社会绩效评估

NBSs 不仅仅为生态和经济带来效益，同时更产生了很多意想不到的社会效

❶　余渊，姚建，昝晓辉 . 基于成本核算方法的流域生态补偿研究 [J] . 环境污染与防治，2017，39（05）：559-562，568.

❷　Chan K M A, Satterfield T, Goldstein J. Rethinking ecosystem services to better address and navigate cultural values [J] . Ecological economics，2012，74：8-18.

❸　虞慧怡，张林波，李岱青，杨春艳，高艳妮，宋婷，吴丰昌 . 生态产品价值实现的国内外实践经验与启示 [J] . 环境科学研究，2020，33（03）：685-690.

❹　王彬彬，李晓燕 . 基于绿色农业的市场化直接补偿方式研究 [J] . 农村经济，2019（06）：1-7.

❺　欧阳志云，王效科，苗鸿 . 中国陆地生态系统服务功能及其生态经济价值的初步研究 [J] . 生态学报，1999（05）：19-25.

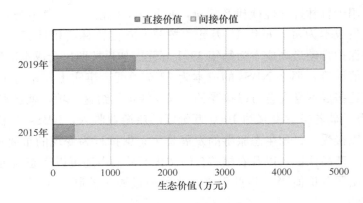

图 3-3-3 直接价值与间接价值的变化

益。首先，农户不用参与毛竹及竹笋的农事活动即可通过土地流转获得补偿金。事实上，随着人工成本的提高和下游加工企业的减少，农户继续从事毛竹、毛笋的种植所带来的收益预期是降低的。因此，农户不仅从原有的生产方式中释放出来，更是获得了比预期收益更高的补偿，保护区域内部分农户经营收入提高 20%。其次，NBSs 的保护行为带动的绿色生产方式使村内农作物得到生态产品的溢价。2019 年，拥有绿色标签的水源地保护区内的竹笋市场价格约是原来的 3 倍，同时这样的溢价方式也惠益到其他采用绿色生产方式的村内农户。通过绿色生产的普及和进一步的市场宣传，生态产品可能成为未来保护区经济收益的重要来源❶。

再次，NBSs 的保护行动推动青山村建立起丰富的产业形态（图 3-3-4）。伴

图 3-3-4 乡村业态激活

---

❶ 袁文华，孙曰瑶. 实现生态文明的品牌溢价路径研究 [J]. 中国人口·资源与环境，2013，23（09）：172-176.

随村内旅游业的发展，结合自然好邻居等民宿运营管理，部分参与生态旅游相关服务业如民宿和餐饮行业的村民每年获得 1 万～2 万元额外收入。其他文创类、教育类以及户外拓展类产业，如融设计图书馆、自然学校、自然教育基地、户外运动拓展训练基地等，每年产生 40 万～55 万元的收入和 10 万～25 万元的净利润，预计 5 年内能提供就业岗位 300 个。

此外，NBSs 的保护行动还促成基金信托的模式，推动了社会资本、个人和公益组织在生态保护的合作（图 3-3-5），是多元化、市场化生态补偿机制❶的有力探索。由于水库水质提升受益的群体包括作为普通用户的居民、民宿农家乐和村内企业，用水居民的资金由黄湖镇人民政府代为支付，参与自然好邻居项目的村民将民宿利润的 10％投入水源地保护中。这种方式不仅带动政府在生态保护方面的重视和投入；也推动当地产业依托周边自然资源开展环境教育和各类活动，开展社区发展融合活动，促进乡村振兴。

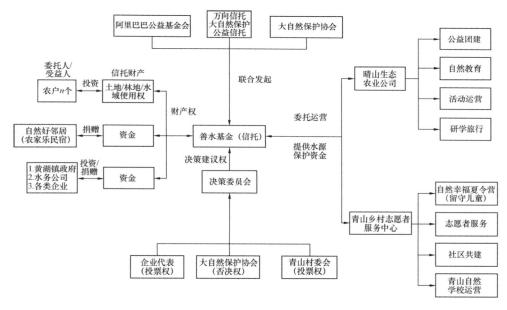

图 3-3-5　水源保护模式设计解析

3.4.4　难点、限制和展望

在核算生态系统服务时的最大难点在于相关数据的获得，尤其是小尺度地区往往缺乏相应的统计数据。例如，在降雨等气象和水文数据方面，我们使用的是

---

❶　潘华，刘畅洁. 生态补偿 PPP 模式的金融创新机制研究［J］. 生态经济，2019，35（03）：175-180.

临近村镇的摘录表进行统计。虽然在水文计算中这是可以接受的常用方法，但依然存在一定的误差。此外，在计算文化服务时，一些适用于大尺度研究对象的大数据分析方法无法应用，而问卷调查法很难获得较为准确的数值。

未来的研究可以考虑建立长期的观测系统进行周期性收集数据，保证计算有充足的数据和可靠的信息来源。在问卷调查中也可以咨询相关的专家引入更加科学的手段。同时，NBSs 的生态保护绩效评估可以加入对生态系统潜在价值的计算，通过评估保护范围各项生态系统服务的最大潜力，来探索如何更加科学地发挥生态系统所提供的的潜力，实现生态产品价值的转化。同时根据保护区自然、社会特点进行生产方式改变和产业转型，进一步挖掘 NBSs 在乡村振兴方面的可能性。

4 国际双碳形势分析与油气行业转型发展路径探讨[1]

4.1 碳达峰国家阵营现状分析

实现碳达峰的国家绝大多数为发达经济体，且欧洲国家完全占主导地位。依据联合国气候变化框架公约秘书处（UNFCCC）网站公开的最新数据，在包含土地利用变化和林业（LULUCF）情况下，二氧化碳排放达峰国家共计46个；在不包含 LULUCF 情况下，二氧化碳排放达峰国家共计44个，巴西和澳大利亚在该情况下未实现达峰。在包含 LULUCF 情况下达峰的46个国家中，发达国家32个，占比69.6%，占发达国家总数的74.4%[2]；发展中国家14个，占比30.4%（表3-4-1）。

包含 LULUCF 情况下的全球二氧化碳排放达峰国家统计表 表 3-4-1

类别	国家
发达国家（32个）	法国、英国、瑞典、芬兰、比利时、丹麦、荷兰、瑞士、爱尔兰、奥地利、葡萄牙、加拿大、希腊、意大利、西班牙、美国、塞浦路斯、冰岛、斯洛文尼亚、日本、波兰、卢森堡、爱沙尼亚、捷克、匈牙利、斯洛伐克、挪威、马耳他、摩纳哥、列支敦士登、德国、澳大利亚
发展中国家（14个）	白俄罗斯、保加利亚、拉脱维亚、克罗地亚、乌克兰、俄罗斯、罗马尼亚、巴西、阿塞拜疆、格鲁吉亚、摩尔多瓦、塔吉克斯坦、立陶宛、黑山

基于世界能源统计并结合全球各国经济数据分析结果显示[3]，截至2019年共有31个国家实现能源活动二氧化碳排放达峰[4]，约占全球碳排放总量的30%。其中，1992年前实现碳达峰的国家共有13个，丹麦是1992年联合国气候变化框架公约（UNFCCC）签署生效后第一个实现碳达峰的国家；已达峰国家包含25

---

[1] 作者：冯相昭，生态环境部环境与经济政策研究中心，研究员，经济学博士，主要研究方向：能源、环境与气候变化经济学。

[2] 按联合国人类发展报告中公布的数据，发达国家共计43个。

[3] Statistical Review of World Energy. BP, 2021.

[4] 本研究采用世界资源研究所（WRI）提出的碳排放达峰判定标准：满足碳排放出现最大值后的年数大于等于5年且碳排放呈现显著减少趋势的国家，视为实现碳达峰。

个发达国家、6 个发展中国家（保加利亚、罗马尼亚、巴西、厄瓜多尔、特立尼达和多巴哥、委内瑞拉）；法国、德国、瑞士、英国和比利时等 24 个欧洲国家已实现碳排放达峰；美洲已达峰国家有 5 个，即美国、委内瑞拉、特立尼达和多巴哥、厄瓜多尔、巴西；亚洲仅有日本、以色列两国碳排放达峰（表 3-4-2）。

碳达峰国家一览表　　　　　表 3-4-2

序号	国家	达峰年份	序号	国家	达峰年份
1	比利时	1972	17	挪威	2004
2	法国	1973	18	意大利	2005
3	德国	1973	19	荷兰	2005
4	瑞士	1973	20	葡萄牙	2005
5	英国	1973	21	美国	2007
6	卢森堡	1974	22	希腊	2007
7	匈牙利	1978	23	爱尔兰	2007
8	捷克	1979	24	西班牙	2007
9	瑞典	1979	25	塞浦路斯	2008
10	保加利亚	1980	26	日本	2008
11	斯洛伐克	1984	27	委内瑞拉	2012
12	波兰	1987	28	以色列	2012
13	罗马尼亚	1989	29	特立尼达和多巴哥	2013
14	丹麦	1996	30	巴西	2014
15	奥地利	2003	31	厄瓜多尔	2014
16	芬兰	2003			

从达峰驱动因素来看，已实现达峰的国家在很大程度上是受石油危机、政治危机、金融危机等"黑天鹅"事件影响，通过能源系统加速低碳转型、社会经济结构剧烈变动等途径实现的。1973 年，中东地区爆发战争引发第一次石油危机，原油价格从 1973 年每桶不到 3 美元攀升至超过 13 美元，英国、法国、德国和比利时等西欧国家 80％以上的石油靠进口，遭受打击最大，客观上推动了这几个西欧国家成为全球最早实现碳达峰的国家；1979 年第二次石油危机爆发，西方发达国家为降低对中东石油的依赖，加大对天然气的开发利用，在这种形势下瑞典和匈牙利等国在 1980 年左右实现碳达峰；20 世纪 80 年代中后期发生的"东欧剧变"，是捷克、斯洛伐克、波兰、保加利亚和罗马尼亚实现碳达峰的主要推手；2008 年蔓延全球的金融危机，对于世界两大经济体美国和日本实现碳达峰"功不可没"；巴西则是在 2014—2015 年大宗商品危机与雷亚尔迅速贬值等多重因素综合作用下，实现了达峰目标。需要补充的是，在经济全球化背景下，发展中国

家通过承接低端制造业转移的国际分工定位，对推动发达经济体实现碳达峰也发挥了重要作用。

4.2 国际碳中和主要形势分析

自我国在第 75 届联合国大会一般性辩论上作出"30·60"双碳目标的郑重承诺以来，"碳达峰、碳中和"骤然在国际上成为热点话题。截至 2020 年 12 月 31 日，已有 126 个国家通过政策宣示、法律规定或提交联合国等不同方式承诺 21 世纪中叶前实现碳中和目标，其中包括 12 个国家在提交给联合国气候变化框架公约（UNFCCC）秘书处的长期低排放发展战略（LTS）文件中明确提出碳中和目标；韩国甚至将其长期低排放战略直接冠名"碳中和"，即"韩国碳中和战略——迈向一个可持续和绿色的社会"；英国、法国、瑞典、丹麦、匈牙利和新西兰等 6 个国家已将碳中和目标写入法律。

欧洲国家绝大多数已实现碳达峰，其低碳发展实践与碳中和实现路径为全球其他国家提供了低碳转型发展的典型样本。其低碳转型实践主要呈现如下特征：一是夯实政治生态的绿色基础。绿色政党兴起于西欧后工业时期，近年来对欧盟及各成员国的影响力迅速攀升，在 2019 年欧洲议会选举中，绿色政党共赢得 55 个议员席位，达到自身历史高位；同时，绿色政党在欧盟成员国中接连迈入政治中心，如芬兰绿色联盟政党在 2019 年新一届政府中成为联合执政党，法国"欧洲生态—绿党"在 2020 年法国市政选举中成为最大赢家。二是积极推动气候相关立法工作。英国 2008 年通过了《气候变化法案》，成为全球第一个确定温室气体减排目标法案的国家；瑞典、丹麦、德国、法国、西班牙和匈牙利分别通过立法形式确定 2050 年前后碳中和发展目标；2021 年 4 月欧洲议会和欧盟 27 个成员国代表就《欧洲气候法》达成临时协议，根据临时协议欧盟减排中长期目标设定为：到 2030 年，温室气体排放量至少要在 1990 年的排放基础上减少 55%；到 2050 年实现"碳中和"，即温室气体净排放量降为"零"。三是锚定重点领域加速低碳转型。电力系统大幅提高非化石能源比重，交通部门通过发展生物燃料替代和纯电动汽车加速低碳化，建筑领域能效加紧提升，推动工业领域加快向清洁循环经济转型[1]。具体目标和相关措施简述如下：

一是提供清洁、可负担、安全的能源。能源系统转型是欧盟实现 2030 年和 2050 年气候目标最为重要的步骤，居于各项措施首位，其中提高能效尤为关键。电力部门作为重要的能源转换利用部门，提出将快速淘汰煤炭利用，主要依靠可

---

[1] 杨儒浦，冯相昭，赵梦雪，王敏，王鹏，杜晓林. 欧洲碳中和实现路径探讨及其对中国的启示 [J]. 环境与可持续发展，2021，46(03)：45-52.

再生能源，并对天然气利用进行脱碳处理。以德国为例，为推进低碳发展，德国加速了淘汰煤电产能的进程，2020 年 9 月 1 日进行了首次"退役竞标"，对 1990 年以前投产并愿提前退出的燃煤电厂未来 10 年给予超过运营收益的补贴；2020 年德国可再生能源发电量占比约 52.5%，预计 2030 年将达到 65%。北欧受资源禀赋条件限制，太阳能发电和水力发电无法满足用电需求，所以该地区将着力发展风电，预计到 2050 年风电将占电力生产的 30%（在丹麦预计占比超过 70%）。

二是推动工业向清洁循环经济转型。工业仍将是欧盟长期经济发展的重要组成部分。欧盟强调钢铁、化工和水泥等能源密集型产业作为重要原料供应端，对经济发展不可或缺，并明确提出将在保障产业安全的前提下加强低碳技术开发。2020 年 3 月，欧盟发布的《欧洲工业战略》中突出强调工业部门要实现气候中和以及数字化发展，不过，尚未给出这些能源密集型产业的具体转型路线。众所周知，德国是世界上重要的化工产品出口国，其针对化工行业坚持研发能效提高技术，通过降低原材料成本、实施绿色市场营销战略和利用政府激励政策等系列措施，已逐步实现化工行业的绿色低碳转型。瑞典作为北欧工业实力最强的国家，工业能耗以及碳排放长期占据较大比例，为实现碳中和目标，瑞典为工业部门量身打造了 2050 绿色升级路线，并确立了如下工作方向：以可再生能源和材料替代化石基燃料和材料；提高生产效率和原材料使用率；生产系统电气化；水泥行业将以生物质能结合 CCS（碳捕集与封存）作为降碳技术组合；钢铁行业采用高炉加 CCS，以及预期氢直接还原铁矿石得以商业运行，或是电解法炼钢作为可选技术路径；对电解铝工业而言，重点在于开发一种不释放二氧化碳的惰性阳极材料。同时，为辅助工业部门降碳，还提供大量政策、技术和基金的支持。

三是建筑节能升级改造。建筑能耗占欧盟终端能耗约 40%，降低建筑能耗和改善建筑用能结构将是实现低碳转型的两大方向。比利时和德国在超低能耗绿色建筑方面处于领先地位，以"被动房"为代表的超低能耗建筑、近零能耗建筑成为当前普遍趋势，且应用范围从最初的中低层小型项目已扩展至大型公共建筑案例上，同时老旧城区和工业园区等既有建筑也被列入改造日程。北欧位于高纬度地区，供暖期较长，建筑部门能耗约占终端总能源消费的 1/3，其中约 60% 用于供热。为降低建筑能源需求，北欧致力于加速翻新既有建筑，并采取系列措施降低供热能耗强度。预计到 2050 年，北欧供热能耗强度将从 126kWh/m² 降至 60kWh/m²。建筑能效提升的同时，将释放出一部分生物质和电力用于其他部门，从而避免相应的基础设施投资。芬兰较其他北欧国家生物质资源更丰富，计划利用至少 10% 的生物燃料油作为建筑部门供热燃料，并保持逐年线性增长，同时不断提高供热能效❶。

四是加快向可持续的智慧交通转变。交通运输贡献了欧盟约四分之一的温室气体排放。欧盟除了加快道路交通低碳发展，重点围绕扩大铁路与内河运输运力两个方向发力，同时致力于提高可再生交通燃料的占比。以法国为例，法国政府于2019年12月24日颁布了《交通未来导向法》，明确在2030年前交通领域二氧化碳排放总量减少37.5%，并在2040年停止出售使用汽油、柴油和天然气等化石燃料的车辆，以确保交通部门2050年实现碳中和目标。为促进民众选择公共交通、自行车等绿色出行方式，《交通未来导向法》还提出至2023年将拨款137亿欧元用于改造交通基础设施，在2022年前将电动汽车充电桩数量增加5倍，并设立3.5亿欧元基金用来管理自行车、电动滑板车的出行。国际能源署相关研究显示，北欧的交通部门在各部门中碳减排占比最高，根据相关目标承诺，2050年在1990年基础上减排80%，其中城市短途交通将以公共交通和自行车为主，积极推进交通工具电气化，大力提高交通运输效率；鉴于长途运输较难实现电气化，需要有竞争力的低碳技术，因此2050年碳中和愿景中提出，生物燃油将占交通运输燃料的2/3。

4.3　双碳目标约束下油气行业低碳转型路径探讨

油气行业低碳发展对于国际气候治理和全球2℃温升目标实现具有重要的现实意义，特别是在发达经济体，因为它们的二氧化碳排放结构中油气占比较高。国际能源署最新排放数据显示❷，2018年全球能源活动二氧化碳排放结构中油气占比为55.6%，经济合作发展组织（OECD）国家二氧化碳排放结构中油气所占份额为70.9%，美国高达74.1%，而中国二氧化碳排放结构中油气仅占19.8%（图3-4-1）。有关研究显示，在1965—2017年期间全球20家油气巨头贡献了4800亿t二氧化碳当量的排放，约占全球温室气体排放总量的41%。

在碳中和背景下，国际油气企业低碳发展转型的步伐不断加快，纷纷承诺碳中和目标，并给出时间表和实现路径。英国石油公司（BP）2020年2月提出要在2050年实现碳中和目标，主要行动计划包括：一是加大可再生能源投入，确保到2030年其风电和光伏等新能源装机容量从2019年的2.5GW激增至2030年的50GW；二是调整传统石化业务，2020年6月BP宣布计划以50亿美元的价格售卖其全球石化业务，并强调指出"我们化工行业的未来不再是石油和天然

❶　杨儒浦，冯相昭，赵梦雪，王敏，王鹏，杜晓林.欧洲碳中和实现路径探讨及其对中国的启示[J].环境与可持续发展，2021，46(03)：45-52.

❷　International Energy Agency (IEA). CO₂ Emission from fuel combustion 2020 edition [R/OL]. 2020.

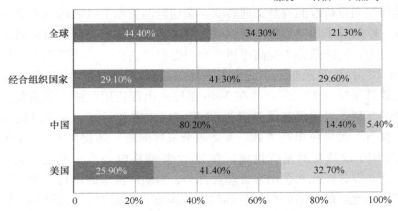

图 3-4-1 2018 年全球及主要经济体能源活动二氧化碳排放结构

（数据来源：International Energy Agency，2020，CO₂ Emission from Fuel Combustion）

气，而是再生材料"；三是壮大生物能源份额，BP 对于生物能源的雄心目标是将现阶段日产量（约 2.2 万桶/日）增加一倍以上，到 2025 年将达到每天 5 万桶，并在 2030 年再次翻番至每天 10 万桶；四是发展氢能，BP 已将氢燃料作为其转型发展战略的一部分，计划扩大氢能发电、氢能加油站，目标设定为到 2030 年将其氢产量扩大到市场的 10%；五是积极参与交通电气化革命，BP 计划在电动交通领域保持领先，并希望迅速扩展网络，计划到 2030 年在全球范围内提供 7 万个充电点；六是推进 CCUS 示范工程建设，BP 联合埃尼公司、壳牌公司和道达尔公司等建立了北部耐力合作伙伴关系（NEP），旨在建设海上基础设施，以确保在英国北海安全运输和储存数百万吨二氧化碳，其中 BP 为运营商，该基础设施将为拟开展的净零 Teesside（NZT）和零碳亨伯 Humberside（ZCH）项目提供服务，在 Teesside 和 Humberside 建立脱碳的工业集群❶。其中，净零 Teesside 是 CCUS 的综合项目，将存储来自 Teesside 工业集群中碳密集型产业的二氧化碳排放量，预计该项目每年可存储高达 6Mt 的二氧化碳——相当于每年超过 200 万个英国家庭的能源消费量。此外，BP 还通过跨界融合发展数字能源，BP 通过投资于一家名为 Grid Edge 的能源管理公司来扩展其数字能源产品组合。Grid Edge 的主要业务是利用人工智能技术通过预测，控制和优化建筑物的能源状况来帮助企业和其他组织更有效地利用能源。Grid Edge 的技术能够使客户有效地利用建筑物在能源需求和发电方面的灵活性来降低用能成本和碳排放，其技术已在英国的 Bullring 购物中心、伯明翰机场等建筑物中使用，已帮助这些客户实现了能源成本节约和碳减排。

---

❶ 冯相昭．全球油气行业积极应对双碳新局［J］．中国石化，2021（06）：72-74.

法国石油巨头道达尔（TOTAL）公司 2020 年 5 月也提出到 2050 年实现碳中和的目标，其具体行动包括：一是发展"风光"可再生能源，目前道达尔拥有 7GW 的太阳能和风能发电装机，计划到 2025 年装机增加至 35GW，其中包括欧洲 15GW，印度 6GW，非洲 1GW，在美国、中国和南美洲达到 3GW；二是壮大生物燃料发展雄心，预计到 2030 年生物燃料将占其燃料销售的 10%～15%；三是积极参与交通低碳革命，加大了对电池技术和电动汽车充电站的投资，迄今道达尔在欧洲运营着超过 1.2 万个 B2G（电池到电网）的充电点，并计划到 2025 年将数量提高到 5 万个；在中国建立锂电池合资企业，还计划与汽车制造商在法国、德国建立两个纯电动汽车电池"超级工厂"，预计在 10 年内耗资 50 亿欧元，为 100 万辆电动汽车提供 48GWh 的动力，到 2030 年将占欧洲市场的 10% 左右；四是开展 CCS 示范工程项目，早在 1996 年作为挪威碳捕集平台 Sleipner 项目的合作伙伴开始涉足 CCS 技术领域，还在 2010 年开发了法国拉克地区的二氧化碳捕集与封存试点项目，该项目是欧洲首个在同一个站点测试完整的 CCS 项目；五是设立基金会投资森林碳汇，旨在到 2030 年形成每年 500 万 t 的可持续碳储存能力。

4.4　对中国油气企业低碳转型发展的几点建议

在"30·60"双碳目标双重约束下，建议中国油气行业借鉴相关国际经验，顺势而为，积极行动，具体可从以下几个方面着手：一是正确理解国际气候治理和国内气候履约面临的严峻形势，客观认识能源系统转型加速、石油天然气消费尽早达峰、新能源汽车加快发展等现实挑战；二是把握能源系统转型契机，适时拓展经营范围，发展可再生能源、天然气、氢燃料等，为国家"风光水火储"示范基地建设贡献力量；三是积极参与交通低碳革命，加大对电池技术和电动汽车充电站的投资；四是以信息化、智能化为武装，探索跨界融合发展数字能源，积极推进建筑节能降碳；五是开展 CCUS 示范工程，助力重点工业碳达峰碳中和；六是结合高耗能工业集群优化升级改造，配套建设管网等技术设施，开展测试全链条 CCUS 示范；七是投资建设森林碳汇和海洋碳汇，加快形成可持续的碳储存能力。

5 重点行业碳排放试点监测技术方案设计思路❶

2020 年 9 月 22 日，习近平主席在第七十五届联合国大会一般性辩论上宣示："中国将提高国家自主贡献力度，采取更加有力的政策和措施，二氧化碳排放力争于 2030 年前达到峰值，努力争取 2060 年前实现碳中和"。碳达峰、碳中和愿景目标的提出，对我国社会经济发展产生全方位的影响❷。摸清底数，并进行针对性的减排是实现碳达峰、碳中和的重要基础，碳排放监测对于提升排放清单准确度，提高碳减排效果评估科学性具有重要意义。2021 年 1 月，生态环境部印发《关于统筹和加强应对气候变化与生态环境保护相关工作的指导意见》（环综合〔2021〕4 号），明确提出"加强温室气体监测，逐步纳入生态环境监测体系统筹实施"的要求。为落实文件精神，做好碳监测评估试点工作，更好地发挥试点的示范引领作用，生态环境部组织编制了《碳监测评估试点工作方案》，重点行业碳排放试点监测是其中重要的内容。

5.1 试点监测的意义和目标

国外发达国家一般认为，碳直接监测方法是作为碳排放量估算方法的辅助工具，可用来评估排放因子和估算结果的可靠性❸❹。但我国尚未建立碳排放监测技术方法体系❺，监测方法与核算方法计算的结果是否有可比性，传统的污染物监测的相关参数能否直接用于量化碳排放，监测方法确定的排放量与核算方法确定的历史排放量之间如何衔接，监测报告与核查机制如何建立等问题有待进一步探讨。减污降碳监测体系还需要根据相关研究成果、试点监测活动开展情况，进

---

❶ 作者：刘通浩，王军霞，敬红，王伟民，中国环境监测总站。

❷ 卢纯. 开启我国能源体系重大变革和清洁可再生能源创新发展新时代——深刻理解碳达峰、碳中和目标的重大历史意义［J］. 人民论坛·学术前沿：1-14.

❸ 董文福，刘泓汐，王秀琴. 等. 美国温室气体强制报告制度综述［J］. 中国环境监测，2011，27 (2)：18-21.

❹ 周颖，张宏伟，刘兰翠，等. 欧盟和美国温室气体排放监测对中国的借鉴意义［J］. 中国环境监测，2013，29(5)：1-5.

❺ 刘通浩，敬红，王军霞，等. 夯实我国固定污染源温室气体排放监测基础的建议［J］. 环境保护，2021，49(16)：23-25.

行系统设计，形成配套技术体系。

为贯彻落实党中央的决策部署，系统解决我国碳监测有关问题，在 2018 年党和国家机构改革以来相关研究和工作基础上，组织开展碳监测评估试点工作。对于重点行业碳排放监测来说，本次试点的主要目标有三个方面：一是通过试点研究，明确监测点位、监测方法、质控要求等，构建重点行业碳监测技术体系；二是探索使用监测方法获取本地化排放因子，支撑、检验排放量核算；三是比较监测与核算数据的系统差异，评估使用直接监测法作为辅助手段，支撑企业层面碳排放量计算的科学性和可行性。

5.2　试点监测技术方案设计关键要素考虑

5.2.1　总体思路和原则

（1）面向管理、辅助核算。根据落实应对气候变化国家自主贡献目标，建设性参与和引领国际履约，适应气候变化管理支撑需要开展监测试点。将监测作为排放量核算的重要支撑、校核和辅助手段。

（2）因地制宜、分类施策。试点企业根据经济社会等客观因素，结合自身基础，重点识别本行业碳排放规律。明确目标，细化方案，构建符合基本要求且有针对性的监测方案。

（3）立足业务、兼顾科研。初步建立业务化运行的碳监测评估试点网络。注重碳达峰、碳中和监测关键科技问题研究，先行先试，积累经验。

（4）统筹融合、协同联动。将碳监测纳入常规生态环境监测网络统筹设计，发挥对减污降碳协同增效的支撑服务作用。充分发挥政府、企业、科研院所等监测资源优势，加强合作共享。

5.2.2　试点范围

根据中国《气候变化第二次两年更新报告》❶，中国二氧化碳及甲烷排放碳当量占比 92.6%（不包括土地利用、土地利用变化和林业），能源活动、工业生产过程、农业活动和废弃物处理的温室气体排放量所占比重分别为 77.7%、14.0%、6.7%、1.6%。按照着眼主要矛盾的基本思路，试点主要考虑排放量占比高的因子和排放源，同时结合现有工作基础，选择污染物排放监测基础较好，便于协同管控的排放源进行试点。基于此，选择火电、钢铁、石油天然气开采、煤炭开采和废弃物处理等五类重点行业，开展碳监测试点。火电、钢铁行业以二

---

❶　生态环境部. 中华人民共和国气候变化第二次两年更新报告［R］. 北京：生态环境部，2019.

氧化碳为主，石油天然气、煤炭开采行业以甲烷为主，废弃物处理行业以二氧化碳、甲烷为主兼顾二氧化氮。

5.2.3 试点关键技术

根据本次试点的目的，结合已有研究基础，试点重心在于如何获取高质量监测数据，以及如何根据监测数据科学估算碳排放量。在获取高质量监测数据方面，本次试点识别的关键技术有两项：烟气流速监测数据的准确性、监测数据质控措施的有效性；在根据监测数据估算排放量方面，本次试点识别的关键技术有三项：无组织监测布点的代表性，无组织监测结果估算排放量的可行性和科学性，钢铁行业长链条、多环节排放特征下监测数据和核算数据的融合方法。

（1）烟气流速监测数据的准确性

烟气流量是碳排放监测的关键内容，其准确测量是技术难点，也是影响火电、钢铁等有组织排放源二氧化碳排放监测数据质量的关键点，研究表明烟气流速的数据不确定度较高❶。中国废气污染物流量测定主要依据是《固定污染源排气中颗粒物测定与气态污染物采样方法》GB 16157—1996 和《固定源废气监测技术规范》HJ/T 397—2007，为了解决烟气流速监测面临的准确性差的问题，试点过程中，对流速对比监测提出要求，针对现场安装位置直管段较短易产生涡流或旋流情况，提出采用三维皮托管作为流速参比方法，提高流速监测的准确度。

（2）质控措施的有效性

碳排放监测数据质控措施的有效性，是碳排放监测数据在国际上得到广泛认可的基础，是基于监测数据开展减排行动的重要依托。为了提高试点数据质量，一方面要求所有试点企业按照相同的质控频次、质控手段、质控标准实施；另一方面，采用相同量值溯源体系确保数据溯源的统一性，保证监测结果的可比性。

（3）无组织监测布点的代表性

无组织监测布点代表性是本次试点的一个重要难点，由于研究基础相对薄弱，在试点方案设计时，优先与现有工作相结合，同时借助遥感、走航、无人机手段进行补充优化。获取一部分监测数据之后，在数据分析基础上，再进行监测点位布设的迭代优化。

（4）无组织监测结果应用

无组织监测只能获取代表点位的温室气体浓度信息，难以直接获取排放量结果，还必须结合模型估算方法进行二次加工。根据监测结果选择模型，以及根据

---

❶ 李鹏，吴文昊，郭伟. 连续监测方法在全国碳市场应用的挑战与对策［J］. 环境经济研究，2021，6(01)：77-92.

模型优化监测方案是本次试点过程中不断探索和研究的关键内容。

（5）监测与核算数据的对比和融合

排放监测结果可用性的分析评估，是本次试点的重要组成部分，也是本次试点成果的重要内容之一。一方面，火电行业等监测能够覆盖全部排放源的行业，需要对核算和监测结果进行对比评估；另一方面，钢铁行业等监测无法覆盖全部排放源的行业，在同样需要核算和监测结果对比分析的基础上，还需要监测结果与核算结果相结合获取全厂排放量。因此，在试点监测过程中，要求所有试点企业按照相应行业核算技术指南收集核算所需要的参数信息。

5.2.4 结果应用

由于本次试点的目标是构建碳监测技术方法体系，研究直接监测结果用于碳排放量计量的可行性，评估分析碳监测数据的应用潜力，进而提出碳监测的下一步政策建议。生态环境部 2021 年 3 月印发的《企业温室气体排放核算方法与报告指南 发电设施》不包括监测方法，目前试点监测数据不能作为碳市场企业报送数据。因此，重点行业碳排放监测数据的应用，尤其是在当前企业、公众、管理部门比较关心的碳交易排放量数据中的应用，可以分两个阶段来认识。

（1）试点阶段。试点企业碳排放监测结果与碳市场参与企业目前监测、核查工作没有直接关系。由于试点的目标是构建碳监测技术方法体系，研究直接监测结果用于碳排放量计量的可行性。在碳监测技术方法体系尚未成熟之前，碳监测数据质量能否达到使用要求无法判断，因此直接监测结果能否用于碳排放量计量尚难定论，故试点企业碳排放监测结果不宜直接用于碳市场参与企业碳排放量核算。若试点企业参与碳市场，则应按照现有监测、核查规定执行。

（2）应用阶段。根据试点成果明确直接监测应用于碳监测工作的规则，企业根据规则得到唯一排放量计算结果。随着试点工作推进，根据试点成果明确碳监测技术和质控要求，研究完善碳市场排放量监测、核算、核查规则，明确直接监测、核算等方法在碳交易排放量计量中的应用条件。参与碳交易的企业应严格按照国家明确的规则开展碳排放量核算，管理部门和第三方机构也应按照相同的规则进行核查和监管，企业的排放量是唯一结果。

5.3 试点监测技术方案要点

5.3.1 各行业试点监测技术方案要点

基于以上考虑，本次试点中，火电、钢铁、油气田开采、煤炭开采、废弃物处理等重点行业试点监测技术方案要点见表 3-5-1，该监测方案作为试点企业技术参考，具体企业根据本要求和本企业实际情况进行细化和具体化。

火电、钢铁、油气田开采、煤炭开采、废弃物处理等重点　　表 3-5-1
行业试点监测技术方案要点

行业	监测项目		监测点位	监测方法	监测频次
	监测	核算			
火电行业	二氧化碳排放浓度、烟气流量等	低位发热量、单位热值含碳量和碳氧化率等	烟道或排气筒	自动监测	自动监测
钢铁行业	二氧化碳排放浓度、烟气流量等相关烟气参数	低位发热量、单位热值含碳量、碳氧化率、熔剂和电极消耗量、外购含碳原料、固碳产品产量等	烧结、球团机头，焦炉烟囱，高炉热风炉，转炉、电炉，轧钢加热炉，热处理炉，自备电厂，石灰窑等工序的主要碳排放口	自动监测	自动监测
油气田开采行业	逃逸排放的甲烷浓度	工艺放空和火炬燃烧排放甲烷的核算信息	监测范围覆盖油气田生产全流程，包括油气勘探、开采、储运、处理等	逃逸排放的甲烷浓度通过地面手工监测形式开展；同时采取卫星遥感、走航、无人机等手段对场站整体甲烷排放情况进行监测	手工监测频次不低于 1 次/季度；其他监测一般应高于 3 次
煤炭开采行业	井工开采、露天开采等矿后活动及废弃矿井的甲烷排放浓度，井工开采的通风流量等相关参数	—	按照《煤矿安全监控系统及检测仪器使用管理规范》AQ 1029—2019 要求布设	自动、手工监测相结合；同时采取卫星遥感、走航、无人机等手段对场站整体甲烷排放情况进行监测	手工监测频次不低于 1 次/月；其他监测一般应高于 3 次
废弃物处理行业	填埋、焚烧和污水处理的甲烷和氧化二氮排放，焚烧处理排放的二氧化碳、甲烷和氧化二氮	—	覆盖废弃物处理全流程，重点关注温室气体产生过程和关键节点	自动、手工监测相结合	手工和静态箱法监测频次不低于 1 次/月

（1）火电行业

监测项目方面，包括废气总排口的二氧化碳排放浓度、烟气流量等相关烟气参数，核算法所需的低位发热量、单位热值含碳量和碳氧化率等。

监测点位布设方面，应满足《固定污染源排气中颗粒物测定与气态污染物采样方法》GB/T 16157—1996、《固定源废气监测技术规范》HJ/T 397—2007、《固定污染源烟气（SO$_2$、NO$_x$、颗粒物）排放连续监测技术规范》HJ 75—2017要求，监测断面流速应相对均匀，监测平台应安全、稳定、易于到达，且便于监测和运维人员工作。

监测方法方面，自动监测设备的运行管理参照《固定污染源烟气（SO$_2$、NO$_x$、颗粒物）排放连续监测技术规范》HJ 75—2017 执行。二氧化碳浓度手工监测可使用非分散红外吸收法（按照《固定污染源废气 二氧化碳的测定 非分散红外吸收法》HJ 870—2017）、傅里叶红外吸收法、可调谐激光法等。流量手工监测使用皮托管压差法（按照《固定污染源排气中颗粒物测定与气态污染物采样方法》GB/T 16157—1996）、三维皮托管法（参照《Flow Rate Measurement with 3-D Probe》EPA Method 2F）、超声波法、热平衡法、光闪烁法等。排放量核算相关参数测试按照《中国发电企业温室气体排放核算方法与报告指南（试行）》（发改办气候〔2013〕2526 号）执行。其中，化石燃料低位发热量、单位热值含碳量和碳氧化率的测定应按照《煤的发热量测定方法》GB/T 213—2008、《石油产品热值测定法》GB 384—1981、《天然气能量的测定》GB/T 22723—2008 等相关标准。

监测频次方面，自动监测频次应满足《固定污染源烟气（SO$_2$、NO$_x$、颗粒物）排放连续监测技术规范》HJ 75—2017 的要求，试点期间总运行时间不小于180 天；手工监测频次不低于 1 次/月，用于与自动监测设备的比对校验；核算过程所需相关参数测试频次按照《中国发电企业温室气体排放核算方法与报告指南（试行）》执行。

（2）钢铁行业

监测项目方面，包括二氧化碳排放浓度、烟气流量等相关烟气参数，核算法所需的低位发热量、单位热值含碳量、碳氧化率、熔剂和电极消耗量、外购含碳原料、固碳产品产量等。

点位布设方面，包括烧结、球团机头、焦炉烟囱、高炉热风炉、转炉、电炉、轧钢加热炉、热处理炉、自备电厂、石灰窑等工序的主要碳排放口。

监测方法方面，自动监测设备运行管理、二氧化碳排放浓度、流量手工监测同火电行业。排放量核算相关参数测试按照《中国钢铁生产企业温室气体排放核算方法与报告指南（试行）》（发改办气候〔2013〕2526 号）执行。其中，化石燃料低位发热量、单位热值含碳量和碳氧化率的测定应按照《煤的发热量测定方法》GB/T 213—2008、《石油产品热值测定法》GB 384—1981、《天然气能量的测定》GB/T 22723—2008 等相关标准；含碳原料中的生铁、铁合金、直接还原铁等含铁物质排放因子可由相对应的含碳量换算而得，含铁物质含碳量检测按照

《钢铁及合金 碳含量的测定 管式炉内燃烧后气体容量法》GB/T 223.69—2008、《钢铁及合金 总碳含量的测定 感应炉燃烧后红外吸收法》GB/T 223.86—2009、《铬铁和硅铬合金 碳含量的测定 红外线吸收法和重量法》GB/T 4699.4—2008、《硅铁 碳含量的测定 红外线吸收法》GB/T 4333.10—2019、《钨铁化学分析方法 红外线吸收法测定碳量》GB/T 7731.10—1988、《钒铁 碳含量的测定 红外线吸收法及气体容量法》GB/T 8704.1—2009、《磷铁 碳含量的测定 红外线吸收法》YB/T 5339—2015、《磷铁 碳含量的测定 气体容量法》YB/T 5340—2015 等相关标准；含碳原料中的熔剂包括石灰石和白云石两种，排放因子监测按照《石灰石及白云石化学分析方法 第9部分：二氧化碳含量的测定 烧碱石棉吸收重量法》GB/T 3286.9—2014 标准进行。

监测频次方面，自动监测频次应满足《固定污染源烟气（SO_2、NO_x、颗粒物）排放连续监测技术规范》HJ 75—2017 的要求，试点期间总运行时间不小于180天；手工监测频次不低于1次/月，用于与自动监测设备的比对校验；核算过程所需相关参数测试频次按照《中国钢铁生产企业温室气体排放核算方法与报告指南（试行）》执行。

（3）油气田开采行业

监测项目方面，包括逃逸、工艺放空以及火炬燃烧排放的甲烷浓度，其中逃逸排放的甲烷浓度通过地面手工监测形式开展，工艺放空和火炬燃烧排放使用核算方法计算，并与卫星遥感、走航、无人机等手段测得的场站整体甲烷排放情况进行比对验证。同步对核算法所需的火炬气甲烷浓度、流量和碳氧化率，天然气井的无阻流量和排放气中的甲烷浓度等开展监测。

点位布设方面，监测范围覆盖油气田生产全流程，包括油气勘探、开采、储运、处理等，监测点位布设应满足《固定污染源排气中颗粒物测定与气态污染物采样方法》GB/T 16157—1996、《固定源废气监测技术规范》HJ/T 397—2007、《大气污染物无组织排放监测技术导则》HJ/T 55—2000 等相关标准要求。

监测方法方面，包含地面监测、遥感监测和排放量核算相关参数监测。地面监测上，甲烷浓度手工测试可使用气相色谱法《环境空气 总烃、甲烷和非甲烷总烃的测定 直接进样—气相色谱法》HJ 604—2017、傅里叶变换红外光谱法《Vapor Phase Organic and Inorganic Emissions by Extractive FTIR》EPA Method 320、非分散红外吸收法等；泄漏和敞开液面甲烷排放检测方法可参照《泄漏和敞开液面排放的挥发性有机物检测技术导则》HJ 733—2014 执行；环境空气甲烷浓度手工测试可使用光腔衰荡光谱法《大气甲烷光腔衰荡光谱观测系统》GB/T 33672—2017、离轴积分腔输出光谱法《温室气体 二氧化碳和甲烷观测规范 离轴积分腔输出光谱法》QX/T 429—2018 等；流量手工测试可使用皮托管压差法《固定污染源排气中颗粒物测定与气态污染物采样方法》GB/T 16157—

1996、三维皮托管法《Flow Rate Measurement with 3-D Probe》EPA Method 2F、超声波法、热平衡法、光闪烁法等。遥感监测上，针对油气生产过程火炬排放甲烷这一重点排放源，使用可见光红外热成像辐射检测（VIIRS）遥感数据和高空间分辨率卫星影像，对试点企业作业区火炬位置、数量及强度进行识别。利用卫星遥感数据对试点企业生产区域高排放数据点（＞100kg/h）进行筛查，记录异常高甲烷排放源发生频率及持续时间，对比分析异常值对甲烷核算数据的影响。排放量核算相关参数监测上，按照《中国石油天然气生产企业温室气体排放核算方法与报告指南（试行）》（发改办气候〔2014〕2920 号）执行。其中，碳氧化率的测定按照《石油产品热值测定法》GB 384—1981、《天然气能量的测定》GB/T 22723—2008 等相关标准执行。

监测频次方面，手工监测频次不低于 1 次/季度；其他监测方法，如车载、无人机、遥感等监测频次根据现场实际条件确定，一般同一设施的监测频次在试点期间应高于 3 次，每次监测时长 1 天以上。

（4）煤炭开采行业

监测项目方面，包括井工开采、露天开采等矿后活动及废弃矿井的甲烷排放浓度，井工开采的通风流量等相关参数，测算结果与卫星遥感、走航、无人机等手段测得的矿区整体甲烷排放情况进行比对印证。

点位布设方面，井工开采甲烷浓度、流量等传感器布设应满足《煤矿安全监控系统及检测仪器使用管理规范》AQ 1029—2019 要求，手工监测与其在同一点位。露天开采点位布设按照《大气污染物无组织排放监测技术导则》HJ/T 55—2000 开展。矿后活动煤样采集可参照《商品煤样人工采取方法》GB 475—2008、《煤炭机械化采样 第 1 部分：采样方法》GB/T 19494.1—2004，确保煤样的代表性。

监测方法方面，井工开采的甲烷浓度和流量的测试与石油天然气开采行业相同，矿后活动需采集洗选前后、入库时和出厂前的煤种，监测其中的甲烷吸附量，计算矿后活动甲烷排放量，甲烷吸附量测定方法可参照《煤层瓦斯含量井下直接测定方法》GB/T 23250—2009、《煤的甲烷吸附量测定方法（高压容量法）》MT/T 752—1997 等。

监测频次方面，自动监测频次应满足《固定污染源烟气（SO_2、NO_x、颗粒物）排放连续监测技术规范》HJ 75—2017 的要求，试点期间总运行时间不小于 180 天；手工监测频次不低于 1 次/月；其他监测方法，如车载、无人机、遥感等监测频次根据现场实际条件确定，一般同一设施的监测频次在试点期间应高于 3 次，每次监测时长 1 天以上。

（5）废弃物处理行业

监测项目方面，填埋、焚烧和污水处理的甲烷和氧化二氮排放，焚烧处理排放的二氧化碳、甲烷和氧化二氮，其中密闭环境和烟气排放通过在线监测获得，无组织逸散排放以地面手工监测形式开展，有组织表面排放以静态箱法监测采样，气相色谱实验分析的方法开展，并与走航、无人机等手段测得的场站整体排放情况进行比对验证。

点位布设方面，监测范围覆盖废弃物处理全流程，重点关注温室气体产生过程和关键节点，监测点位布设应满足《固定污染源排气中颗粒物的测定与气态污染物的采样》GB 16157—1996、《固定源废气监测技术规范》HJ 397—2007、《大气污染物无组织排放监测技术导则》HJ/T 55—2000 等相关标准要求。

监测方法方面，自动监测同火电、钢铁等行业。静态箱法和气相色谱法《固定污染源废气 总烃、甲烷和非甲烷总烃的测定 气相色谱法》HJ 38—2017、傅里叶变换红外光谱法《Vapor Phase Organic and Inorganic Emissions by Extractive FTIR》EPA Method 320、非分散红外吸收法等。无组织逸散排放手工测试可使用光腔衰荡光谱法《大气甲烷光腔衰荡光谱观测系统》GB/T 33672—2017、离轴积分腔输出光谱法《温室气体二氧化碳和甲烷观测规范离轴积分腔输出光谱法》QX/T 429—2018 等。

监测频次方面，自动监测频次应满足《固定污染源烟气（SO_2、NO_x、颗粒物）排放连续监测技术规范》HJ 75—2017 的要求，试点期间总运行时间不小于 180 天；手工和静态箱法监测频次不低于 1 次/月。

5.3.2 试点监测质量控制和质量保证

为保证试点监测全过程质控效果，除要求监测过程中严格按照相关监测标准规范做好各个测试环节的质量控制外，还重点从监测设备、监测人员、量值溯源、数据校验等四个方面做好质量控制和质量保证。

（1）监测设备。重点是自动监测设备，参照《固定污染源烟气（SO_2、NO_x、颗粒物）排放连续监测系统技术要求及检测方法》HJ 76—2017 和《固定污染源烟气（SO_2、NO_x、颗粒物）排放连续监测技术规范》HJ 75—2017 的要求，做好选型、调试、验收和日常维护工作，确保设备正常运行。

（2）监测人员。所有参与试点的监测人员，都要求具备开展相应监测活动的能力。对于自行开展监测运维的，将统一做好培训确保监测人员熟练操作；对于委托监测，应选择有资质信誉好的社会化检测机构。

（3）量值溯源。为保证全国试点结果的可比性，试点监测所用标准气体向中国计量科学研究院统一定制。此外，烟气流量/流速监测仪宜优先量值溯源至我国国家计量基/标准，其他相关温湿度、压力等监测仪应溯源至我国计量基/标准。

（4）数据互验。监测过程中同步记录生产负荷和治理设施运行情况，包括主要产品产量、原辅材料消耗量、脱硫脱硝剂投加量等，密切关注监测结果与生产运行数据的匹配性，及时发现监测存在的问题，并进行纠正。

5.4　试点监测实施建议

为提升试点监测效果，切实夯实我国重点行业碳排放监测基础，充分发挥碳排放监测对碳达峰、碳中和的支撑作用，同时也能最大限度发挥企业、科研院所主动性，对于试点监测组织实施提出以下建议。

（1）细化组织实施

在《碳监测评估试点工作方案》框架下，进一步细化组织实施方案。充分发挥集团公司和试点企业的主观能动性，大胆尝试，为试点工作提供强大动力。细化各技术支持单位分工，各取所长，为试点工作提供技术支持。协调地方政府共同参与，开展多部门合作，为试点工作提供后勤保障。

（2）加强数据综合分析

试点中综合应用手工与自动监测、地面与遥感、监测与核算等多种技术手段，获得大量一手监测数据，应强化数据综合分析。系统全面地对各类手段所得碳监测结果，与核算结果进行量化比较和评估，说清监测法与核算法的差异和原因，为支撑监测数据应用和排放因子本地化提供方法学基础。

（3）强化共享合作

按照试点工作总体部署，建立监测数据生产、使用管理制度，规范报送监测结果。组建技术委员会及其分委会，邀请相关领域专家，群策群力，建立碳监测评估交流与合作机制，定期组织召开技术交流和咨询会。充分发挥监测机构、高等学校、科研院所、企业等各方资源和技术能力优势，推进碳监测评估试点工作高质量实施。

第 四 篇 | 实践与探索

针对城市生态环境的脆弱性，发展气候适应型城市试点工作。《气候适应型城市建设试点工作的通知》指出，到 2020 年，试点地区适应气候变化基础设施得到加强，适应能力显著提高，公众意识显著增强，打造一批具有国际先进水平的典型范例城市，形成一系列可复制、可推广的试点经验。本篇对气候适应型城市建设试点进行评估，总结了具体行动与成效，在此基础上，进一步提出了面临的问题与挑战，并结合实际工作的具体细节，提出了 8 点围绕建设气候适应型城市的政策建议。在具体实施案例方面，通过海绵城市建设实现"小雨不积水、大雨不内涝、水体不黑臭、热岛有缓解"，属于气候适应型城市的重要举措，本篇以不同阶段、特征的工程项目为例，总结了深圳市海绵城市的试点建设工作。此外，针对小流域综合治理和长效保护机制的经验进行介绍和评价，以千岛湖水基金试点项目为例，从整体生态现状、基金管理模式整体概括，总结了治理措施，并基于综合评价指标体系，对上梧溪流域 2018—2020 年开展的流域治理进行绩效评估，验证水基金管理模式和流域治理措施的有效性。

在低碳生态城市专项实践案例介绍中，从城市、城区、园区等尺度以及建筑、交通版块进行专项实践案例介绍，包括北京市碳达峰的实施路径及驱动因素，深圳市南山区在双碳背景下建筑领域的低碳策略，东莞国际商务区聚焦自身基础特征构建前瞻适宜的商务区低碳技术体系及全流程管控机制等。以太原公共自行车项目为经验，提出与共享单车的"博弈"与"共融"，分析减碳效益与移除效益，优化公共自行车项目的建设方案。

在双碳背景下，对京津冀城市群、长三角城市群、粤港澳大湾区的碳达峰碳中和路径专项案例进行盘点，详细介绍各城市碳达峰碳中和目标、法规、体系、格局等，围绕近零碳排放区试点建设现状，聚焦北京市城市副中心、广东省汕头市城镇、广东省中山市社区、厦门市社区等试点示范工程。

1 气候适应型城市建设试点

1.1 气候适应型城市建设试点评估研究[1]

随着我国适应气候变化工作的不断深入开展，城市已经成为适应气候变化的重要单元。开展气候适应型城市建设试点，积极探索符合各地实际的城市适应气候变化建设管理模式，是我国新型城镇化战略的重要组成部分，能够为我国全面推进城市适应气候变化工作提供经验、发挥引领和示范作用。

2017 年 2 月，国家发展改革委、住房和城乡建设部联合发布《关于印发气候适应型城市建设试点工作的通知》，全国共选取了 28 个地区开展国家气候适应型城市建设试点创建工作，各城市积极探索和推行趋利避害的适应行动，在提升适应气候变化理念、提升监测预警能力、开展适应气候变化行动、适应气候变化的体制机制创新和国际合作交流等方面均有所进展和成效，但也存在适应工作缺乏稳定的政策、制度、技术、资金机制，国家层面缺乏有效的宏观指导等工作开展不到位的问题。

1.1.1 具体行动与成效

自试点工作启动以来，各试点城市积极探索和推行趋利避害的适应行动，将适应融入城市发展规划体系，完善灾害监测预警及应急响应救援体系，在基础设施、水资源管理等重点领域开展适应行动，创新体制管理机制，积极开展国内外交流合作，形成了一批可复制易推广的经验做法。

（1）逐渐树立城市适应气候变化理念

开展脆弱性评估，切实深入了解当地气候状态及可能存在的气候风险。如大连市结合《大连市适应气候变化策略研究报告》，采用 PSR 模式进行气候变化影响和脆弱性评估；济南市完成了《济南市气候变化监测及风险评估体系研究报告》等研究与评估；商洛市设立气候适应型城市重点实验室，已开展《气候适应型城市气候特征及极端天气气候灾害致灾机理研究》等课题的研究。

将适应气候变化融入城市规划体系，以规划为行动纲领。①出台气候适应型

---

[1] 作者：曹颖，付琳，匡舒雅，国家应对气候变化战略研究和国际合作中心。

城市建设规划。如朝阳市编制了《朝阳市气候适应型城市建设试点规划》，岳阳市编制了《气候适应型城市建设工作专项规划》。②编制适应气候变化相关专项规划，为建设气候适应型城市提供上位依据。如丽水市制定实施《丽水市中心城区地下综合管廊专项规划》，推动省发展改革委制定出台《浙江省大花园核心区（丽水市）建设规划》。③出台城市适应气候变化行动计划方案，全方位指导城市适应气候变化建设。如济南市编制《济南市适应气候变化行动方案》，以建设安全、韧性、宜居、品质现代泉城为总目标，从政策法规、体制机制、规划统筹、标准规范、建设管理等方面全方位推进适应气候变化行动。

初步建立适应气候变化工作管理体系和部门协作机制，确保工作有序推进。①成立气候适应型城市建设试点工作领导小组统筹监督工作进展。如拜城县试点工作领导小组多次召开专题会议，统筹协调、指导、督促各项工作，建立多部门联动的试点建设组织架构、强化相关部门的配合机制。②建立适应工作监督考核机制，推动城市适应建设。如广元市强化目标责任评价和工作督导，根据《广元市生态文明建设考核评价办法》《广元市生态文明考核指标体系》，把适应气候变化相关指标纳入领导班子和领导干部年度绩效综合考核、干部考评内容。③开展各类适应气候变化培训，强化干部与群众的适应理念，提高适应能力。如淮北市举办了应急管理专题研讨班、防灾减灾知识培训班、灾害信息员培训班等培训活动；拜城县组织干部职工进行极端天气防灾减灾培训，组织各级干部和农牧民进行林果业管理技术培训。

（2）逐步提高城市气候风险的监测预警与应急响应能力

完善监测预警服务系统，实现灾害早预防。如大连市建立了由国家和区域气象站、气象雷达站等组成的多种类、立体化的综合气象观测网，气象观测网络日臻完善，初步建成基于"格点预报＋"的自动化预报业务体系。六盘水市成立气象防灾减灾中心，建成综合气象观测网；开发建立天气监测预警业务平台、评估业务系统和气候评价诊断业务平台；实现省市县一体化短临预警平台在市、县应用，完成市县两级短临预报业务一体化流程。

构建预警信息平台，实现部门间信息共享。九江市通过气象及气象次生、衍生灾害监测预报预警服务部门联动机制，与多部门实现灾情、险情等信息的实时共享；安阳市联合山西、河北、山东和河南十地市建设完成太行山区域气象信息共享平台，实现了关键部门和领域间各类极端气候事件预测预警信息的共享共用和有效传递。

建设城市公众防护与应急响应系统，提高灾害综合防范能力。朝阳市建立灾害性天气预测预警指标，根据当前天气形势变化，利用本地研究指标，及时对灾害性天气发布相应预警信号及防御措施，提醒政府相关部门及市民做好防范工作；同时利用微博、微信、朝阳市气象局官方网站、传真、邮箱等多种渠道同步发布预警信息，确保各类媒体和城市居民在短时间内接收预警信息，做好防护。

（3）主动开展重点领域适应气候变化行动

提升基础设施适应气候变化能力。①编制综合管廊相关规划方案。如合肥市2019年11月已建成管廊56.55km，编制了《合肥市地下综合管廊规划（2016—2030年)》《安徽省综合管廊信息模型应用技术规程》《安徽省地下管线竣工测绘技术规程》等文件，并将综合管廊安全运维管理系统纳入全市城市生命线安全管理信息系统统一管理。②提高城市建筑适应气候变化能力。安阳市实行绿色建筑标准和外墙保温结构一体化技术，推进装配式建筑发展；西咸新区科学推广超低能耗绿色建筑；百色市开展城镇老旧小区改造，对全市12个县区开展地毯式全覆盖调查摸底工作。③完善城市管网建设，降低洪涝灾害损失。安阳市完善和提升城市防洪治涝标准，加强雨洪资源化利用设施建设；潼南区建成投用山洪沟治理和应急抢险通道，扎实开展重点集镇、水利工程安全检查和复查，加强水文设施运行管理。④推进海绵城市建设。如西咸新区构建了"建筑与小区对雨水应收尽收、道路与绿地自然收集、中央雨洪系统调蓄"三级雨水综合利用体系，人工水域面积增加约17hm²；常德市积极推进海绵城市建设五大工程148个子项目，总投资78.15亿元；庆阳市西峰区海绵城市建设实现了试点区域内90%的雨水不外排，径流污染削减率达到60%，雨水利用率达到30%以上，为西北湿陷性黄土地区海绵城市及水土保持工作探索可行之道。

强化水环境保护，提高水环境韧性。①加大水环境治理保护力度，提升水质。丽水市2020年完成"丽水市保障大花园生态用水体系研究"，研究保障丽水市生态用水的近、远期工程和非工程措施；十堰市加强水资源保护管理，加强饮用水源取水口管理，加强污水治理，加强水污染防治管理；璧山区实施三水共治，推进治水清污，开展城市公园水体景观维护提质。②实行河长制，推进河道综合治理。白银市、潼南区、璧山区3个试点全面落实河长制，稳步推进河道综合治理。

提升适应气候变化的公众健康服务水平。①完善公共卫生体系建设和应急处理系统，提高公共卫生服务能力。济南市加大四类基层医疗卫生机构标准化建设，建立气候变化敏感疾病的监测预警、应急处置机制，扩大社会保障覆盖面。②多渠道开展适应气候变化科普教育宣传，增强群众对气候变化的认识，提高自救、互救能力。大连市气象局采用"互联网＋科普"的气象防灾减灾科普宣传模式，多部门联合开展防灾减灾日线上竞答活动，通过互联网平台、微信平台对公众进行节水宣传教育。

增强城市生态系统的生态服务功能。①加强山水林田绿化建设。合肥市在城市交通干道沿线建设生态景观大道，在主要河流、渠道和湖泊、大型水库岸线，采取沿岸生态保护和近自然水岸绿化，建设防护林带；璧山区按照"20分钟步行半径"建设城市公园,全面拓展立体绿化。②持续推进生态保护与修复。六盘水市加强水土保持综合治理、石漠化治理,持续推进植树造林、退耕还林,严格保护森林和湿地等重要生态资源,提高生物多样性,构筑两江重要的生态屏障;海口市实施湿地+水体治理、湿地+水利工程+海岸带保护、湿地+土地整治、湿地+红树林保护。③因地制宜调节城市"微气候",降低潜在气候风险。淮北市建成了基于无人机的人工增雨气象作业和高空气象探测系统,为农业生产和提高人民生活质量提供了保障;丽水市积极谋划"清凉小镇""清凉社区""冷屋"等城市"制冷"工程,发挥城乡"水空调"作用,调节局部气候,提升城市避暑降温能力。

(4)重视适应气候变化体制机制创新

开展适应气候变化试点示范,以点带面,加快城市适应建设。丽水市推进国家气象公园试点建设,打造具有"最优"富碳和适应能力的花园城市,探索气候变化背景下一二三产业融合发展新模式;武汉市开展海绵城市示范区建设,初步形成了适合华中地区丰水型城市的海绵城市建设模式。

创新体制机制和管理方式,加强适应气候变化各项工作的实施管理。如赫章县对已纳入气候适应型城市建设试点项目库的项目,实行优先申报、优先审批、优先建设的"绿色通道"政策,县财政局积极探索气候适应型建设项目奖励政策;西咸新区创新试点总体思路,研究确定秦汉新城以气候适应型城市和宜居城市"双城市"共建,提出加强文物古迹保护、搭建防灾减灾体系及提高科技支撑的思路,沣西新城以气候适应型城市与海绵城市建设统筹推进。

探索建立适应气候变化的资金支持机制。①充分发挥可用财政资金对适应项目建设的支撑作用,激励适应工作开展。如西宁市湟中县积极发挥公共财政资金的引导作用,加大财政在适应能力建设、重大技术创新等方面的支持力度,累计安排引导资金9261.1万元、争取上级专项资金57856.98万元,部分支持气候适应型城市建设试点建设。②创新投融资机制,鼓励社会资本投资于适应建设。如西咸新区拓宽气候投融资渠道,以股权和债权两种方式投资于新区试点建设,与民生银行建立陕西首支绿色海绵发展基金12亿元,与建设银行按照1∶3比例出资成立城镇化建设发展基金60亿元,其中海绵专项26.42亿元,与政策性金融机构成立专项建设基金6000万元,创新引导金融机构共同服务海绵城市建设。③开发防范气候风险的适应气候变化保险制度,降低受灾损失。如西宁市湟中县开展和促进"气象指数保险"产品的试点和推广工作,开发价格指数保险、种植保险、传统养殖保险、林业保险等。庆阳市西峰区积极引导群众参加农业保险,逐步完善政策性农业保险运营机制、扩大财政保费补贴范围、提高补贴标准、开拓保险业务产品,基本实现了主要粮食作物、经济作物、畜牧养殖农业保险的全覆盖。

（5）积极开展适应气候变化的国际交流与合作

①开展国内外务实合作，如百色市搭建国际合作平台，利用瑞士发展署专项资金开展百色市气候变化背景下暴雨、干旱、高温等气象灾害对百色市水资源的影响研究，评估百色市中心城区（包括老城区、百东新区和田阳县城区）用水安全和右江河谷优势农业产区农业用水面临的主要风险，提出百色市水资源适应性对策与解决方案，提高全市适应气候变化影响能力。

②承办国内外适应相关会议，如丽水市 2018 年承办"中瑞丽水市地质灾害易发区适应气候变化行动规划研讨会"，2019 年承办第十六届国际低碳城市联盟年会；常德市 2017 年 8 月成功举办气候型适应型城市试点建设国际研讨会。通过会议交流，学习其他城市地区适应经验，提高自身适应能力。

1.1.2　问题与挑战

近年来，极端气候事件发生频率不断增加，适应气候变化工作亟待加强。当前我国气候适应型城市建设试点工作正处于并将长期处于攻坚期，需要进一步明确适应内涵、甄别适应领域、理清工作思路，以开展针对性的适应行动。

（1）理念认识不够

近年来，随着极端气候灾害的不断发生，各地越来越重视适应气候变化工作，但各部门、企业、社区居民、青少年儿童等对适应对策的意义和内涵、如何适应气候变化带来的各种风险及威胁普遍认识不足，宣传不到位，远远没有形成全民行动适应气候变化的氛围。

政府层面，总体来说，当前各地适应气候变化尚在摸索中前进，工作推进较慢。国务院机构改革之后，接手部门工作基础较为薄弱，对适应气候变化的概念认识不清晰，对此项工作的政策法规、考核及统计方式方法等均不熟悉。群众层面，虽然各级政府、新闻媒体、公益人士以及各类环保组织等都大力宣传和倡导生态文明、适应气候变化等理念，但社会公众对气候变化从认知到行动还存在着很多障碍，识灾、避灾、自救互救的知识和技能相对欠缺，全社会的生产和生活方式仍然相对粗放。

（2）基础能力不足

各地区基础能力建设参差不齐，一是试点适应科学基础薄弱，未系统进行气候变化影响和脆弱性评估，对本地区当前及未来气候风险认识不足，监测预警预报水平和评估能力较弱，不能及时准确预估未来气候变化趋势、预报极端气候事件；二是试点城市应急预案和救援体系尚不健全，缺少暴雨、高温、公共安全等极端事件的防灾应急管理方案，应急救灾响应机制不完善，应急队伍专业性不强，应急指挥体系技术和设备现代化水平不高；三是试点基础设施建设、运行、调度、养护和维修的技术标准尚未充分考虑气候变化的影响，供水、供电、供气、供热、通信等城市生命线系统应对极端天气气候事件的保障能力不足，交通体系、排水防涝等水利基础设施有待进一步优化；四是试点机构改革职能转变后，新的工作人员对专业不够熟悉，在适应气候变化方面的研究较少，科技支撑能力不强，专业机构和真正可行的适应技术欠缺，难以提供有针对性、实质性的帮助；五是试点未建立气候变化对人体健康、物流业、服务业等影响的监测、评估和预警系统，社会公众及各行业部门防范灾害事件能力不足，制约了人体健康、社会生活、第二和第三产业等领域适应工作的发展。

（3）协调合作不足

适应气候变化涉及自然、社会、经济各个方面，气候适应型城市的建设需要生态环境、发展改革、气象、应急、建筑、交通、农业、林业等多个部门间的沟通、协调、合作。目前，部分试点已建立起部门间信息共享平台，实现了相关数据的传递与共享，但大部分试点没有构建起常态化的适应气候变化跨部门工作机制，存在着多头管理、部门分割、协同困难等问题，气候适应型城市建设试点工作领导小组统领作用和部门间协调合作还需加强。

（4）保障督导不足

政策保障方面，一是作为上位法的《应对气候变化法》迟迟未能发布，地方制定有针对性的法规条例缺少依据，难以从法律层面保障适应气候工作的有效开展，一定程度上制约了适应气候变化工作推进的深度和速度；二是国家对气候适应型城市建设没有特别的激励政策，难以激发地方创建能动性；三是试点规划行动方案文件出台已久，各类规划制定过程中对气候变化因素的考虑普遍不足，与当前时代发展契合度较低，各部门职责分工和目标任务还需调整；四是试点对农业、水资源、生态系统等领域的适应工作相对重视，而对人体健康、城市发展、第三产业和社会生活等领域的适应工作缺乏足够认识；五是试点的适应气候变化工作缺乏组织与机制保障，尚未真正建立起纵向、横向以及区域间的适应气候变化组织和协调机制；六是试点资金保障机制构建不完全，尚未形成多元化资金投入机制，缺乏长期持续性的大量资金投入，对于PPP模式、银行等金融机构的参与过于谨慎，一些适应示范工程和示范项目缺少资金，无法落地实施。

政策督导方面，一是试点虽然制定了适应气候型城市建设行动计划方案等，对重点任务进行了责任分工，但未研究制定实施匹配的考核办法，跟踪评估目标任务和指标的落实进展，各部门在开展工作时主动性不强，紧迫感不够，对于适应气候变化的实践，不能及时提供精准指导和形成有效反馈；二是各试点地区没有组建城市适应气候变化工作的专门支持机构，或与高校、相关机构建立稳定的合作关系，缺乏适应气候变化方面的专业性指导，适应气候变化决策的技术支撑不足。

1.1.3 政策建议

国家主管部门应加强宏观指导，营造有利于城市适应气候变化的政策环境。试点城市进一步完善工作机制，从政策立法、机构设置、决策协调、监测预警、资金保障、科技研发等方面推动适应气候变化治理机制创新。

（1）营造有利于城市适应气候变化的政策环境

一是在应对气候变化"十四五"规划中，明确气候适应型城市建设试点的政策要求，包括采取合理措施开展有针对性的适应行动，推动适应气候变化的体制机制和管理方式创新，建立并完善提升城市适应能力的相关制度、政策和标准等。二是加快研究制定适合我国国情的应对气候变化法律法规，在应对气候变化立法草案中进一步明确适应气候变化的原则、目标、制度、政策和职责，并探索在现行法律框架下纳入适应气候变化相关行动，探索构建适应气候变化长效机制。三是加快制定国家适应气候变化战略，明确不同区域/省域适应气候变化的总体目标、政策框架和机制设计，并在气候变化风险监测与评估、优先适应领域和重点行动等方面提供指导。四是研究制定城市中长期适应气候变化规划、行动方案及相关标准，健全完善城市适应气候变化规划体系，将气候适应型城市建设纳入城市"十四五"规划之中。

（2）加强国家层面对气候适应型城市建设试点的宏观指导

一是研究制定气候适应型城市建设试点评价指标体系，并作为试点评估和排序的重要依据。二是探索成立"气候适应型城市建设试点"专家团队，并开展对口试点城市的技术指导工作。三是定期召开适应气候变化工作专题培训会和经验交流会，编制应对气候变化干部读本，经验交流会应明确要求试点建设城市领导小组组长或副组长参加，进一步加强试点城市间的经验交流与合作。四是及时组织优秀气候适应型城市建设试点案例，形成可复制、可推广的城市适应气候变化发展模式，借助联合国气候变化大会"中国角"系列边会等平台，讲好中国适应故事。

（3）协同推进适应气候变化与城市适应相关工作

一是协同推动适应气候变化与污染防治攻坚工作，促进两者在监测、目标制定、政策制定、规划制定及监督实施的协同，充分利用污染防治工作的监督实施机制推动应对气候变化中长期目标。二是协同推进城市生命线、水资源、农业和生态等关键领域适应气候变化工作，定期召开试点工作领导小组成员单位参加的工作会议，及时就有关重要问题和试点建设工作的动态信息开展沟通。三是探索将气象预测监测网络、重点救灾工程等纳入城市"新基建"范畴，从而利用支持新基建的相关政策推动气候适应型城市建设。

（4）推动城市适应气候变化的治理机制建设

一是建立城市层面的适应气候变化跨部门协调机制，明确生态环境、发展改革、住房建设、应急管理、自然资源保护、气象等有关部门在适应气候变化工作中的责任定位。二是探索建立城市气候服务系统和城市气候变化基础信息数据库，将气候变化监测、评估、影响等内容融合形成一体化的气候服务系统，实现突发事件信息的实时共享和气候变化基础研究的数据共享，有效提升城市适应气候变化的精细化、智能化和专业化治理能力。三是构建城市适应气候变化的政策信息平台，向各利益相关方提供国家与部门政策信息、风险监测与评估信息等适应相关信息，以促进城市各部门决策者集中决策。

（5）建立健全城市适应气候变化试点的监督考核机制

一是建立符合我国城市实际情况的适应气候变化统计体系，研究制定气候适应型城市建设的标准和有关评价考核标准。二是建立评估考核和奖惩机制，制定气候适应型城市试点工作考核办法，将试点工作任务纳入城市年度工作考核，将适应气候变化的责任与成效纳入各级部门目标责任制和绩效考核体系。三是建立城市适应政策与行动的监督与后评估机制，初步构建起政策实施与效果反馈的完整政策闭环，基于评估结果动态更新城市适应政策与行动，以提升适应工作的有效性。

（6）完善城市气候风险评估及监测预警机制

一是加强气候变化脆弱性评估和影响分析，针对极端天气气候事件，做好城市气候数据监测统计，科学分析现状、预测未来趋势，识别气候变化对社会、经济与生态环境的主要影响，完善气候变化影响监测与风险评估体系。二是结合自身气候风险，开展关键部门和领域气候变化风险分析，建立极端气候事件预警指数和等级标准，实现各类极端气候事件预测预警信息的共享共用和有效传递。三是加强气候变化监测基础设施建设，完善各类国家级气象观测站、区域自动气象监测站、风廓线雷达建设，提升气候变化监测的基础设施水平。四是提升气候变化监测的基础能力，完善气候变化监测预警平台功能，建立多灾种早期预警机制，健全应急联动和社会响应体系。

（7）构建多元化的城市适应资金支持机制

一是充分利用现有的资金渠道，充分利用与适应相关的财政资金用于适应工作，对适应气候变化相关项目采取引导、激励、奖励或者贴息贷款等方式给予支持，积极争取重点适应部门的相关资金，整合并拓展现有省、市级资金渠道，探索建立有关气候投融资、专项债券项目库。二是将适应气候变化纳入绿色投融资体系，鼓励使用 PPP 等融资模式，探索将适应气候变化与城市开发有机结合，实现资金的良性循环和滚动发展。开发气候适应创新型金融产品，支持适应气候变化重点领域保险产品的试点和推广工作。三是积极争取适应相关国际资金和合作项目。

（8）提升城市适应气候变化科技支撑水平

一是加强适应技术研发、应用与推广，构建适应气候变化集成技术体系和适应气候变化技术体系、编制适应技术清单等，提高适应气候变化科技支撑能力。二是增加气候适应型人才培养储备，加强专家队伍、工作团队和专业技术队伍建设。三是搭建对外交流合作平台，开展长远期的适应气候变化技术研发、基础设施建设等区域间项目合作，加速推进适应气候变化城市试点建设。

1.2　深圳海绵城市建设示范❶

城市建设高速发展，内涝多是过去城市建设理念和标准偏低出现的阶段性历史"欠账"问题，需要补齐历史"欠账"，就需要正确的理念、资金和时间的投入。海绵城市正是城市发展现阶段科学正确的理念，更应坚持海绵城市建设。通过海绵城市建设实现"小雨不积水、大雨不内涝、水体不黑臭、热岛有缓解"，改善城市水环境和水生态，建设自然积存、自然渗透、自然净化的"海绵城市"，也是节约水资源，保护和改善城市生态环境，落实生态文明建设的一项重要举措。

2013 年海绵城市首次提出后，2015 年和 2016 年先后确定了两批共 30 个国家海绵城市试点城市。各地纷纷投入海绵城市建设，目前我国已经有超过 400 个城市响应国号召出台了海绵城市建设实施规划方案。按照相关要求，"十四五"期间，财政部、住房和城乡建设部、水利部三部委决定开展系统化全域推进海绵城市建设示范工作，并通过竞争性选拔，确定部分基础条件好、积极性高、特色突出的城市开展典型示范，用 3 年时间集中建设，使示范城市防洪排涝能力及地下空间建设水平明显提升，生态环境显著改善，海绵城市理念得到全面、有效落实，推动全国海绵城市建设迈上新台阶。

从全国范围来看，特别是近年来暴雨频发的情况下，对于海绵城市的质疑声不少。各地持续推进海绵城市建设以来，有探索的迷惑、有失败的教训、有实践的经验、有成功的案例。海绵城市建设可明显提升防洪排涝能力，河湖空间得到严格管控，生态环境显著改善，为建设宜居、绿色、韧性、智慧、人文城市创造条件，推动生态文明建设迈上新台阶。海绵城市建设作为一项治理手段，本身也是系统工程，在城市建设过程中，应理性地看待人和城市与自然的关系，并建全应对自然灾害的应急组织体系与工作机制。

---

❶　作者：刘侃，孙茵，深圳市建筑科学研究院股份有限公司。

1.2.1 海绵城市的定义与作用

（1）海绵城市与国外的低影响开发的区别

2014 年 10 月发布的《海绵城市建设技术指南——低影响开发雨水系统构建（试行）》，提出了我国海绵城市和国外的低影响开发的概念及含义：海绵城市是指城市能够像海绵一样，在适应环境变化和应对自然灾害等方面具有良好的"弹性"，下雨时吸水、蓄水、渗水、净水，需要时将蓄存的水"释放"并加以利用（图 4-1-1）。海绵城市建设应遵循生态优先等原则，将自然途径与人工措施相结合，在确保城市排水防涝安全的前提下，最大限度地实现雨水在城市区域的积存、渗透和净化，促进雨水资源的利用和生态环境保护。

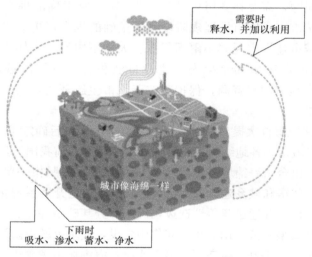

图 4-1-1 海绵城市

（来源：网络）

低影响开发（Low Impact Development，LID）指在场地开发过程中采用源头、分散式措施维持场地开发前的水文特征，也称为低影响设计（Low Impact Design，LID）或低影响城市设计和开发（Low Impact Urban Design and Development，LIUDD）。其核心是维持场地开发前后水文特征不变，包括径流总量、峰值流量、峰现时间等（图 4-1-2）。

发达国家低影响开发适用于发达国家人口少、土地开发强度较低、绿化率较高，场地源头有充足空间消纳场地建设后增加的雨水径流量。而我国大多数城市土地开发强度大、绿化率低、场地源头空间不足，仅用分散式源头控制措施，很难满足低影响开发要求，须协同中途和末端措施共同实现对径流雨水的有效控制。

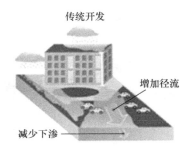
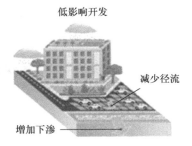

图 4-1-2　传统开发和低影响开发

(来源：网络)

我国海绵城市（广义的低影响开发）是指在城市开发建设过程中采用源头削减（国外的低影响开发）、中途转输、末端调蓄等多种手段，通过渗、滞、蓄、净、用、排等多种技术，提高对径流雨水的渗透、调蓄、净化、利用和排放能力，维持或恢复城市的"海绵"功能。海绵城市建设是统筹低影响开发雨水系统、城市雨水管渠系统及超标雨水径流排放等三大系统共同工作，三大系统不是孤立的，三者相互补充、相互依存，是海绵城市建设的重要基础元素。

低影响开发雨水系统（源头雨水控制）通过对雨水的渗透、储存、调节、转输与截污净化等功能，即"渗、滞、蓄、净、用、排"，有效控制径流总量、径流峰值和径流污染；城市雨水管渠系统（雨水管道）即传统排水系统，与低影响开发雨水系统共同组织径流雨水的收集、转输与排放；超标雨水径流排放系统（调蓄设施及河湖水系等）用来应对超过雨水管渠系统设计标准的雨水径流，一般是自然水体、多功能调蓄水体、行泄通道、调蓄池、深层隧道等自然途径或人工设施。

综上，我国海绵城市不等同于国外的低影响开发，而是包含低影响开发。

（2）海绵城市建设与年径流总量控制率

我国在《国务院办公厅关于推进海绵城市建设的指导意见》（国办发〔2015〕75号）中明确了工作目标——通过海绵城市建设，综合采取"渗、滞、蓄、净、用、排"等措施，最大限度地减少城市开发建设对生态环境的影响，将70%的降雨就地消纳和利用，实现"70%年径流总量控制率"的海绵城市建设目标（图4-1-3）。有人认为"70%年径流总量控制率，应控制住每场降雨70%的降雨量不外排"，这是对"年径流总量控制率"理解出现了偏差。

《海绵城市建设技术指南——低影响开发雨水系统构建（试行）》给出了年径流总量控制率与对应设计降雨的含义和对应的设计降雨量值的确定方法。年径流总量控制率（volume capture ratio of annual rainfall），就是根据多年日降雨量统计数据分析计算，通过自然和人工强化的渗透、储存、蒸发（腾）等方式，场地内全年累计得到控制（不外排）的雨量占全年总降雨量的百分比。

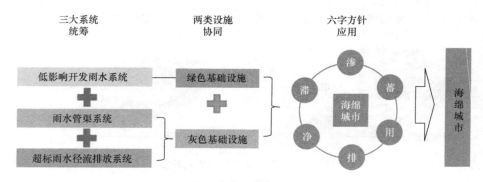

图 4-1-3 海绵城市系统、设施、技术关系示意图
(来源：深圳建科院)

城市年径流总量控制率对应的设计降雨量值，是通过统计学方法获得的。根据中国气象科学数据共享服务网中国地面国际交换站气候资料数据，选取至少近30年（反映长期的降雨规律和近年气候的变化）日降雨（不包括降雪）资料，扣除小于等于 2mm 的降雨事件的降雨量，将降雨量日值按雨量由小到大进行排序，统计小于某一降雨量的降雨总量（小于该降雨量的按真实雨量计算出降雨总量，大于该降雨量的按该降雨量计算出降雨总量，两者累计总和）在总降雨量中的比率，此比率（即年径流总量控制率）对应的降雨量（日值）即为年径流总量控制率对应的设计降雨量。

年径流总量控制率的目标通过控制频率较高的中、小降雨事件来实现。以北京市为例，年径流总量控制率为 85%，对应的设计降雨量为 33.6mm，即统计近30 年北京日降雨量数据，降雨量在 33.6mm 及以下降雨总量占统计时间内总降雨量的 85%。可理解为降雨量小于等于 33.6mm 的雨水在场地内被控制，不外排，即可满足场地年径流总量控制率 85% 的径流总量控制目标。超过 33.6mm 的降雨，须通过雨水管渠系统及超标雨水径流排放系统排走，保证场地的排水防涝安全。

(3) 海绵城市治理目标：总体消除"防治标准"内降雨条件下的城市内涝现象

2021 年 4 月 25 日《国务院办公厅关于加强城市内涝治理的实施意见》(国办发〔2021〕11 号)提出"到 2025 年，各城市因地制宜基本形成'源头减排、管网排放、蓄排并举、超标应急'的城市排水防涝工程体系（图 4-1-4）；到2035 年，各城市排水防涝工程体系进一步完善，排水防涝能力与建设海绵城市、韧性城市要求更加匹配，总体消除防治标准内降雨条件下的城市内涝现象"的工作目标。

可见，内涝治理的要求是：总体消除"防治标准"内降雨条件下的城市内涝

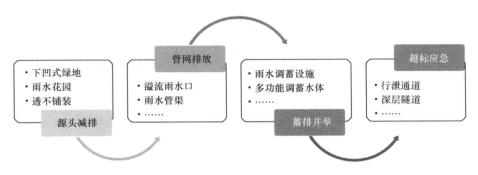

图 4-1-4　城市排水防涝工程体系示意图
(来源：深圳建科院)

现象，即"防治标准"是有对应的降雨强度，而对于极端降雨条件下（超防治标）的城市内涝现象难消除。确保城市水安全的灰色设施建设标准，世界各国根据各国国情制定了相应的标准，可以肯定，没有一个国家的标准会按可抵抗任何降雨强度设置，即便常提的美国、德国和日本。也就意味着，按一定标准建设的防排洪体系，总有应对不了的超标准强降雨，所以也能常见世界各国发生水灾内涝事件的报道。

海绵城市是项系统性工程，既包含了传统的水安全保障体系，也包含了城市建设的绿色生态体系，在城市建设过程中，应系统促进灰、绿结合，协同工作，实现城市水安全与生态双保障、双增效。

1.2.2　深圳市海绵城市试点建设

深圳是全国土地面积最小的一线城市，实际管理人口超过 2000 万，人口密度居全国城市第一，产业高度密集，土地开发强度超过 30％的国际警戒线，水资源、水环境、水生态承载力严重不足。

2016 年 4 月深圳成为全国第二批海绵城市试点城市之一，深圳以国家试点为契机，在全市域将海绵城市建设与"治水""治城"相融合，已形成了"全部门政府引领、全覆盖规划指引、全视角技术支撑、全方位项目管控、全社会广泛参与、全市域以点带面、全维度布局建设"的"七全"推进模式（图 4-1-5）。深圳通过 5 年的国家海绵城市试点期，探索出一套可借鉴的法制化、标准化、常态化、社会化的实施工作机制。

为促进全社会参与海绵城市建设，深圳市在国内率先制定了市财政资金激励社会参与的政策，每年给予超过 5 亿元的资金额度，专门对社会力量开展海绵城市建设给予补贴和奖励。2019 年起，深圳市海绵城市建设办公室组织开展了海绵城市建设资金奖励评选工作，经自愿申报、专家集中评审、广泛征求各部门意见、政府审议、社会公示等环节，2020 年度评选出 4 大类 21 个获奖项目，包括

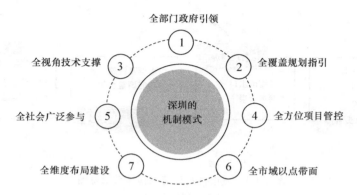

图 4-1-5 深圳市海绵城市"七全"推进模式
(来源:网络)

13 个社会资本新建项目配建海绵设施奖,6 个海绵城市建设项目优秀规划设计奖,1 个海绵城市建设项目优秀施工奖和 1 个海绵城市研究机构(平台)设立奖。这些项目既实现了对雨水的自然积存、自然渗透、自然净化功能,又美化了人居环境,改善了热岛效应,切实增强了市民对海绵城市建设的获得感和幸福感。

以下概要介绍 2019—2020 年四个获奖项目:深圳天健花园海绵化改造景观提升工程、深圳国际低碳城海绵城市详细规划、龙华区委党校加固修缮与整体提升工程、宝安区江碧工业园 4.2km² 示范区生态提升及海绵城市建设方案研究。

1.2.1.1 天健花园,老旧社区百姓的海绵生活

"深圳天健花园海绵化改造景观提升工程"获得了深圳市 2020 年度海绵城市建设项目优秀规划设计一等奖。天健花园项目也被授予"'十三五'国家重点研发计划项目既有居住建筑宜居改造及功能提升关键技术科技示范工程"(图 4-1-6)。

天健花园于 1998 年竣工,使用年限已超 20 年,由 17 栋住宅及 1 座会所组成。从海绵城市问题导向和景观环境全面提升的角度,规划设计师们对这个 20 多年的居住建筑小区进行了海绵化改造。

在解决小区局部积水、地下室顶板渗漏等痛点问题的同时,重塑景观格局,将海绵城市技术融入景观方案,现在原场地竖向、生境等自然条件的基础上对庭院空间布局进行了优化,打造旱溪、小桥、叠瀑、乐泉、儿童游乐区等多趣味景观,儿童游乐区等多趣味景观,赋予庭院"雨水"自然积存、滞、蓄、净化功能,带来丰富的雨趣文化。通过薄型下凹绿地和轻质透水铺装等技术创新,解决地下室顶板荷载限制下海绵设施设置问题,实现室外人行范围透水铺装全覆盖,将小区改造为舒适宜居的"海绵"花园小区。

图 4-1-6 天健花园实景图

（来源：深圳建科院）

（1）通过海绵化改造解决现状痛点问题

充分挖掘 20 多年老小区的居民需求，海绵化改造同步解决了地下车库顶板渗漏、场地内逢雨必涝等痛点问题，大大提升了居民的满意度（图 4-1-7）。

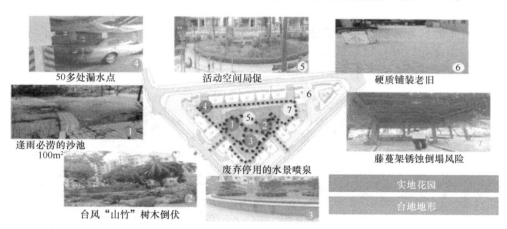

图 4-1-7 改前诊断图

（来源：深圳建科院）

（2）利用监测设备评价改造前后效果

通过在雨水总排口安装流量和雨量监测设备，对改造前后实际效果进行科学评价（图 4-1-8）。

图 4-1-8　安装海绵监测设备图
(来源：深圳建科院)

（3）活化雨水景观，增加互动

通过雨水立管断接，引流至景观小品"叠瀑"和"乐泉"，形成晴雨不同的趣味景观。采用旱溪、净化型植被草沟，辅以小桥等趣味景观，为人们增加了多样化的体验。雨水花园与遮雨凉亭结合、下凹绿地与遮阴廊架结合，增进人们对海绵设施的良好体验。将废弃水景改造成滞消化场地高差的水台地，增强了场地景观的完整性，开阔了中央花园视野。还采用了高位花坛、生态雨水口等海绵设施，增强海绵设施的体验（图 4-1-9）。

图 4-1-9　雨水景观图
(来源：深圳建科院)

（4）创新构造设计

在地下车库顶板允许活荷载 3.0kN/m² 的限制条件下，采用"轻荷载透水铺装"和"薄型下凹绿地"构造（图 4-1-10），完成面厚度均不超过 300mm。实现全场地小雨出行不湿鞋，确保了植物生长所需的覆土和营养。

图 4-1-10　下凹绿地图
（来源：深圳建科院）

（5）预设海绵植物科普园地

海绵植物科普园地如图 4-1-11 所示。

图 4-1-11　海绵植物科普园地图
（来源：深圳建科院）

1.2.1.2 深圳国际低碳城海绵城市详细规划（2017—2030），实现科学规划与动态实施的本地化典范

位于龙岗区坪地的深圳国际低碳城（图 4-1-12），规划总面积 53km²，核心启动区范围 1km。2014 年，深圳国际低碳城获入选 APEC 低碳城镇示范项目、2014 年度可持续发展规划项目奖等多个奖项。《深圳国际低碳城海绵城市详细规划（2017—2030）》获得了深圳市 2019 年度海绵城市建设项目优秀规划设计二等奖及深圳市第十八届优秀城乡规划设计三等奖。

图 4-1-12 深圳国际低碳城图
（来源：深圳建科院）

项目科学运用生态诊断、平衡规划、规范设计、模拟预测、达标评估、专业协同 6 手段，避免规划编制易出现的基础条件不完善、指标分解机械化等共性问题；严格遵循定目标、找问题、挖空间、寻条件、守地域、应地勘 6 法则，实现建设项目满足海绵城市建设政策要求，加强了低碳城片区规划建设管理，充分发挥建筑、道路和绿地、水系等生态系统对雨水的吸纳、蓄渗和缓释作用，有效控制雨水径流，实现自然积存、自然渗透、自然净化的城市发展方式，突出了国际低碳城的海绵建设示范效应。提升项目宜居、宜行、宜停、宜乐功能，并增强项目对周边社区生态服务能力的目标。

（1）多维度生态诊断，识别区域内水生态、水环境、水资源、水安全四大类问题本地化特色需求（图 4-1-13）。

（2）注重片区海绵城市建设格局构建，创新提出海绵技术措施适宜性分区，促进本地化技术落地（图 4-1-14）。

（3）点线面三个层级海绵措施布局规划，系统化解决片区问题（图 4-1-15）。

（4）率先探索数字化海绵城市监测平台，实时评估海绵城市建设效果及探索本地化径流规律（图 4-1-16）。

图 4-1-13　深圳国际低碳城海绵生态敏感性分析图
（来源：深圳建科院）

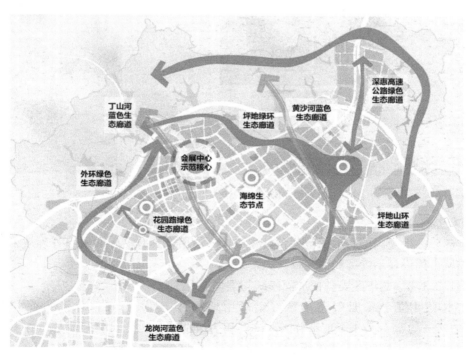

图 4-1-14　深圳国际低碳城"一核、两轴、三环、多点"海绵城市建设格局图
（来源：深圳建科院）

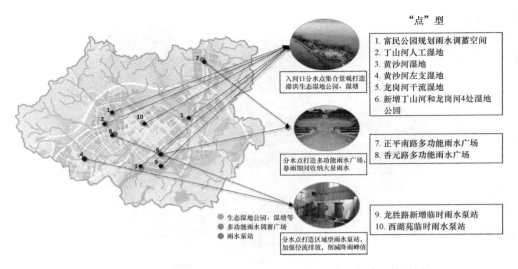

"点"型

1. 富民公园规划雨水调蓄空间
2. 丁山河人工湿地
3. 黄沙河湿地
4. 黄沙河左支湿地
5. 龙岗河干流湿地
6. 新增丁山河和龙岗河4处湿地公园

入河口分水点集合景观打造滞洪生态湿地公园、湿塘

7. 正平南路多功能雨水广场
8. 香元路多功能雨水广场

分水点打造多功能雨水广场，暴雨期间收纳大量雨水

9. 龙胜路新增临时雨水泵站
10. 西湖苑临时雨水泵站

● 生态湿地公园、湿塘等
● 多功能雨水调蓄广场
● 雨水泵站

分水点打造区域型雨水泵站，加强径流排放，削减降雨峰值

图 4-1-15　深圳国际低碳城"点、线、面"海绵城市建设格局图
（来源：深圳建科院）

图 4-1-16　深圳国际低碳城海绵城市监测现场图
（来源：深圳建科院）

（5）一批规划的海绵示范项目已建成投入使用，具有良好的雨水管理效果及海绵城市建设显示度（图 4-1-17～图 4-1-19）。

1.2.1.3　龙华区委党校加固修缮与整体提升工程

本项目位于深圳市龙华区，建设用地面积 6516.77m²，总汇水面积为 6516.77m²，划分为 1 个汇水分区，该工程为改造项目。项目年径流总量控制率定为 57%，对应设计降雨量为 21.11mm（图 4-1-20）。

本项目海绵设施设计时与建筑单体、景观充分结合，在建筑周边的景观绿地内合理地设置下凹绿地，建筑屋面雨水管尽可能地散排至周边的下凹绿地，经下

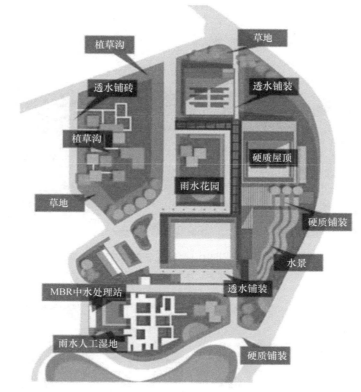

图 4-1-17　会展中心海绵技术规划及实景图

（来源：深圳建科院）

凹绿地净、滞后，通过下凹绿地内的景观溢流口排水。

　　本项目是对原工业厂房进行修缮和改造，属综合整治类，改造前项目场地下垫面均为硬质铺装，进行海绵城市设计时，在原有竖向标高不变的情况下，结合景观园林的设计理念，合理布置普通绿地、下凹绿地、透水铺装位置，即实现了景观环境的提升，也达到了海绵城市建设的要求。

149

图 4-1-18 丁山河"焕发新颜"实景图

（来源：深圳建科院）

图 4-1-19 海绵型道路建设实景图

（来源：深圳建科院）

1.2.1.4 宝安区江碧工业园 4.2km² 示范区项目

宝安区江碧工业园 4.2km² 示范区生态提升及海绵城市建设方案研究项目建
筑物屋面雨水采用重力流式排放，由雨水斗收集经雨水立管、室外总管排至市政

图 4-1-20　项目实景图
（来源：深圳建科院）

雨水管道。道路和地面雨水通过路面径流进入雨水花园，绿地雨水溢流进入室外雨水管道，最后排入市政雨水管。地下室消防、冲洗等废水由设置于地下室的集水坑内的潜水泵加压排入室外污水管道（图 4-1-21）。

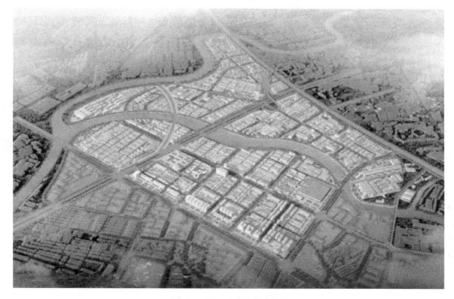

图 4-1-21　项目规划图
（来源：深圳建科院）

在仅有 42% 规划新建用地的条件下，达到 62.01% 远期年径流总量控制率目标；城市景观设计与海绵城市规划结合，通过屋顶公园等加强连片，提高土地集约效应；项目成果作为《宝安区 2019 年海绵城市建设工作任务分工》下发，并被《宝安区海绵城市专项规划》引用。项目主要创新点包括：高标准建设江碧环境生态产业园，通过屋顶公园加强连片，旧工业厂房改造指引，面源污染分级管控，保护自然水系，城市竖向调整建议等。

1.3　小流域综合治理和长效保护机制研究
——以千岛湖水基金试点项目为例❶

1.3.1　研究背景

（1）水源地保护现状

水是生命之源，人们的生产、生活模式与水生态系统有着不可割裂的联系。然而在人类社会行为和经济活动的影响下，水源地存在着水资源短缺、水环境污染严重等问题，水生态系统功能的退化进一步导致了栖息地的破碎化以及生物多样性和生态价值的降低❷，水源地保护刻不容缓。不同尺度下的水源地保护需要基于地理环境和人口密度综合考虑，小尺度的小流域逐渐成为流域治理、流域生态系统修复的重要地理单元。在中国，以农村水源为主的小型水源缺乏有效的监测与管理，小水源地的治理与保护目前存在以下问题：流域水质指标不达标，农业面源污染严重，缺乏源头治理，主要污染来源以及关键治理区域难以明确；流域经济、文化发展与生态保护难以统筹，水环境综合效益有待提升；政府与市场的生态补偿目标不一致，相关政策难以下达，治理机制有待创新等❸❹。

（2）水基金管理模式

水基金是应用于流域可持续治理的一种创新发展模式。2015 年，浙江青山村设立善水基金，引入多元化的生态补偿机制对龙坞水库小水源地进行保护行动❺。2018 年千岛湖水基金设立，成为中国首个大型城市水基金，对千岛湖流域

❶　作者：邹洁，邹沛伶，谢雨婷*（通信作者，E-mail：xieyuting@zju.edu.cn），浙江大学园林研究所；张海江，郭飞飞，大自然保护协会。

❷　唐克旺.水生态文明的内涵及评价体系探讨［J］.水资源保护，2013，29(04)：1-4.

❸　徐大伟，涂少云，常亮，赵云峰.基于演化博弈的流域生态补偿利益冲突分析［J］.中国人口·资源与环境，2012，22(02)：8-14.

❹　葛颜祥，梁丽娟，接玉梅.水源地生态补偿机制的构建与运作研究［J］.农业经济问题，2006(09)：22-27，79.

❺　王宇飞，靳彤，张海江.探索市场化多元化的生态补偿机制——浙江青山村的实践与启示［J］.中国国土资源经济，2020，33(04)：29-34，55.

治理与保护进行分期规划❶（图 4-1-22）。目前水基金已与大自然保护协会（TNC）合作开展安阳乡上梧溪流域的水源地保护和治理的试点项目，通过政府监督、公众参与、企业共创等措施进行流域多方共治，探索农业面源污染的解决方案，从而应用于更大范围的千岛湖流域乃至其他水源地的治理❷。

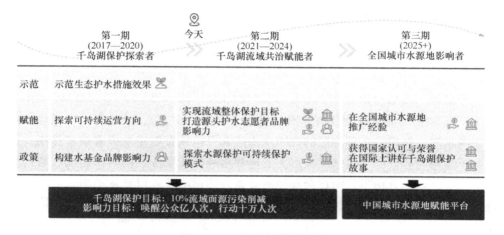

图 4-1-22　水基金项目规划

（图源：大自然保护协会）

水基金目前采取流域补偿政策、受益者付费机制和生态产品价值化途径相结合的管理模式（图 4-1-23）。流域补偿政策旨在总结千岛湖的模式经验提高补偿

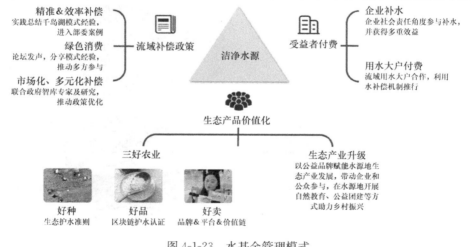

图 4-1-23　水基金管理模式

（图源：大自然保护协会）

❶ 邓佳．只为好水，千岛湖水基金探索水源地保护长效机制 [J]．环境经济，2018（05）：58-59.
❷ 虞伟．公众参与小流域保护的"水基金"模式 [J]．世界环境，2017(03)：33-34.

机制的精准度和效率，并联合政府智库专家及研究来优化政策，推动多方参与绿色消费，形成生态产业。受益者付费机制是基于"谁受益谁付费"原则，通过政策引导政府、企业和公众等受益方付费，使各利益相关方在利益均衡的条件下实现成本共担与利益共享。生态产品价值化途径通过形成三好农业、升级生态产业达成农业产品以及农旅结合的文化产品的收益最大化，带动当地的经济发展，助力乡村振兴。

1.3.2 水源地概况

千岛湖的流域面积为 573km²，地理坐标为 9°22′~29°50′N，118°36′~119°14′E，有 98% 的流域在浙江省淳安县境内（图 4-1-24 左）。千岛湖是中国最大的人工淡水湖，在我国东部地区的饮用水供应和可持续发展中发挥着重要作用。此外，千岛湖为新安江水电站提供水力发电和水利拦蓄服务，同时作为浙江省内著名旅游景点，具有相当大的社会和经济效益。然而随着人口数量的增长，城市化进程的加速，工业化和旅游业的发展，千岛湖污染物排放量显著增加，据 2015 年统计流域内化学需氧量、氨氮、总磷和总氮排放量分别为 16420.30t/年、2225.00t/年，433.81t/年和 3896.62t/年❶。流域水质下降的原因有几个方面：其一，城市化和工业化的发展导致废水排放量的增加；其二，农作物种植范围内化肥和农药的过度使用导致水体富营养化恶化，农业面源污染源逐渐取代工业点

图 4-1-24　千岛湖流域（左）及上梧溪流域（右）区位图
（作者自绘）

---

❶　陈江海．千岛湖现状水质评价及纳污能力研究［J］．资源节约与环保，2015（03）：250-251.

源污染而成为主要污染源；其三，流域内耕地以坡地为主，水土流失威胁性大[1][2]。

上梧溪，又名五都源，位于浙江省淳安县西南部，行政上隶属于淳安县安阳乡（图4-1-24右）。上梧溪是千岛湖的一级支流，长达13.2km，流域面积为68.8km²，自南向北流经安阳乡陈家村汇入千岛湖，是安阳乡重要的饮水、农业灌溉水源[3]。南部地区以丘陵山地为主，北部河岸周边有部分缓坡及平地，流域内海拔最高可达1337.9m，海拔最低为73.2m。在土地利用方面，上梧溪流域以自然植被覆盖为主，其森林覆盖率达82%，而农业用地仅占总面积的16%，以茶园、水田为主[4]。

根据2019—2020年上梧溪水质主要指标监测数据，上梧溪总体水质划分为Ⅰ级，整体水质较好，然而其总氮指标在Ⅳ～Ⅴ类范围上下浮动，一度达到劣Ⅴ类水标准[5]。上梧溪流域水资源并不稀缺，但存在严重的农业面源污染。水稻、茶叶等为主要农作物，水稻田和茶园对于化肥和农药的过量使用导致流域产生大量的营养物质和污染，进而导致富营养化和面源污染的增加。因此，亟待对上梧溪流域开展综合治理，探讨其长效保护机制。

1.3.3 上梧溪流域治理措施

上梧溪流域采取"源头减量＋过程拦截＋末端治理"的方式进行流域治理（图4-1-25）。通过面源污染分析了解上梧溪污染现状，诊断农业面源污染物的来源和分布，决策者得以将有限的资源投入到污染贡献较高的区域进行关键控制。目前在上梧溪流域已采取的流域治理措施主要作用于茶园和水稻田。其中，水稻田措施包括：精准施肥、精准用药；50%有机肥替代化肥；绿肥覆盖；稻鱼共生；生态岛和生态沟渠。茶园措施包括：50%有机肥替代化肥；秸秆覆盖和采用生物制剂统一防治。

（1）源头减量

上梧溪流域工业废水经处理满足排放要求，无工业污染源。同时，农村生活污水和集中畜禽养殖污水有统一截污纳管处理。目前上梧溪存在的主要问题为流域面源污染，种植业是污染物的主要来源。流域内总种植面积约为1041hm²，水

[1] WANG L. Non-Point Source Pollution Pattern Analysis for Qiandao Lake and Xin'An River Basin [R]. Beijing: The Nature Conservancy, 2020: 33-35.

[2] 文军, 骆东奇, 罗献宝, 唐代剑, 陈珊萍. 千岛湖区域农业面源污染及其控制对策 [J]. 水土保持学报, 2004 (03): 126-129.

[3] 丁立仲, 卢剑波, 徐文荣. 浙西山区上梧溪小流域生态恢复工程效益评价研究 [J]. 中国生态农业学报, 2006(03): 202-205.

[4] 王龙柱. 上梧溪流域分析和BMPs对策分析 [R]. 北京: 大自然保护协会, 2017: 2-5.

[5] 同[3]。

稻种植面积仅占 6%，但面源污染的贡献量达 12%；茶园种植面积仅占 7%，但贡献了上梧溪流域超过 60% 的面源污染❶。面源污染的直接原因在于水土流失、肥料农药使用不当、增产增收的种植习惯等。此外，水体污染物的注入量与降水时期呈正相关，农户大多选择 6～7 月集中施用肥料，时间上与雨季重合，导致更多农田里的污染物排入了水体。目前在水稻田已采取测土配方施肥、生态防治、绿肥覆盖、精准用药等手段控制农业面源污染。在茶园通过禁用除草剂、科学用药、改善土坡质量、使用喷灌以及鼓励轮作等措施有效减少源头污染。

（2）过程拦截

除源头控制外，过程控制方法可对传输过程中污染物进行拦截和过滤，从而减少污染物进入水体，具体包括建立植被缓冲带、等高种植等工程控制方法。植被缓冲带能够在污染源区与受纳水体之间有效降低地表径流速度，并且对水体中的污染物进行拦截、吸收、转化和分解，从而有效控制面源污染。缓冲带对污染物的去除效果取决于缓冲带内的植被类型、缓冲带宽度等一系列条件。等高种植是指作物种植起垄与坡向垂直，作物管理等工作均在等高线上进行的种植方式，能够有效地保护坡耕地抵抗暴雨侵蚀，防止片状和沟状侵蚀。研究表明，与顺坡种植相比，采用等高种植能够降低泥沙、有机质和养分流失率的 60% 左右。

（3）末端治理

在农业种植区域内建立生态湿地和生态沟渠，结合生态护水措施在污染物排放末端进行阻截。水体中营养物质可以为湿地中的净水植物和经济作物二次利用，从而避免水体的富营养化。据监测，在水稻田中建立生态岛，能有效拦截农田退水中的氮和磷，净化农田退水水质，出水水质基本可以达到 Ⅱ～Ⅲ 类标准；生态沟渠总共覆盖汇水农田面积达 500 多亩，能有效拦截农田退水中过剩的营养物质，削减流入千岛湖库区的面源污染物，重建和恢复稻田生态，农田退水经过生态沟渠后出水水质也基本可以达到 Ⅱ 类和 Ⅲ 类水质❷。

1.3.4 流域治理绩效评价

（1）评价指标体系

本研究对 2018—2020 年期间安阳乡上梧溪流域治理绩效进行了评价，参照《生态系统生产总值（GEP）核算技术规范》，分别核算其生态系统服务价值（ESV）中的供给、调节以及文化类服务。研究区水生态系统服务功能评价指标体系与方法见表 4-1-1。

---

❶ 浙江省土壤污染修复重点实验室．2019 年安阳乡上梧溪水稻田监测评估报告［R］．杭州：浙江农林大学，2020：3-7.

❷ 浙江省土壤污染修复重点实验室．2019 年安阳乡上梧溪茶园监测评估报告［R］．杭州：浙江农林大学，2020：15-16.

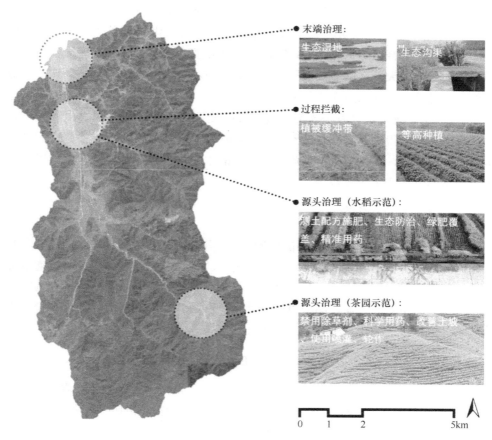

末端治理：
生态湿地　生态沟渠

过程拦截：
植被缓冲带　等高种植

源头治理（水稻示范）：
测土配方施肥、生态防治、绿肥覆盖、精准用药

源头治理（茶园示范）：
禁用除草剂、科学用药、改善土坡、使用喷灌、轮作

0 1 2 5km

图 4-1-25　流域治理措施示意图
（作者自绘）

上梧溪流域水生态系统服务功能评价指标体系　　　　　　　　表 4-1-1

类别	核算科目	功能量指标	价值量指标	计算方法
供给服务	农业产品	农业产品产量	农产品产值	市场价值法
调节服务	水质净化	污染物降解量	污染物降解价值	替代成本法
文化服务	旅游及相关活动	游客人数	旅游及相关活动收入	市场价值法

1）生态系统提供的供给产品一般包括直接利用供给产品和转化利用供给产品两大类，其中直接利用部分包括农业、林业、畜牧业和渔业等产品；转化利用部分包括水电、潮汐能等能源[1]。鉴于研究区在水电、潮汐能等部分的产出不明

---

[1] 高敏雪. 生态系统生产总值的内涵、核算框架与实施条件——统计视角下的设计与论证 [J]. 生态学报，2020，40(02)：402-415.

显，故对研究区供给产品价值量的计算集中在农业产品部分。

2）生态系统调节服务包括水源涵养、土壤保持、洪水调蓄、水质净化、空气净化、固碳和释氧等❶。上梧溪在水稻田和茶园所采取的流域治理措施对于水质净化的影响较大，在其他调节服务方面影响较小，因此本次对研究区调节服务价值量的计算集中在水质净化部分。

3）生态系统文化服务是人类通过精神感受、知识获取、休闲娱乐和美学体验从生态系统获得的非物质惠益❶。通过保护水源地，研究区创造了更适宜开展生态旅游的环境，提供相关生态旅游服务，故本次统计研究区在生态旅游以及其他文化活动方面产生的收益。

（2）评价方法及参数

1）农业产品

农业产品的价值量核算采用市场价值法，需要确定供给产品具体的计算类目和相应的市场价格。研究区在一定时间内提供的各类农业产品的产量可以通过部门统计资料获取。根据 2018 年与 2020 年安阳乡农业年报以及安阳乡统计局相关资料，筛选出主要的农业产品类目进行计算，产品的价格根据市场定价获得。供给产品价值量核算公式如下：

$$V_A = \sum_{i=1}^{5} E_{Ai} \times P_{Ai} \tag{1}$$

式中，V_A 表示上梧溪流域各类农业产品的总价值量（万元）；E_{Ai} 表示第 i 类农业产品的产量（t 或万根）；P_{Ai} 表示第 i 类农业产品的当年市场平均价格（万元/t 或万元/万根）。由于 2020 年安阳乡粮食作物的产值不算入农业产值统计指标，故本次计算选取统计数据中的受护水行为影响较大的主要经济作物，$i=1$、2、3、4、5 分别表示蔬菜、茶叶、毛竹、油茶和水果❷❸。

2）水质净化

水质净化服务的价值量核算采用替代成本法，水质净化功能是指流域水体对污染物进行吸附、降解、转化的功能❹。计算水质净化服务价值可以通过计算处理污水达到相同水质的治理费用来替代，数据主要来源于相关部门对水体水质各项指标进行的监测与定量评估。

上梧溪流域污染物指标包括氨氮、化学需氧量、总氮、总磷等，本次计算净化

❶ 高敏雪. 生态系统生产总值的内涵、核算框架与实施条件——统计视角下的设计与论证［J］. 生态学报，2020，40(02)：402-415.

❷ 余晓丽. 安阳乡 2018 年农业年报［R］. 杭州：淳安县安阳乡人民政府，2018：6-13.

❸ 方婷. 安阳乡 2020 年农业年报［R］. 杭州：淳安县安阳乡人民政府，2020：7-10.

❹ 赵欣胜，崔丽娟，李伟，康晓明，雷茵茹，马琼芳，孙宝娣，于菁菁. 吉林省湿地生态系统水质净化功能分析及其价值评价［J］. 水生态学杂志，2016，37 (01)：31-38.

各项污染物的费用来表示其水质净化的价值量。水质净化价值量核算公式如下：

$$V_{\mathrm{B}} = \sum_{i=1}^{4} E_{\mathrm{B}i} \times P_{\mathrm{B}i} \tag{2}$$

式中，V_{B} 表示上梧溪流域提供的水质净化价值量（万元）；$E_{\mathrm{B}i}$ 表示第 i 类水体污染物的净化量（t）；$P_{\mathrm{B}i}$ 表示对应水体污染物的处理费用（万元/t），$i=1$、2、3、4 分别表示总磷、总氮、氨氮和化学需氧量。污染物的净化量核算公式如下：

$$E_{\mathrm{B}} = (Q_{\mathrm{B}i}/e^{-K_{\mathrm{B}i}} - Q_{\mathrm{B}i}) \times T \times C \tag{3}$$

式中，$Q_{\mathrm{B}i}$ 表示第 i 类水体污染物的浓度（mg/L），数据来源于淳安县环保局对上梧溪流域的水质分析报告；e 为自然常数，约等于 2.718；$K_{\mathrm{B}i}$ 表示对应水体污染物的降解系数（d^{-1}）；T 表示降解时间（取 365d）；C 表示上梧溪流域的储水量（m^3）。

参照《地表水环境质量标准》GB 3838—2002，当污染物对应水质优于国家Ⅲ类水标准时，按照污染物实际浓度取值进行计算；当污染物对应水质劣于国家Ⅲ类水标准时，按照Ⅲ类水对应污染物浓度的上限值进行计算❶。2018 年和 2020 年总磷、氨氮和化学需氧量含量均满足Ⅲ类水标准，而总氮含量未达到标准。

上梧溪流域难以利用水质模型来计算其污染物降解系数，故采用经验类比和资料反推法来确定 K 值，其中涉及污染物降解常数相关系数❷。总磷综合降解系数 K_{B1} 取 0.150d^{-1}，总氮综合降解系数 K_{B2} 取 0.193d^{-1}，氨氮综合降解系数 K_{B3} 取 0.120d^{-1}，化学需氧量综合降解系数 K_{B4} 取 0.180d^{-1}。

水量计算的相关数据不足，故根据求体积公式进行流域储水量的估算：

$$\begin{cases} C = R \times S \times \rho \\ a = \dfrac{R}{P} \end{cases} \tag{4}$$

式中，C 表示上梧溪流域的储水量（m^3），R 为径流深度（mm），S 为流域面积（km^2），ρ 为水的密度（$\mathrm{kg/m}^3$），a 为径流系数，P 为年降雨量（mm）。径流深度 R 理论上为降雨量 P 减去蒸发量、下渗量等损失之后得到的数值，R 与 P 之间存在数量关系，二者比值为径流系数 a。研究区年降雨量 $P=1363$mm；a 的取值在 0～1.0 之间，陆域 a 值取 0.7，水域 a 值取 1.0，已知流域总面积 $S=68.8 \ \mathrm{km}^2$，其中陆域面积约 57.9km^2，根据水陆面积比值对 a 值进行加权平均值计算，得出 $a=0.75$❸。以上可以求得流域储水量 $C=6.56\times10^7\mathrm{m}^3$。

---

❶ 程敏，江波，张丽云，欧阳志云. 湖泊水质净化服务评估方法研究进展［J］. 湿地科学与管理，2015，11(01)：68-73.

❷ 冯帅，李叙勇，邓建才. 平原河网典型污染物生物降解系数的研究［J］. 环境科学，2016，37(05)：1724-1733.

❸ 肖洋，喻婷，潘国艳. 小型城市湖泊纳污能力核算中设计水文条件研究［J］. 人民长江，2019，50(11)：80-83，90.

参照浙江省 2015 年主要水污染物市场交易价格以及污水处理厂处理成本❶，对比 2015 年、2018 年和 2020 年浙江省居民消费价格指数（CPI）的变化，得出 2018 年总磷、总氮、氨氮和化学需氧量的单位净化费用分别为 1.064 万元/t、0.978 万元/t、1.019 万元/t、0.851 万元/t，2020 年的单位净化费用分别为 1.120 万元/t、1.029 万元/t、1.072 万元/t、0.896 万元/t。

3）文化服务

文化服务的价值量核算采用市场价值法，上梧溪流域项目落地以来旅游和各类文化、宣传活动的经济收益可以转化为生态系统文化服务的价值量。根据 2018 年与 2020 年安阳乡政府工作总结以及安阳乡统计局的相关资料，统计研究区在生态旅游以及其他文化活动方面产生的收益。文化服务价值量核算公式如下：

$$V_C = \sum_{i=1}^{3} V_{Ci} \qquad (5)$$

式中，V_C 表示上梧溪流域提供的文化服务价值量（万元），V_{Ci} 表示第 i 类文化服务提供的价值量（万元），$i=1$、2、3 分别表示生态旅游类、宣传活动类和环保教育类。

（3）评价结果

1）农业产品价值量

研究区农业产品价值量计算结果显示（表 4-1-2）：与 2018 年相比，2020 年安阳乡的蔬菜、茶叶、毛竹、油茶和水果等农业产品产值均有所增加，由 10216.9 万元增加至 11745.4 万元，增幅 14.96%。从单项来看，产值贡献率排名为茶叶＞毛竹＞蔬菜＞油茶＞水果；茶叶的产值和贡献率最高，2018 年和 2020 年产值分别为 5677.3 万元和 6598.5 万元，贡献率分别为 55.6% 和 56.2%。各类农作物在水质变好的情况下可得到相应增收，促进"三好农业"形成，以此形成激励机制来带动老百姓的增收，助力乡村振兴。

农业产品价值量计算结果　　　　　　　　　　　　　　　表 4-1-2

类别		产量			价格			产值（万元）	
		单位	2018 年	2020 年	单位	2018 年	2020 年	2018 年	2020 年
A1	蔬菜	t	3918	4487	万元/t	0.24	0.25	940.3	1121.8
A2	茶叶	t	363	318	万元/t	15.64	20.75	5677.3	6598.5
A3	毛竹	万根	55	62	万元/万根	39.36	39.36	2164.8	2449.6
A4	油茶	t	673	669	万元/t	1.31	1.42	881.6	950.0
A5	水果	t	1843	1646	万元/t	0.30	0.38	552.9	625.5
合计		—			—			10216.9	11745.4

❶ 欧阳志云，郑启伟，杨武，等. 生态系统生产总值（GEP）核算技术规范 陆域生态系统 DB33/T 2274—2020 [S]. 杭州：浙江省市场监督管理局，2020：24-25.

160

2）水质净化价值量

研究区水质净化价值量计算结果显示（表 4-1-3）：2018 年至 2020 年水污染物的总净化量下降，总净化费用减少，生态系统水质净化价值下降。从单项来看，污染物浓度排名为总氮＞化学需氧量＞氨氮＞总磷；与 2018 年相比，2020年的总磷和化学需氧量浓度均有所下降，而总氮和氨氮浓度上升，流域治理措施对削减水体部分污染物含量有一定作用。

水质净化价值量计算结果 表 4-1-3

类别		浓度（mg/L）		净化量（t）		净化费用（万元）	
		2018 年	2020 年	2018 年	2020 年	2018 年	2020 年
B1	总磷	0.011	0.009	42.9	35.1	45.7	39.3
B2	总氮	1.160	1.390	5256.0	5256.0	5140.4	5408.4
B3	氨氮	0.012	0.015	35.5	44.4	36.2	47.6
B4	化学需氧量	0.750	0.600	3421.0	2736.0	2911.3	2451.5
合计		—	—	8755.4	8071.5	8133.6	7946.8

3）文化服务价值量

在生态旅游方面，流域治理通过清理河道、治理污水、生态采摘等能够提升当地景观效果，提供更适宜开展生态旅游的环境，从而吸引更多旅游爱好者进行参观。根据安阳乡统计数据可知，2018 年共接待旅客人数达 27.5 万人，累计收益 1482 万元；2020 年生态旅游全面发展，旅客人数达 31 万人，累计收益 1950万元。在宣传活动方面，农旅结合的文化产品通过公益品牌宣传、直播带货等方式直接带动试点农户增收，农产品宣传活动推动产生的收益与传统售卖方式相比可以增加 30% 至 40% 左右，直接带动试点农户增收 800 元/亩，总收益达 9.47万元。在环保教育方面，举办活动产生的收益达 26.71 万元。

研究区文化服务价值量计算结果显示（表 4-1-4）：2018 年至 2020 年旅游和各类文化、宣传活动的经济收益呈上升趋势，由 1482.0 万元增加至 1986.2 万元，增幅达 34.02%，生态系统文化服务价值增加。从单项来看，产值贡献率排名为生态旅游＞环保教育＞宣传活动；生态旅游收入贡献率最高，2018 年和2020 年净收益分别为 1482.0 万元和 1950.0 万元；新增的宣传活动和环保教育既可促进社会、文化效益的增加，也可带动当地住宿、餐饮及其他消费，提高经济效益。

文化服务价值量计算结果   表 4-1-4

类别	接待人次（万人）		净收益（万元）	
	2018 年	2020 年	2018 年	2020 年
C1　生态旅游	27.5	31	1482.0	1950.0
C2　宣传活动	—	—	0	9.5
C3　环保教育	—	—	0	26.7
合计	—	—	1482.0	1986.2

4）生态系统服务价值总量

对上梧溪流域水生态系统所提供的农业产品、水质净化和文化服务价值进行核算，并统计直接价值和间接价值的变化。其中，农业产品属于生态系统提供的物质性产品，文化服务属于生态系统提供的非物质性服务，这两类都有明确的付费过程从而直接转换为经济收益，属于生态系统提供的直接价值；水质净化缺乏明确的付费过程，不能够直接产生经济效益，属于生态系统提供的间接价值❶。

生态系统服务价值计算结果   表 4-1-5

类别	价值量（万元）		贡献率（%）		价值量变化（万元）
	2018 年	2020 年	2018 年	2020 年	2018—2020 年
农业产品	10216.9	11745.4	51.5	54.2	+1528.5
水质净化	8133.6	7946.8	41.0	36.7	−186.8
文化服务	1482.0	1986.2	7.5	9.0	+504.2
合计	19832.5	21678.4	100	100	+1845.9

直接价值和间接价值计算结果   表 4-1-6

类别	价值量（万元）		贡献率（%）		价值量变化（万元）
	2018 年	2020 年	2018 年	2020 年	2018—2020 年
直接价值	11698.9	13731.6	59.0	63.3	+2032.7
间接价值	8133.6	7946.8	41.0	36.7	−186.8
合计	19832.5	21678.4	100	100	+1845.9

根据计算结果（表 4-1-5、表 4-1-6）和价值变化分析（图 4-1-26、图 4-1-27），上梧溪流域 2018 年和 2020 年的生态系统服务价值总量分别为 19832.5 万元和 21678.4 万元，增加了 1845.9 万元，增幅 9.30%；直接价值的占比超过 50%，分别为 11698.9 万元和 13731.6 万元，增加了 2032.7 万元，增幅 17.4%；生态

---

❶ 赵同谦，欧阳志云，王效科，苗鸿，魏彦昌. 中国陆地地表水生态系统服务功能及其生态经济价值评价 [J]. 自然资源学报，2003(04)：443-452.

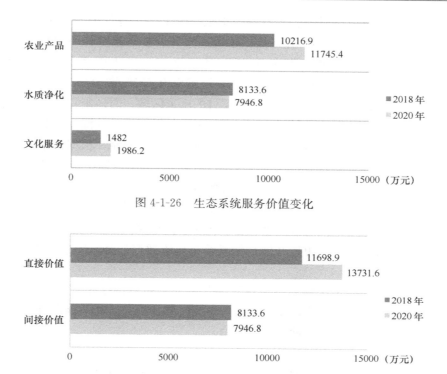

图 4-1-26 生态系统服务价值变化

图 4-1-27 直接价值和间接价值变化

系统服务类别的贡献率排名为：农业产品＞水质净化＞文化服务，农业产品的价值贡献率由 51.5％提升至 54.2％，水质净化由 41.0％降低至 36.7％，文化服务由 7.5％增加至 9.0％。

1.3.5 结论与讨论

本研究基于生态系统服务评价方法，对上梧溪流域 2018—2020 年开展的流域治理进行绩效评估，验证水基金管理模式和流域治理措施的有效性。

研究对水基金管理模式下的流域治理绩效进行了评价，评价结果显示：

1）上梧溪流域的生态系统服务的价值总量增加，并且农业产品价值和文化服务价值所代表的直接价值的贡献率超过水质净化所代表的间接价值，直接价值和间接价值比例由 1.44 上升至 1.72；直接价值和间接价值的变化反映了流域经济和生态的发展，在提高直接价值的同时也不能忽略间接价值。

2）流域的核心服务价值是农业产品的供给价值，流域治理措施直接带动农业产品产值的增加，农业产品价值量增幅 14.96％，对于总体生态系统服务价值的贡献率由 51.5％提升至 54.2％。

3）流域污染物浓度总体呈下降趋势，导致水生态系统对于污染物的净化量减少，水质净化价值量减少了 2.30％，贡献率由 41.0％降低至 36.7％。

4）水源地保护行动为研究区提供了更适宜开展生态旅游的环境和进行宣传教育的机会，从而提供了更多的文化服务价值。文化服务价值量增幅达 34.02％，是三项评估类别中增幅最大的，贡献率由 7.5％增加至 9.0％。

上梧溪流域作为千岛湖水基金一期项目的示范区域，因地制宜地解决农业面源污染问题，其长效保护机制可总结如下：①对于面源污染的源头及分布预先进行诊断，有针对性地选择污染贡献较高的区域进行关键控制，根据污染物产生的源头、过程和末端的不同情况分别采取治理措施，从而帮助决策者进行精准补偿。②当地农户在政府和专家的带领下改变传统耕作方式，更加积极主动地参与生态护水行动，达成水质保护与农业增收双重目标，实现流域经济效益和生态效益统筹提升。③企业发掘当地文化创意、展开公益品牌合作，赋能水源地生态产业发展；政府和公众在水源地开展自然科普、环境教育、公益团建等文化活动，提升社会文化效益。

囿于数据不足，本次核算仅考虑了两年间研究范围内供给产品中的农业产品、调节服务中的水质净化以及文化服务中的旅游及相关活动，存在核算科目有限的问题，对于结果的有效性有一定影响。

目前，千岛湖水基金二期项目（2021—2024 年）正拉开序幕，致力于在一期的基础上实现千岛湖流域的整体保护，进一步探索水源地可持续保护模式，达成流域面源污染治理、流域生态补偿、乡村社区发展等目标。水基金三期项目（2025 年后）期望将千岛湖治理模式扩大到全国水源地范围，将其作为中国城市水源地赋能平台，在国际上推广千岛湖水源地保护的经验。

2　中国低碳城市建设专项案例

2.1　北京市碳达峰的实施路径及驱动因素分析[❶]

2.1.1　前言

2020 年 9 月 22 日，习近平主席在第七十五届联合国大会一般性辩论上发表讲话，承诺"中国将提高国家自主贡献力度，采取更加有力的政策和措施，二氧化碳排放力争于 2030 年前达到峰值，努力争取 2060 年前实现碳中和"。在这一目标指引下，越来越多的城市开始考虑其碳达峰以及碳中和的问题。

在省级层面，学者们围绕如何达峰的问题开展了广泛研究，研究区域涉及东部地区、中部地区、东北地区、西部地区。在方法上，学术界探索了多种二氧化碳排放峰值的情景分析方法。尽管各方法体系建立的理论基础和构建思路存在一定差异，但最终都落脚在二氧化碳排放的影响因素上。由于各方法中选择的主要变量不同、特别是情景设置中关键参数的设置不同，研究结果之间存在较大差异。基于情景分析的研究为各地实现碳排放峰值提供了可选路径，但由于结果之间的不确定性，以及缺乏具体的可行性措施，这些研究尚不能满足决策者的需要。

《国民经济和社会发展第十三个五年规划纲要》和《"十三五"控制温室气体排放工作方案》明确提出"要有效控制温室气体排放，支持优先开发区域率先实现碳排放达到峰值"。为落实国家应对气候变化工作部署，按照国家总体安排，北京在 2015 年首届中美低碳城市峰会上提出"北京市要努力实现二氧化碳排放总量在 2020 年左右达到峰值"目标。目前，北京市碳排放峰值已经基本实现并呈现出稳定下降趋势。从达峰先行者的角度，总结北京市碳排放达峰的实现路径，特别是达峰过程中的政策经验，对于大量即将进入达峰轨道的中国城市来

----

　　❶　陈鸿，第一作者，博士、副研究员、国家注册城乡规划师，中国生态城市研究院有限公司创新中心主任，E-mail：ch@ce-ca.cn；

　　陈志端，通信作者，博士、国家注册城乡规划师，北京建筑大学建筑与城市规划学院讲师，E-mail：chenzhiduan@bucea.edu.cn。

　　基金项目：国家自然科学基金青年基金项目"基于 CAS 理论的韧性城市系统模型构建与实证研究"（编号：51808024）。

说，具有重要的参考意义。

2.1.2　材料与方法

（1）核算依据

根据《中华人民共和国气候变化第三次国家信息通报》，2005—2014年，我国二氧化碳排放占到全部温室气体排放的79.6%～83.5%，能源活动产生的二氧化碳排放是近年来温室气体排放的主要增长源。学术界一般以能源燃烧的二氧化碳排放作为主要研究对象。通常说来，能源燃烧的二氧化碳排放可以通过IPCC参考方法进行计算。参考方法是一种自上而下的方法，根据各种化石燃料的表观消费量、各燃料品种的单位发热量、含碳量，以及消耗各种燃料的主要设备的平均氧化率等参数综合计算得出。

（2）核算边界以及数据来源

根据国家"十三五"时期省级人民政府温室气体排放控制考核确定的核算边界，结合我市的碳排放特征，确定我市碳排放达峰评估范围为能源活动产生的二氧化碳排放，包括本地消耗的煤炭、油品（含航空）、天然气等化石能源产生的直接排放和外调电力对应的间接排放。核算数据主要依据市统计局和市电力公司提供的经国家核认的历年考核数据和我市按照《地方温室气体排放清单编制方法》编制的排放清单数据。

2.1.3　结果分析

2.1.3.1　北京市二氧化碳排放变化趋势分析

北京市碳排放总量在2012年达到峰值1.52亿t，随后进入平台期，总体呈波动下降趋势，2016—2019年受航空排放快速增长影响碳排放总量出现小幅波动回升，但均未超过2012年的最高值。2019年本市二氧化碳排放总量达到1.45亿t（较峰值下降5%），为"十三五"时期阶段性高点，万元GDP碳排放强度下降到0.45t。据初步核算，2020年受疫情影响我市航空运输等领域能耗和碳排放大幅下降，全市能耗总量下降至6762万t，碳排放降至1.35亿t以内（同比下降7%），万元GDP排放强度下降到0.42t（图4-2-1）。

2.1.3.2　能源活动碳排放量

2010—2020年北京市能源活动碳排放量见表4-2-1。

2010—2020年北京市能源活动碳排放量（万t）　　　　表4-2-1

年份	2010	2011	2012	2013	2014	2015	2016	2017	2018	2019	2020
煤炭碳排放	5006	4537	4404	4169	3701	2361	1695	954	535	354	270
油品碳排放	3404	3643	3590	3744	3848	3976	3966	4170	4294	4399	3560

年份	2010	2011	2012	2013	2014	2015	2016	2017	2018	2019	2020
其中：航空碳排放	1020	1087	1149	1233	1310	1403	1530	1657	1773	1780	1170
天然气碳排放	1446	1399	1752	1909	2247	3096	3440	3538	3875	3905	3950
外调电力碳排放（原考核口径）	5003	5257	5523	5448	5070	4475	4923	5615	5795	5866	5685
碳排放总量（原考核口径）	14764	14823	15247	15244	14820	13875	13961	14244	14457	14501	13465

注：碳排放总量＝煤炭碳排放＋油品碳排放＋天然气碳排放＋外调电力排放

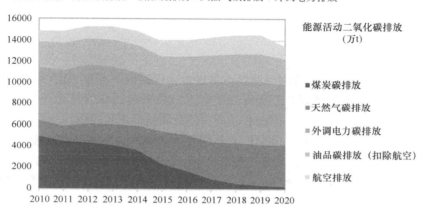

图 4-2-1 北京市能源活动二氧化碳排放变化趋势

2.1.3.3 碳达峰驱动力分析

（1）能源清洁化转型、有效控制化石能源增长是实现碳达峰的重要基础

煤炭属于高碳能源，我市以大气污染治理为契机，集中实施煤改清洁能源工程，煤炭占能源消费总量的比重由 2008 年北京奥运会前的 30％以上，下降至 1.8％左右，在全市用能总量持续上升的同时，实现了碳排放总量达峰，随后实现阶段性下降。压减燃煤及能源清洁化战略为我市碳减排提供了基础条件，是碳排放达峰的主要贡献因素。

（2）经济高质量发展、碳排放与经济增长脱钩是实现碳达峰的重要保障

随着我市经济发展质量持续提升，三产比重于 2016 年超过 80％，已达到 83.5％。支撑全市经济发展的主要动力更多源自创新驱动而非资源投入，主要经济增长点来自金融、科技等高精尖产业，具有能耗低、技术先进、附加值高等特点。新增产业禁限了高耗能项目、新增建筑采用先进节能标准、新增用能优先采用可再生能源解决，同时对存量用能开展节能技术改造，基本实现了碳排放与经济增长脱钩，我市万元 GDP 能耗和碳排放分别降至 0.21t 标准煤和 0.42t 二氧化

碳，经济高质量发展为我市"十三五"时期碳排放不出现反弹提供了重要保障。

（3）落实城市总体规划、率先实施减量发展是碳达峰后稳中有降的重要支撑

当前我市已进入减量发展、高质量发展阶段，基本完成一般制造业企业集中退出、区域性批发市场大规模疏解任务，实现了人口、建设用地、建筑规模"三个减量"。《北京城市总体规划（2016—2035年）》对未来我市的建设用地规模、城市开发边界、人口调控目标、能源消费总量等上限目标已作出明确要求，按照我市资源环境承载力，同时借鉴国际大都市能源发展历程，预计全市碳排放达峰后一定时期内，能源消耗总量也将进入达峰阶段。随着节能技术和新能源发展，既有化石能源消费将逐步被新能源替代，碳排放亦将实现稳中有降。

2.1.4 结论与建议

（1）主要结论

主要经济体实现碳达峰的经验判定条件主要包括以下6个方面，即能源利用效率较高、人均GDP达到2万美元以上、人口总数达到峰值并趋于稳定、城市化率达到75%以上、三产比重超过65%、环境质量诉求较高等。

综合评估显示，2019年，我市万元GDP能耗为0.23t标准煤，处于较先进水平；人均地区生产总值2.35万美元；常住人口达到2154万人，较2015年下降16.9万人；城市化率达到86.6%；三产比重达到83.5%；环境质量显著改善。基于以上6个经验条件判定，我市已具备碳达峰条件。

（2）建议

北京下一步将重点围绕"节能、净煤、减气、少油、多绿电、强科技、优保障"展开。主要路径包括以下6个方面：

一是深度推进能源低碳革命。持续提升能源利用效率，深挖节能潜力，严控能源消费总量过快增长。持续压缩化石能源利用规模，推动能源消费电气化。推进工业用煤削减和山区农村煤改清洁能源，"十四五"末煤炭控制在100万t以内，有序控制天然气利用规模。推进本地光伏、热泵的规模化应用，适度发展风电，推动氢能示范应用。深化与河北、内蒙古等地的区域电力合作，提升外调绿电规模。

二是持续推动产业结构优化调整。重点发展科技含量高、资源消耗低、碳排放少的高精尖产业，持续动态推进不符合首都功能定位的一般制造业调整退出，适时修订新增产业禁止和限制目录。大力发展新能源、新材料等绿色产业，以绿色技术创新引领产业发展，推进绿色制造体系和绿色供应链体系建设。

三是大力推进建筑低碳化。提升新建建筑节能标准。持续推进既有建筑改造，"十四五"期间完成既有公共建筑改造3000万㎡，推广超低能耗建筑500万㎡。推动供暖系统重构，大力发展清洁供热模式，加快推进供热计量改造。

四是积极打造低碳交通体系。优先发展城市公交，鼓励绿色出行。推进机动车"油换电"政策，大力发展新能源车，除特殊用车外，公交、邮政、出租、快递等领域基本实现纯电动车或氢燃料车替代，优化完善充换电基础设施布局。持续推动汽车柴油用量下降。

五是着力构建低碳治理体系。研究推动碳排放控制立法和相关配套制度，加快低碳标准化建设。实施碳排放总量和强度双控制度，强化目标责任和监管考核，科学分解温室气体排放目标，加强重点单位低碳管理。进一步完善碳市场机制，做好与全国碳市场的衔接。引导全民共同参与，大力发展碳普惠项目，使低碳发展理念转化为各类主体的自觉行动。

六是强化低碳发展科技支撑。促进低碳技术创新和政策指导，充分发挥首都科技人才优势，重点开展碳中和关键技术创新研究和科技攻关。围绕新能源利用、氢能、储能等领域实现技术突破。大力发展碳捕集利用和封存技术。及时发布技术推广目录，加快先进成熟技术推广应用。

2.2 双碳背景下建筑领域低碳策略研究
——以深圳市南山区为例❶

2.2.1 背景

（1）深圳市南山区应先行先试探索较发达地区的低碳转型发展

气候变化问题已成为世界的共同关注点，走在快车道上的中国亦不例外。作为最大的发展中国家，以及碳排放居世界前列的国家，中国在历次气候峰会上均作出了二氧化碳减排的承诺，积极承担起减碳责任。1992 年中国签署《联合国气候变化框架公约》，成为缔约方之一，2016 年中国积极推动并且率先签署《巴黎协定》，2019 年提前超额完成 2020 气候行动目标。经过多年探索，2020 年中国政府在第七十五届联合国大会上提出"双碳"方案，即计划 2030 年达峰，2060 年实现碳中和。

深圳市南山区作为"两山"实践创新基地和国家生态文明示范区，是广东省唯一获得两项生态文明建设国家级殊荣的行政区，具有良好的生态环境建设基

❶ 作者：张兴正，深圳市生态环境局南山管理局；余涵，深圳市建筑科学研究院股份有限公司；陈鹤，深圳市建筑科学研究院股份有限公司；邹逸飞，深圳市生态环境局南山管理局；郑剑娇，深圳市建筑科学研究院股份有限公司；罗春燕，深圳市建筑科学研究院股份有限公司；李润友，深圳市生态环境局南山管理局；平倩，深圳市生态环境局南山管理局；余文奇，深圳市建筑科学研究院股份有限公司；郑童心，深圳市建筑科学研究院股份有限公司；段辉艳，深圳市生态环境局南山管理局。

础。该区 2015—2019 年生产总值呈稳步增长❶，在 2019 年第三产业占比为 66.41%，高于深圳市平均值（60%）❷，低于福田区，说明三产比例上升空间较大，侧面反映建筑碳排放未来有较大增长需求。同年人均 GDP 为 40.16 万元，按年平均汇率折算为 5.82 万美元，较英美国家人均 4 万美元高出 45.5%，具有良好的经济基础。

南山区人民的生活方式代表富起来的中国人的生产生活方式，适合探索较发达地区的低碳转型发展。处于快速发展阶段的南山区，随着常住人口不断增加，迎来了能源需求的不断增长。平衡经济发展与低碳发展之间的关系成了南山区的重点课题。

（2）建筑领域的低碳发展是实现双碳目标的重点

根据中国建筑节能协会公布的数据，全国建筑全过程碳排放总量占全国碳排放总量比重超半数，其中建筑材料（钢铁、水泥、铝材等）占比 28.3%；运行阶段（城镇居建、公共建筑、农村建筑）占比 21.9%，施工阶段占比 1%。根据 IPCC 测算❸，全球 40% 的能源经建筑行业消耗，是引起全球大气中二氧化碳浓度增加的主要源头之一。在建筑的全生命周期中，建筑运行用能约占全社会总用能的 20%，建造过程中原料开采、建材生产、运输以及现场施工产生的能耗约占社会总能耗的 20%❹。

本研究针对总量占全国碳排放总量比重超半数的建筑领域，分析南山区建筑领域的碳排放现状，对其建筑领域中占比最大的公共建筑做出详细分析。并从先行先试的角度出发，选取深圳市政府投资类项目全过程管理工作思路，根据南山区自身实际情况，提出建立南山区低碳建筑工作机制及技术支撑体系，为南山区低碳建筑规划建设与运行管理提供指引和支撑，为全市推广低碳建设提供先行先试样本。

2.2.2 南山区建筑领域碳排放现状

针对运行阶段的碳排放量，分析建筑领域碳排放总量、居住建筑、公共建筑的占比等，并对未来增量做出分析。

2.2.2.1 测算范围及方法

南山区整区建筑领域的碳排放总量主要集中在建造和运行这两个阶段。在该

---

❶ 深圳市南山区统计局.《深圳市南山区统计年鉴 2020》. 2021-01-29.

❷ 深圳市统计局.《深圳市统计年鉴 2020》. 2020-12-31.

❸ IPCC. Climate Change 2001：Mitigation，Contribution of Working Group Ⅲ to the Third Assessment Report of the Intergovernmental Panel on Climate Change［M］. UK：Cambridge University Press，2001.

❹ 胡姗，张洋，燕达，郭偲悦，刘烨，江亿. 中国建筑领域能耗与碳排放的界定与核算［J］. 建筑科学，2020，36（S2）：288-297.

区 87.53km² 的建筑能耗测算中，不仅包含了范围一的排放，即区域拥有或控制的锅炉燃煤排放、熔炉燃煤排放、车辆燃油排放、工艺过程排放等直接排放，也包括了范围二的排放，即区域外购的电、蒸汽、供暖或冷凝等间接排放。不包括范围三的排放。

碳排放数据来源分别为国家发展改革委发布以及生态环境部发布。《省级温室气体清单编制指南（试行）》[1]（简称《清单指南》）的数据可与 IPCC 等国际社会通用比对，故深圳市 2018 年 9000 多万 t 碳排放即基于该指南方法编制得出的数据；《省级二氧化碳排放达峰行动方案编制指南》[2] 侧重于能源活动的碳排放，即能源平衡表，其测算范围主要包含本省（区、市）行政区域内化石能源消费产生的二氧化碳直接排放（即能源活动的二氧化碳排放），以及电力调入包含的间接排放，其测算范围小于《清单指南》测算范围，故深圳市 2018 年 5000 多万 t 碳排放是基于该指南方法编制得出的数据。

2.2.2.2　南山区建筑碳排放总量及构成

本研究中建筑领域的碳排放主要包括民用建筑和建筑业，农业建筑和工业建筑不在计算范围内，即仅包括公共及居住建筑。如上所述，建筑领域主要能耗集中于建筑建造和建筑运行两个阶段，故对于建筑运行的碳排放计算方式如下：

$$E_{CO_2} = \sum_{i,j} \left(FC_{i,j} \times NCV_{i,j} \times CC_{i,j} \times OF_{i,j} \times \frac{44}{12} \times 10^{-6} \right)$$

式中：$FC_{i,j}$——燃料的消耗量（t，万 m³，MWh）；

$NCV_{i,j}$——燃料的低位发热量（TJ/t，TJ/万 m³，TJ/MWh）；

$CC_{i,j}$——燃料的单位热值含碳量（tC/TJ）；

$OF_{i,j}$——燃料的碳氧化率（%）；

i——燃料种类（燃料包括天然气、液化天然气、电力）；

j——部门活动（包括建筑业、居住建筑、公共建筑）；

$\frac{44}{12}$——二氧化碳分子量之比。

根据 2015—2020 年的测算结果，南山区的建筑碳排放整体呈上升趋势（图 4-2-2）。2020 年总量总计约 422 万 t，其中，公用建筑碳排放占比高达 70.9%，其间接碳排放是最主要来源，占比达 91%，直接排放仅为 9%。

在民用建筑中，居住建筑及公共建筑的单位建筑面积能耗包含了天然气、液化石油气和电力这三类产生的碳排放。居住建筑的单位建筑面积电力、天然气消耗呈

---

[1]　国家发展改革委气候司组织国家发展改革委能源研究所、中科院大气所等．《省级温室气体清单编制指南》．2011-05.

[2]　中华人民共和国生态环境部．《省级二氧化碳排放达峰行动方案编制指南》．2021-06.

图 4-2-2　2015—2020 年建筑碳排放构成

现增长趋势（图 4-2-3）。其中除液化石油气在 2016 年拐弯向下，于 2020 年降至 0.16kg/m² 以外，其余两类主要碳排放来源的能耗总量逐年递增。在公共建筑单位建筑面积的天然气能耗与居住建筑相反，即呈持续向下的态势（图 4-2-4），于 2020 年降至 0.26kg/m²，其余两类能耗逐年递减。公共建筑单位建筑面积的电力能耗接近居住建筑单位建筑面积的电力能耗，分别为 137.56kWh/m²、26.41kWh/m²。

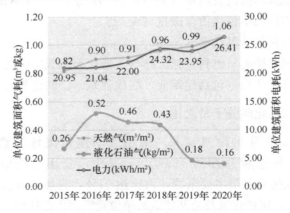

图 4-2-3　居住建筑单位建筑面积能耗

南山区建筑领域碳排放以公共建筑的间接碳排放为主，单位建筑面积电耗占比最大，两类建筑液化石油气能耗排放值最低，公共建筑电力能耗将是南山区碳达峰碳中和工作的重点。

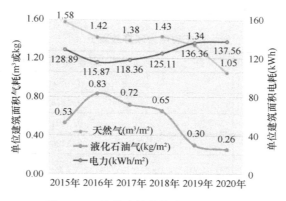

图 4-2-4　公共建筑单位建筑面积能耗

2.2.2.3　南山区建筑碳排放未来增量预测

南山区建筑面积逐年递增。根据南山区"十四五"规划，未来公共建筑面积将持续增加，居住建筑面积达 160.91 万 m^2，未确定竣工时间的重点项目增量达 701.84 万 m^2；公共建筑面积增量达 1119.03 万 m^2，未确定竣工时间的重点项目增量达 272.36 万 m^2。两类建筑面积将分别达到 7499 万 m^2、5663 万 m^2（图 4-2-5）。

图 4-2-5　规划建筑面积变化

基于以上的面积增量预测，本书将结合人口、GDP、电力碳排放因子的预测，对未来建筑领域的碳排放增量进行情景模拟。

人口未来变化参考"十四五"规划❶制定 2030 年前的增长目标。GDP 变化近期参考"十四五"规划，即人均 GDP 相当美金 8.7 万元，达到美国纽约州水平。远期参考世界其他发达城市水平，2040 年人均 GDP 相当美金 12 万元，达到卢森堡水平。电力碳排放因子参考广东省发展改革委印发的《广东省碳达峰碳

---

❶　深圳市南山区人民政府.《深圳市南山区国民经济和社会发展第十四个五年规划和二〇三五年远景目标纲要》.2021-07-01.

排放核算指南（暂行）》[1]，见表4-2-2。

广东省电力碳排放因子 表4-2-2

年份	广东省电力碳排放因子 tCO_2e/MWh
2019	0.395
2020	0.3876
2021	0.3801
2022	0.3726
2023	0.365
2024	0.3575
2025	0.35
2026	0.34
2027	0.33
2028	0.32
2029	0.31
2030	0.3

根据既有建筑绿色化改造比例、新建建筑绿色星级比例和可再生能源应用程度，设置建筑运营阶段碳排放情景模拟。通过对既有建筑进行绿色化改造，2025年完成375万 m² 居建改造，2025年完成225万 m² 公建改造；2030年完成750万 m² 居建改造，2030年完成450万 m² 公建改造。新建绿色高星级建筑、近零能耗建筑目标为30%达到绿色二星，20%达到绿色三星及近零能耗建筑。通过可再生能源推广，民用建筑屋顶面积1167万 m²，按照10%推广率，年发电量为1.61亿 kWh。通过对南山区的不同情景设定，本研究目标见表4-2-3。

南山区建筑碳排放情景设定 表4-2-3

	既有建筑	新建建筑	可再生能源应用
参考情景	不绿色化改造	100%绿色一星	无
低碳情景	到2030年10%绿色化改造； 到2040年20%绿色化改造； 到2060年40%绿色化改造	50%绿色一星； 30%绿色二星； 20%绿色三星	可再生能源利用率到2060年达到10%
超低碳情景	到2030年15%绿色化改造； 到2040年30%绿色化改造； 到2060年60%绿色化改造	20%绿色一星； 50%绿色二星； 30%绿色三星	可再生能源利用率到2060年达到20%

---

[1] 广东省发展和改革委员会．《广东省碳达峰碳排放核算指南（暂行）》．2021-07-27.

174

即参考情景不进行绿色改造，不在可再生能源做更多努力。低碳情景和超低碳情景针对不同年度设定不同绿色化改造目标，并且对新建建筑给予更高的绿色星级要求和可再生能源应用的要求。公共建筑在绿色化改造后基本达到绿色二星，保持在 110kWh/m² 水平；绿色三星保持在 100kWh/m² 水平。居住建筑在绿色化改造后基本达到绿色二星，电耗强度下降 15％；绿色三星相比绿色一星电耗强度下降 30％。

建筑运行碳排放在 2025—2030 年维持平台期，2030 年在基准情景下约 450 万 t，在中等减排情景下约为 420 万 t，在强化减排情景下约为 400 万 t。情景模拟线型图如图 4-2-6 所示。

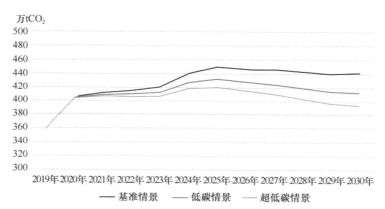

图 4-2-6　建筑运行碳排放量情景模拟

不同情景设定下的碳排放预测目标值不同，基准情境下，2025 左右开始进入平台期；低碳情景和超低碳情景下 2025 年可能就达到峰值；相比较下，超低碳情景的峰值更低，且不论在哪种情景下公共建筑的间接碳排放在碳排放结构构成中占主要组成部分。到 2030 年，居住建筑增量带来 43.7％的碳排放增长，公共建筑带来 53.6％的增长。在电网电力碳排放因子的影响下，减排约 65.3％。在此基础上，通过既有建筑绿色化改造、新建建筑星级要求和可再生能源的应用，可再减排约 10.7％。

南山区在未来公共建筑增量较大的背景下，应从公共建筑的绿色化改造等方面找到抓手，通过试点先行的形式，带动全区及其他较发达地区全面推进建筑领域的低碳工作。

2.2.3　南山区大型公共建筑能耗

上文分析指出南山区公共建筑碳排高、未来增量大。由此看出公共建筑节能在"双碳"任务以及能源结构改革新形势下尤显重要，为提升能耗数据对建筑领域节能的价值应用，本报告引入全市接入能耗监测平台相关数据，并作整合分析。

2.2.3.1 大型公共建筑能耗监测平台❶概要

截至 2021 年 1 月，深圳市接入能耗监测平台的国家机关办公建筑和大型公共建筑累计 702 栋。建筑类型涵盖了国家机关办公建筑、商业办公建筑、商场建筑、宾馆饭店建筑、文化教育建筑、医疗卫生建筑、体育建筑、综合建筑以及其他建筑等，各区检测平台公共建筑数量见表 4-2-4。

							表 4-2-4

2020 年各区接入能耗监测平台公共建筑数量

行政区	国家机关办公建筑	商业办公建筑	商场	宾馆饭店建筑	文化教育建筑	综合建筑	其他类建筑
福田区	37	59	20	14	11	44	9
南山区	15	49	22	18	35	22	7
罗湖区	16	20	16	17	1	33	5
龙岗区	23	6	20	6	4	3	6
宝安区	11	11	23	4	2	11	5
盐田区	9	5	2	3	—	1	2
龙华区	2	5	5	2	1	2	—
光明区	2	1	2	—	2	1	—
坪山区	3	—	—	—	2	—	—
大鹏新区	—	1	—	1	—	—	—

南山区的商业办公建筑占比较大，加上文化教育建筑约占监测总数的 50%。继而分别是商场、综合建筑、宾馆饭店建筑、国家机关办公建筑，各为 13%、13%、11% 和 9%。

2.2.3.2 南山区大型公共建筑能耗对比分析

公共建筑四大分项用电指标中，照明与插座为最大的用能分项，占总用电量比例的 64.20%；空调占总用电量比例的 26.80%（图 4-2-7）。

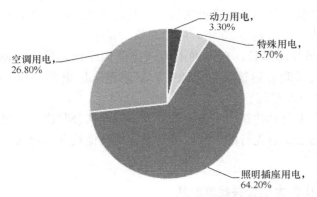

图 4-2-7 2020 年全市监测公共建筑分项用电比例

---

❶ 深圳市住房和建设局、深圳市建设科技促进中心、深圳市建筑科学研究院股份有限公司，深圳市大型公共建筑能耗监测情况报告（2016—2019 年度）。

南山区除 2017 年低于平均水平以外，公共建筑用电指标均超过深圳市平均水平，属于能耗较高的区域。2016—2018 年南山区公共建筑用电指标持续上升，2019 年略有下降。2020 年由于疫情影响，降至低于 2016 年水平（图 4-2-8）。

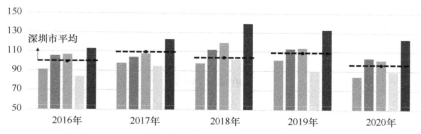

柱状图从左至右分别为福田区、南山区、罗湖区、龙岗区、宝安区

图 4-2-8　各区公共建筑用电指标对比

纵观深圳市各区的不同建筑类型的用电指标（图 4-2-9～图 4-2-13），2019 年南山区商业办公建筑用电指标为 101.1kWh/m²，商场建筑用电指标为 201.3kWh/m²，均超过深圳市平均水平。2019 年国家机关办公建筑用电指标为 81.6kWh/m²，宾馆饭店建筑用电 113.5kWh/m²，均低于全市平均水平。南山区约一半的商场建筑单位面积能耗都超过了深圳市平均值。

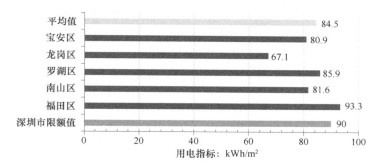

图 4-2-9　2019 年国家机关办公建筑各区用电指标对比

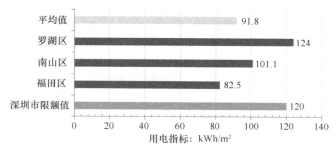

图 4-2-10　2019 年商业办公建筑各区用电指标对比

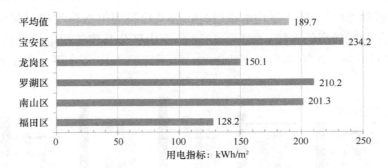

图 4-2-11　2019 年商场建筑各区用电指标对比

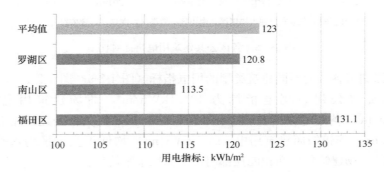

图 4-2-12　2019 年宾馆饭店建筑各区用电指标对比

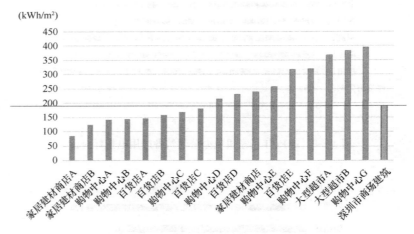

图 4-2-13　南山区商场建筑单位面积电耗

2.2.4　南山区低碳建筑试点建设

针对具有示范带动作用的政府类投资项目，南山区提出《深圳市南山区关于在政府投资类项目中落实碳排放全过程管理的实施指引（试行）》《低碳建筑建设技术要点（试行）》，制定科学、可操作的建筑碳排放管理目标指标以及南山贯穿全过程的低碳建筑技术要点和审查要点，为深圳市乃至全国制定零碳建筑技术标准提供先行先试经验。

2.2.4.1　政府投资类项目全过程管理

政府投资类建设项目中建筑是最重要的组成部分，通过政府的全过程管理将进一步引导落实南山区低碳场景。

全过程管理包括了关键管控和服务引导两个节点（图4-2-14）。前者包含了运营监管、可研分析、土地划拨、建筑设计和竣工验收。服务引导则包括方案招标、建筑设计、工程施工和施工监理。政府列入以下范围的新建及尚未开工、在建和已完工投产的政府投资类建筑项目，应当全面按照实施意见执行低碳建设和管理：

由政府投资或以政府投资为主的公益性建筑，主要包括：政府机关办公建筑、学校、医院、机场、车站、图书馆、博物馆、科技馆、体育馆、社区服务中心、社会福利设施等；列入年度建设计划、由政府投资集中兴建的保障性住房项目。

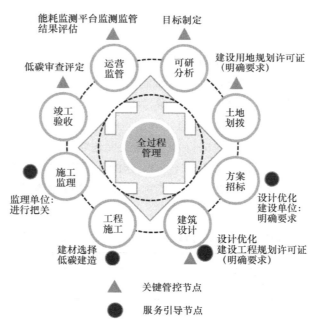

图4-2-14　政府投资类项目全过程管理服务节点示意图

具体的低碳建筑工作机制如下：

（1）管理职责

相关行政管理部门应当按照各自职责，协同做好相关工作。南山区生态环境局针对南山区实际情况，制定南山区《低碳建筑建设技术要点（试行）》。建设单位、设计单位、施工单位应遵守技术条文和审核要点的要求。《低碳建筑建设技术要点（试行）》根据实施情况定期进行修订。

（2）工作方案

1）相关部门确定建筑碳排放目标，以《低碳建筑建设技术要点（试行）》作为技术支撑。

2）相关部门通过核对申请书中的低碳建筑建设是否明确提出符合《南山区低碳建筑建设技术要点（试行）》的要求，为建设单位在用地阶段获取建设用地规划许可证提供参考。

3）相关部门通过技术库中的设计标准和专篇编制指南明确技术要点和审查要点，为建设工程规划许可提供参考标准。

4）建设单位在进行施工单位招标及合同签订时，需明确该项目建设过程应按照《南山区低碳建筑建设技术要点（试行）》的要求进行建设施工。

5）政府通过低碳运营技术标准和低碳生活引导协助建设单位编制低碳生活手册。

除以上新建建筑的工作方案外，如有既有建筑改造，应明确报废拆除资源化的方案。

综上，政府及相关部门在全流程管理中协助建设单位确定低碳建筑碳排放指标、提供可研专篇编制、设计阶段专篇编制内容的参考、设计技术要点的参考、施工技术要点的参考、运营技术要点的参考等。

2.2.4.2　低碳建筑建设技术要点

《低碳建筑建设技术要点（试行）》内容主要包含两点，一是碳排放强度指标，二是技术要点。通过研究以及综合对比分析，明确各类型建筑碳排放指标。初步考虑只对建筑运行能耗提出碳排放指标要求。碳排放指标及技术要点的主要内容见表 4-2-5、表 4-2-6。

各类建筑碳排放强度指标 [单位：$kgCO_2 / (m^2 \cdot a)$]　　　　表 4-2-5

建筑类别		约束值	引导值
党政机关办公建筑		23	18
教育类公共建筑	高等学校	21	17
	职业学校	16	12
	中小学	12	10
	幼儿园	17	16
	其他（包括党校、老年大学、进修学校）	12	8
医院建筑	三级医院	37	31
	其他医院	32	24
大型场馆		64	57
居住建筑（公共住房）		14	12

注：不在上述建筑类别中的建设项目参照类似建筑指标要求执行。

《低碳建筑建设技术要点（试行）》主要内容　　　　　　表 4-2-6

类型	技术要点
① 场地规划布局	建筑场地规划应有利于营造适宜的微气候，通过优化建筑空间布局，合理规划景观、绿化、增强自然通风、减少热岛效应。利用场地条件，提高碳汇空间：高固碳效率植物、乔、灌、草的复层绿化，采用屋顶绿化、垂直绿化等绿化方式
② 围护结构设计	建筑设计宜采用简洁的造型、适宜的体形系数和窗墙比、较小的屋顶透光面积比例。 围护结构热工参数设计，较现行标准提高相关参数要求。外墙和屋面建筑隔热设计：浅色饰面或涂刷隔热涂料、绿化、架空、蓄水、遮阳等隔热措施
③ 机电系统	空调通风系统：选用高能效等级产品，循环水泵、通风机等用能设备应采用变频调速；高效节能光源和灯具利用、照明功率密度等指标控制、智能照明控制系统；电梯系统采用节能的控制及拖动系统；设置分类、分级用能自动远传计量系统，能源管理系统实现对建筑能耗的监测、数据分析和管理
④ 可再生能源系统	优先采用太阳能光伏发电技术，建筑实时消纳光电，余电通过蓄电池充电方式储存，实现由光伏、储能、V2G 充电桩、EMS 能量管理等单元组成的"光储充"一体化系统；建筑电气宜采用全直流配电系统设计；宜开发基于人体舒适度理论的需求侧响应控制策略，实现直流空调、照明柔性可控
⑤ 节水系统	设置用水量远传计量系统，能分类、分级记录、统计分析各种用水情况；使用较高用水效率等级的卫生器具，卫生器具的用水效率等级宜达到 1 级；绿化灌溉应采用微灌、滴灌、渗灌等节水灌溉方式

2.2.5　总结

在"碳达峰碳中和"的背景下，深圳市南山区率先在建筑领域做出先行示范，探索了较发达地区的低碳转型发展。通过对建筑领域碳排放的总量及构成分析，明确南山区建筑领域以公共建筑的间接碳排放为主要来源，占比约为总量的 65％，其未来增量也十分可观，"十四五"期间规划的公共建筑面积增量将达到 1119.03 万 m^2，到 2030 年，居住建筑增量带来 43.7％的碳排放增长，公共建筑带来 53.6％的增长。在对南山区公共建筑的能耗进行进一步分析后，发现南山区除 2017 年低于平均水平以外，公共建筑用电指标均超过深圳市平均水平。其中约一半的商场建筑单位面积能耗都超过了深圳市平均值。因此，南山区综合考虑了减碳效应和示范带动作用，提出《深圳市南山区关于在政府投资类项目中落实碳排放全过程管理的实施指引（试行）》，通过政府的全过程管理将进一步引导落实南山区低碳场景,从可研分析、建筑设计等前期阶段,施工、监理等项目实施阶段,到运营管理阶段均提出了工作方案。并提出《低碳建筑建设技术要点(试行)》,针对关键节点给出具体技术要求和碳排放管控指标。南山区在低碳建筑领域的尝试,为建设过程提供管理服务,推动建设单位自发实施,成为全国第一个推行低碳建设技术标准和管理机制的区域。

2.3 东莞国际商务区低碳规划研究实践[1]

2.3.1 工作背景与思路

(1)工作背景

2014 年,《中美气候变化联合声明》提出,中国计划于 2030 年左右二氧化碳排放达到峰值,且将努力早日达峰。2020 年 9 月 22 日,第七十五届联合国大会一般性辩论提出,"中国将提高国家自主贡献力度,采取更加有力的政策和措施,二氧化碳排放力争于 2030 年前达到峰值,努力争取 2060 年前实现碳中和。"2021 年 3 月 15 日,中央财经委员会第九次会议指出,要以经济社会发展全面绿色转型为引领,以能源绿色低碳发展为关键,加快形成节约资源和保护环境的产业结构、生产方式、生活方式、空间格局,坚定不移走生态优先、绿色低碳的高质量发展道路。国务院先后于 2021 年 9 月 22 日、10 月 26 日分别发布《中共中央 国务院关于完整准确全面贯彻新发展理念做好碳达峰碳中和工作的意见》(以下简称"《意见》")和《国务院关于印发 2030 年前碳达峰行动方案的通知》(以下简称"《方案》"),《意见》和《方案》中对碳达峰和碳中和工作提出了总体要求和重点任务。

东莞作为湾区制造业核心、重要节点城市,在经济社会发展全面绿色转型建设中先行先试是新时代践行新发展理念的必然要求。东莞国际商务区(以下简称"国际商务区"或"商务区")位于东莞市中心城区核心位置,紧邻行政文化中心,是 7km² 中央活力区重要组成部分,总面积约 2.14km²。规划定位为"东莞门户"和"城市客厅",是东莞重要的形象展示窗口和示范基地,更高的定位也意味着更高的使命,以生态优先、绿色低碳高质量发展道路的高标准规划、高标准要求推进国际商务区低碳生态建设,是东莞由"世界工厂"到"美丽东莞"再到"低碳示范"转型建设路上的重点示范。

---

❶ 作者:梁迪飘,东莞市中心城区"一心两轴三片区"建设现场指挥部;余涵,深圳市建筑科学研究院股份有限公司;张英英,深圳市建筑科学研究院股份有限公司;关大利,东莞市中心城区"一心两轴三片区"建设现场指挥部;李建勇,深圳市建筑科学研究院股份有限公司;官豪,东莞市中心城区"一心两轴三片区"建设现场指挥部;王鑫,深圳市建筑科学研究院股份有限公司。

（2）工作思路

国际商务区积极响应国家"双碳"背景要求，同时聚焦自身基础特征，通过构建前瞻适宜的商务区低碳技术体系、落实基于绿色低碳目标的全流程管控机制、引导简约共享的新时代低碳生活方式，创新探索新时期新背景下的绿色发展模式，实现双碳要求下的东莞低碳示范引领。

1）明确国际商务区低碳发展整体定位和分期发展目标

基于国际商务区低碳发展战略意义和工作形势，系统分析其自然环境、社会经济、产业发展、能源消费等自身禀赋条件，合理明确国际商务区低碳发展的整体定位和分期发展目标。

2）建立可聚焦、可见效、可优化的低碳发展指标体系

根据东莞国际商务区低碳发展的总体思路，综合判断其发展优劣势，结合上位政策导向，从减排效率量化约束、建筑、能源、社会、碳汇和保障体系等多方面构建指标体系，经过指标要素的关键化、本地化、可操化的梳理工作，形成政府相关部门可用于统一管理的重要依据。

3）提出前瞻适宜的技术体系和行动方案

基于低碳技术的成本分析和经济效益分析，结合东莞国际商务区发展阶段，对接实施规划，制定科学合理的低碳发展实施方案以及近期重点工程，明确近期重点工程建设规模、开发时序、建设投资、细化实施要求，明确中期、远期实施计划，分步骤、有序实现低碳城区发展目标。

4）提出能管理、能操作、能落地的管控引导和政策机制

提出低碳减排目标管控策略和管理机制，明确低碳能源、低碳建筑等重点低碳领域实施管理机制，明确项目策划、规划设计、用地出让、建筑设计、建设开发、运营管理等各个阶段低碳领域管理措施、管理流程与机制，使成果能够更好地为东莞国际商务区建设和管理服务。

2.3.2　基础特征

国际商务区现状规划建设特点突出，具体呈现出"三高一低"的总体特征。

（1）高标准建设要求

国际商务区定位为"东莞门户"和"城市客厅"，是东莞重要的形象展示窗口和示范基地，高标准规划、高标准要求推进商务区低碳生态建设对东莞具有重要的示范意义。同时东莞国际商务区在权责管理、规划基础、项目支撑、政策试行等方面均有良好的基础和条件践行低碳发展建设管理要求。

（2）高强度开发模式

国际商务区规划毛容积率达 2.8，是后海总部基地的 1.6 倍、前海片区的 1.8 倍，与武汉、杭州、重庆等新一线城市 CBD 相比也较高。传统开发模式下，

高强度开发意味着更高的能耗和更多的碳排放。商务区开展低碳发展新路径，有利于低碳技术研究成果的推广，能为东莞实现更高层次的"碳达峰、碳中和"发展目标探索路径、创新示范和积累经验。

快速化建设即 5 年基本完成首开区建设，出让新增建设规模的 50%，建成新增建设规模的 23%。建成一批高标准基础设施，高品质商务办公、金融企业总部、商业文化、公园绿地、居住社区等功能设施，大湾区智能互联的智慧城区标杆。

（3）高强碳排生活方式

通过对比湾区城市能源消费强度，可以看出东莞在 2015—2020 年间生产总值最低，GDP 碳排放强度在四座城市中居首位，但整体呈现下降趋势，自 2015 年至 2019 年下降了 22.9%❶。同时东莞居民在日常出行、用水用电、废弃物产生与回收利用等方面均有较大提升空间，规划通过居民生活数据构建城市画像，发掘生活领域的减碳潜力。

基准情形下，商务区 2045 年❷碳排放约 16.33 万 t，其中建筑占比 82%，交通 10%，固废 8%，路灯 0.2%。建筑领域碳排放占据绝对比例，故建筑减碳成为商务区的重点方向。相较于上海虹桥商务区核心区以及前海合作区，虽然碳排量较低，但建筑在基准情形碳排放中占比最大，市政路灯在三个区域中占比最低，交通占比情况普遍均高于固废占比。

（4）低碳规划理念

低碳化的规划理念贯穿商务区规划始终（图 4-2-15）。

2.3.3 探索新时期新背景下的绿色发展模式

通过进一步发展低碳适宜的技术体系、构建低碳建设全流程管控、引导简约低碳的生活方式，构建东莞国际商务区的绿色模式，基于此模式牵引，实现商务区快速建设下的资源低碳高效、高密城市下的生态环境补偿及活力都市中的绿色智慧人居的发展目标，具体构建发展低碳能源、绿色建筑、智慧交通、生态碳汇、社区生活及低碳管理 6 大领域共 20 项目指标，其中核心指标 14 项，关联指标 6 项，保证商务区指标体系的先进性与科学性。在不考虑整体电网碳排放因子变化的情况下，实现整体减排潜力约 20%～30%，其中核心减碳领域是绿色建筑，减碳潜力约 13%，其次是绿色交通，减碳潜力约 4%。

---

❶ GDP、能源消费、用水、用电、废弃物产生量取自各地 2015—2020 年社会公报、环境公报、统计年鉴；出行数据取自住房和城乡建设部《2021 年度中国主要城市通勤监测报告》。

❷ 按照实施方案 2045 年商务区建成，2045 年电力排放因子取值根据《广东省碳达峰碳排放核算指南（暂行）》附表 4 历年的因子进行趋势预测（指数变化），为 0.181kgCO$_2$/kWh。

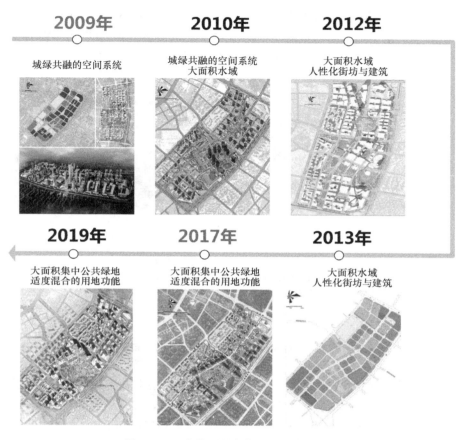

图 4-2-15　东莞国际商务区规划演变示意

2.3.4　构建前瞻适宜的商务区低碳技术体系

低碳技术体系和选择上，以东莞国际商务区人民感受和健康福祉为主要考虑，从能源利用、低碳建筑、绿色交通市政及碳汇生态环境等维度，甄选可直接感受、触摸的技术，创新系统规划和专项设计，构建前瞻适宜的国际商务区低碳技术体系，引领低碳示范全面转型建设。

（1）"绿色高效"的能源利用方式

1）降需求：采用被动式建筑节能技术，如自然通风、天然采光、遮阳、绿化、保温及隔热措施等，实现建筑用能需求比现行节能标准降低 20% 以上。

2）提效率：通过最大幅度提高能源设备和系统效率，实现建筑能源消耗比现状值降低 20%～30%。

3）充分利用太阳能光热、太阳能光伏等可再生能源，并结合分布式储能与电动车充电，实现可再生能源利用率达到 5%（图 4-2-16、图 4-2-17）。通过评估，商务区光热实际供给潜力为 2141 万 MJ，可满足片区内住宅、中小学校、公寓、酒店建筑全年热水需求量的 20%；光电实际供给潜力为 2093 万 kWh，可满足片区内建筑总用电量的 5%，每年可实现二氧化碳减排 1.1 万 t。

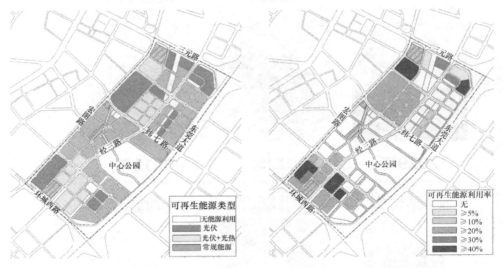

图 4-2-16　可再生能源类型分布图　　　　图 4-2-17　可再生能源利用率分布图

4）基于互联网＋智慧能源＋大数据技术，借鉴松山湖智慧能源平台建设经验，开发建设东莞国际商务区智慧低碳能源体系示范，实现智能化、自动化、规模化、资源多元化电力需求响应，电力调峰/调频和吸纳可再生能源提供服务，实现商务区能源生态数字化、运营管理数字化、物理电网数字化、智能电网精益化，建设安全可靠、绿色高效、数字可视、开放共享的城区智慧低碳能源体系（图 4-2-18）。

（2）"节能减碳"的低碳建筑标准

1）规模化发展高星级绿色建筑，示范打造近零能耗建筑，实现约 15% 的建筑碳减排

以"所占资源越多，设计等级越高"为总体原则，充分借鉴 2019 版国标、2020 省绿建设计规范、2018 东莞一星导则等标准要求，参考近零能耗、低碳建筑、LEED BD＋C 等标准，开展区域内绿建潜力评估（图 4-2-19），确定地块项目绿建星级/新建建筑具备发展高星级绿色建筑（二星、三星）面积约 476m²，占新建建筑面积的 92%，其中二星级占比 41%，三星级占比 51%。

2）综合绿建星级潜力、开发时序、可再生能源潜力，筛选超低/近零能耗建筑示范

结合商务区具体开发时序，优先选择三星级绿色建筑、具备可再生能源发展

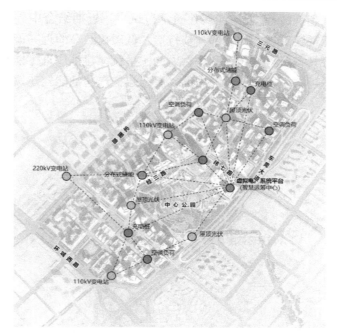

图 4-2-18 国际商务区"源网荷储一体化"示意图

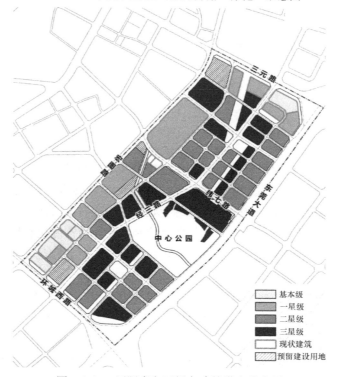

图 4-2-19 国际商务区绿色建筑潜力分布图

潜力的地块开展超低能耗/近零能耗建筑示范试点，近期结合中心公园商业文化建筑群开展零能耗建筑试点、北部学校打造"低碳校园"的近零能耗建筑试点示范；中远期结合具备可再生能源利用潜力的三星级绿建推广近零能耗建筑；其他三星绿建、具备可再生能源利用潜力的二星绿建推广超低能耗建筑（图 4-2-20）。

图 4-2-20 超低、近零能耗建筑分布图

3）有序推动既有国家机关办公、住宅建筑实施绿色化改造

建立东莞国际商务区能耗监测平台，系统性评估既有建筑能耗水平，2030年起推动商务区既有国家机关办公实施绿色化改造，通过落实建筑本体节能、可再生能源利用、水资源系统利用、室内外环境控制、废弃物资源化利用、资源监控管理等绿色措施，实现改造后达到二星级绿色建筑水平，总面积约 15.5 万 ㎡，占现状建筑的 22%。

4）落实绿色建材、装配式、绿色施工等建设要求，控制建材与建造碳排放

建材生产阶段。一是推行绿色建材和再生建材的应用，在土地出让、规划许可阶段规定绿色建材的应用比例。二是建立建筑行业绿色供应链，以中建等龙头施工企业为试点，通过在自身的供应链管理中融入全生命周期、生产者责任延伸等理念，把控原材料开采、运输、加工、物流配送等环节的碳减排。三是施工阶

段运用 BIM 技术，可减少约 10％ 的建材消耗。

建造阶段。一是推广预制装配式施工方式，通常可缩短工期 60％。二是全面推广建筑绿色施工，包括节水节电、保温屋面施工管理、施工区域基础建设、绿色施工意识等方面。三是减少地下室开挖，可相应减少土方工程的碳排放。根据国际商务区竖向工程规划，规划区土方量总计约 1200 万 m³，若通过多层地表城市的建设方式，减少地下停车面积，土方量降低至 1000 万 m³。根据《房屋建筑与装饰工程消耗量定额》和《建筑碳排放计算标准》，每 10m³ 土方工程能源用量为 2.516kg 柴油。因此减少土方工程可减少柴油量 503.2t，总体可带来 1558t 二氧化碳减排。

（3）"低碳智能"的绿色交通市政

1）优化慢行出行环境，提升绿色出行比例

完善公共空间体系建设，推广无人驾驶（图 4-2-21）、定制公交，加强公共交通服务能力，打造全天候、全龄友好、立体的步行及骑行环境。提升绿色交通出行比例，减少小汽车出行比例，降低交通碳排放，实现约 5％ 的交通碳减排。

2）推广新能源汽车，降低交通出行能耗

大力推广新能源汽车，完善电动汽车绿色能源供给系统建设，如结合公交首末站及公共服务设施设置无线充电弓，结合太阳能光伏探索光储充放一体化充电

图 4-2-21　商务区无人驾驶路线图

桩配建，发展电动车替代燃油车出行提升商务区机动车出行中电动车占比，打造清洁低碳的出行系统，同时道路景观照明设备执行全周期绿色产品标准，落实市政灯杆的供电能源清洁化及管控智慧化，进一步降低交通碳排放，实现约35%的交通碳排放（图4-2-22）。

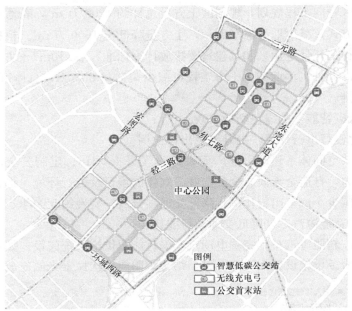

图 4-2-22　商务区新能源交通设施分布示意

3）实施低碳排放交通管理，多渠道全面引导管控交通碳排放

借鉴国内外先进做法和实际经验，实施低碳排放交通管理，对区域内高污染车辆进行控制，包括对高污染的货车、机械车等进行限制控制，可结合实际在规划区内设置空气污染监测点，安装颗粒物监测设备对区域内空气质量进行监测，为交通管理提供数据基础。同步研究差异化收费标准，出台相关政策措施，对高峰时期区域内的柴油汽车等收拥堵费。

（4）"健康舒适"的碳汇生态环境

关注生态系统功能保障和舒适度提升，建设一座生态环境更优质的低碳城，通过对公共绿地、附属绿地的优化设计和引导管控，实现区域开发前后碳汇量不下降的总目标。

1）优化公共绿地布局，保障碳汇本底，构建"一园一廊多带"的绿地结构

依托中心公园北区（第三期工程），建设零碳公园试点，落实低碳设施、低碳建筑、资源循环利用、绿化建设等低碳技术措施，同时强化碳监测运营管理及低碳活动宣传等。探索城市中心绿地生态增汇和公园低碳运营模式，打造东莞城

市碳汇建设标志项目；低碳化建设中央绿廊，多方位提升绿廊生态效益，融合低碳运营技术，形成商务区低碳生活核心轴，营造绿色分为；沿新基河流两侧，打造开放共享的绿地，强化落实绿地率、乔木覆盖率等绿化指标，同时结合绿道和慢行系统增加绿地游憩设施，优化综合生态效益。

2）深化各类附属绿地建设管控，构建"地面＋立体绿化"的多层次绿化管控体系

根据用地规划性质、地块建筑密度和日照系统等因素评估地面绿化潜力，优化原有用地绿化率；结合现行城市设计方案、建筑限高及重要公共空间界面，评估规划区内立体绿化潜力，并划定立体绿化重点区域，针对不同地块特征分类指引。具体可分为 A 类（邻近绿廊且用地紧凑，首层绿化不足，需通过立体绿化补充生态碳汇功能，并做好与绿廊的衔接）、B 类（用地紧凑，首层绿化空间不足，需通过立体绿化补充生态碳汇功能）和 C 类（邻近绿廊，首层绿化空间不足，首层绿化、裙楼绿化、廊桥绿化等应与绿廊及周边相关地块做好衔接）（图 4-2-23～图 4-2-25）。

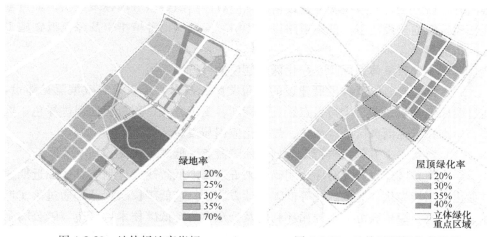

图 4-2-23　地块绿地率指标　　　　　图 4-2-24　地块屋顶绿化率指标

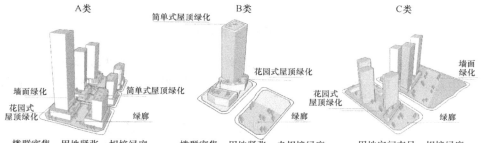

图 4-2-25　立体绿化分类管控示意

2.3.5 落实基于绿色低碳目标的全流程管控

构建聚焦建设管控机制＋技术管控指引＋政策保障体系三位一体的低碳管控体系，具体包括1个全过程的低碳管控流程、1套低碳管控指引和1套政策保障体系，建设1座低碳目标可管可控的低碳城。

（1）项目建设低碳目标及技术要求，构建全流程低碳管控模式

基于东莞市现行建设项目审批流程，同步将低碳目标及设计要求分别纳入规划研究、前期策划、立项用地规划许可、工程建设许可、施工许可、竣工验收及运营阶段，对应低碳技术要求由商务区现场建设指挥部提供技术审查支持，市自然资源局、住房和城乡建设局、发展和改革局、财政局等部门根据各自职责协同审批。具体形成"一图＋一表"的地块低碳管控图则形式，以"量化指标＋定性技术"刚弹结合落实相关要求，对应纳入地块包装和土地开发监管协议中。

（2）制定低碳建设管控总指引，保障低碳要求的落地实施

制定商务区低碳建设管控总指引，确立低碳技术指标、管控流程、技术要点等内容，后续结合商务区实际建设情况，应有序组织编制分项技术指引，如近零能耗建筑规划建设指引、低碳道路设计指引、绿地绿植种植指引及绿色低碳施工管控指引等。

（3）明确政策体系保障，强化低碳建设的可持续发展

制定推进商务区低碳发展建设的财税奖励、技术要求引导等政策意见建设，通过明确低碳建设项目支持重点、支持标准、支持方式，积极引导促进绿色、低碳、生态技术在商务区的区域化、规模化应用与发展。

（4）落实未来五年低碳行动计划，保障商务区低碳示建设的有序落地

结合商务区建设开发时序，明确未来五年年度低碳建设计划，具体如近期通过强化太阳能光伏、立体绿化等低碳设计方法，打造低碳校园示范；通过落实近零能耗建筑、绿植碳汇、水源循环利用及公众参与等低碳技术，打造零碳公园示范；同时结合不同地块实际情况，打造近零能耗建筑示范等，保障商务区低碳示范建设的有序落地和实施。

2.3.6 引导简约共享的新时代低碳生活方式

引导公众参与低碳行为，加强绿色低碳宣传，推广个人碳积分等方式，保证个人生活碳排放用量维持在一定范围内，建设一座低碳生活更简约更共享的低碳城。

（1）通过源头减量、过程优化及其他技术手段，实现废弃物板块47％的减排，通过政策制定、行动开展及平台建设，落实一系列城区减废计划。

（2）建立商务区碳普惠平台，制定低碳生活指引等，引导生活行为减碳

（图 4-2-26）。一方面通过政府部门与企业在差旅办公、社区用能、低碳公益活动等方面引导示范，另一方面鼓励引导社区家庭与个人在通勤出行、衣食生活、自然环境等方面进行减碳，额外实现约 15%～25% 的减碳潜力。

图 4-2-26　国际商务区低碳生活方式引导示意

（3）搭建政府、企业、居民、城区等多维度可视化监测监管体系，集合碳排放监测平台、虚拟电厂展示平台、企业/个人碳普惠平台等为一体，实时监测规划区内碳排放数据，链接反馈和预警系统，多维度管理确保低碳工作落地实施。

2.3.7　结语

东莞国际商务区低碳规划建设是一项系统工程，需要多个部门多种不同角色参与进来，规划中也提出了"一个牵头单位＋六个系统建设＋多个支持单位＋七个建设阶段＋多个保障体系"的规划实施管控机制。在系统规划的统筹牵引下，通过低碳生态技术的创新和实施、管控体系的适应和强化、低碳生活方式的引领和形成，推动商务区绿色发展模式的落地，打造大湾区新建城区中更高质量、更优环境、更具竞争力的低碳发展示范标杆，创建东莞从世界工厂到美丽东莞再到低碳示范的引领，具有可复制可推广的价值和意义。

2.4　公共自行车发展的太原模式[1]

公共自行车作为一种新兴的绿色交通出行方式，具有直接碳排放为零的特

---

❶　作者：李婷，山西大学绿色发展研究中心，山西大学教育学院；丛建辉，山西大学教育学院；李艳芳，太原公交公共自行车服务有限公司。

点，不仅可以很好地解决市民"最后一公里"出行难的问题，对于改善城市交通情况，倡导市民低碳出行也具有重要作用。

2.4.1　太原公共自行车的项目背景

公共自行车最早起源于 20 世纪 60 年代的欧洲，经过长期的建设运营，阿姆斯特丹、哥本哈根、巴塞罗那等城市的公共自行车发展模式成熟，具有全球影响力。21 世纪后，我国一线城市开始尝试推广公共自行车项目。截至目前，全国已有 400 多个城市和地区引入公共自行车项目。太原的公共自行车项目于 2012 年启动以后获得快速发展，形成特色鲜明的"太原模式"，成为中国城市公共自行车项目中的典型代表。

太原市地处暖温带季风气候区，季风气候盛行，但市内很多污染型工业生产地都布局市区的上风向，空气污染严重。长期以来不平衡的产业结构和资源型经济特征，也造成市内碳排放量的居高不下，气候容量急剧减少，推行绿色低碳发展迫在眉睫。

另外，2012 年以前太原市是全国省会城市中少有的平面交通城市，没有形成立体网络交通，面对连年递增的机动车数量，城市拥堵状况日趋严重。在我国，道路交通饱和度上限为 0.81，超过 0.7 就形成道路拥挤。据统计，2011 年太原市中心区干路的道路饱和度已超过 0.85，另有 33 个交叉路口交通饱和度超过 0.9，交通拥堵指数列居全国省会城市第四位，太原面临越来越严重的"堵城"之痛。

2012 年 9 月，出于治"污"、治"堵"、便利市民出行等需要，借鉴其他先进城市的经验，在充分调研基础上，太原市出台《太原公共自行车租赁管理办法（试行）》，公共自行车项目正式运行（图 4-2-27）。

图 4-2-27　太原公共自行车某站点

2.4.2 太原公共自行车的项目成效

（1）项目成效

在太原公共自行车项目推行前，杭州公共自行车系统是当时世界上最先进的城市公共自行车系统。在借鉴杭州等其他城市成功经验的基础上，太原公共自行车项目从无到有，从模仿到创新，实现了由"小学徒"向"领航者"的华丽嬗变。

自 2012 年 9 月投入运营以来，太原公共自行车市民使用率和满意率不断创下新高。截至 2020 年 12 月底，太原公共自行车租骑量达 8.975 亿次，平均每日租骑量 29.74 万次，最高单日租骑量为 56.85 万次；单车日周转最高达 20.08 次，平均达 8.19 次；免费租用率最高达 99.75%，平均 98.91%，三项均创下全国同行业之最（表 4-2-7），创造出独具特色的"太原模式"，不仅得到了《人民日报》等国内外媒体广泛报道，还在 2013 年被评为太原市"对改善民生工作印象最深刻的"十项工作之首。

杭州与太原公共自行车各项数据对比 表 4-2-7

城市	杭州市	太原市
城区面积	16596km²	6909km²
常住人口	1036 万	446.19 万
公共自行车数量	12.66 万辆	4.1 万辆
每万人公共自行车拥有量	约 122.2 辆	约 91.9 辆
站点数量	4514 个	1285 个
最高单日骑租量	47.30 万次	56.85 万次
最高单车日周转次数	4.3 次	20.08 次
免费租用率	96% 以上	98.91%

数据来源：杭州市公共自行车交通服务发展有限公司、太原公交公共自行车服务有限公司，以上数据截至 2020 年 12 月底。

（2）原因分析

1）持续有力的政策推动

2012 年，太原市委、市政府将公共自行车项目列为民生工程的重点项目之一，决定由太原公共交通控股（集团）有限公司（简称太原公交集团）成立专门的公交公共自行车服务有限公司，负责该项目的规划、建设、开通及运营工作，并于 2012 年 9 月正式启动。为了建设好这一民生工程，太原市政府从资金上给予了大力支持，为保证其公益性地位，还设置了阶梯性收费规则，整个项目的运营资金基本都由政府补贴，充分调动了市民使用公共自行车的积极性。2014 年，太原市被评为首批省级低碳试点城市，公共自行车项目作为低碳试点城市的重要载体获得了持续发展的强劲动力。同年，为保障城市公共自行车系统的健康可持续发展，山西省质量技术监督局先后发布《城市公共自行车运营服务规范》和《城市公共自行车运营管理规范》。2020 年 3 月 17 日太原市政府审议通过《太原市公共自行车管理办法》，从政策上规范了太原公共自行车系统的运营管理和服务标准，同时在各方面给予政策保障。

2）得天独厚的地域条件

公共自行车低碳环保，经济适用，但极容易受到地形与气候条件影响，其发展适应性与城市气候、地形、基础设施、城市布局等有很大关系。公共自行车项目之所以能在太原迅速铺开，是因为太原市在这些方面可谓具备"得天独厚"的优越条件。

在气候方面，太原市地处暖温带季风性气候区，冬无严寒，夏无酷暑，雨雪天气相对较少，一年四季都适宜自行车的骑行，从时间上保证了公共自行车的使用频率；在地形方面，太原西、北、东三面环山，中、南部为河谷平原，整个地形北高南低呈簸箕形，中心城区坐落于海拔 800m 的汾河河谷平原上，地势平缓，市民骑行省力省时；在城市空间布局方面，太原主城区空间紧凑，中心城区南北、东西向最大距离不超过 20km，市民的主要活动空间局限于 $200km^2$ 的空间内，从平均出行距离看，非常有利于市民选择公共自行车出行；在城市道路布局方面，太原自 2007 年就采用"人非共板"的道路格局，在人行道上开行了非机动车道，为自行车出行准备了"绿道"。相对于市内日益拥堵的机动车，太原市推行公共自行车项目有着得天独厚的地域条件[1]。

3）浓厚悠久的人文基础

相较于其他省会城市，太原市城市生活节奏相对较慢，市民也一直保持着骑行的习惯。在公共自行车项目运行初期的一项客流调查中显示，98% 以上的市民对公共自行车系统持欢迎和支持态度，同时更多调查数据显示，一旦公共自行车项目完成布点，乘公交车的人中，有 56.8% 的表示会选择公共自行车出行；开私家车的人中，有 46.8% 的表示也会选择公共自行车出行。得天独厚的地域性优势，加上多年来的人文习惯，为太原公共自行车项目的推行奠定了基础条件。

2.4.3 太原公共自行车发展模式的主要内容

太原模式之所以能取得如此优秀的成绩，离不开项目运行过程中各项科学人性的举措内容。合理的站点布局实现了公共自行车与轨道交通的接驳；公共自行车不间断的升级换代保障了市民骑行的实用性与热情；日常的维修保养保障了公

---

[1] 黄凤娟.4.6亿次骑行量背后的缘由——探访太原市公共自行车成功经验［J］.人民公交，2016（07）：44.

共自行车项目的良好运转；阶梯式的收费制度体现了项目"公益为先"的原则；开通扫码租车等新功能实现了公共自行车与大数据时代的协同发展；特色的个性化举措体现了公共自行车"为民服务"的根本初衷。

（1）科学布点，成网成系，便民出行❶

太原公共自行车建设项目共分两期，一期建设项目截至 2013 年 1 月完成，共新建站点 516 处，购置公共自行车 20000 辆，安装锁止器 26000 个。二期建设项目于 2014 年 6 月建设完成，新建站点 769 处，购置公共自行车 21000 辆，安装锁止器 32970 个。

为了合理布局第一批自行车服务站点，太原公交集团围绕市民出行主要目的地布点，坚持人口密集区多布点，人口分散区少布点；开放式小区内部布点，封闭式小区门口布点，没有改造的城中村、棚户区暂不布点；主次干道两侧均匀布点，十字路口不布点等原则，围绕公交点、医院、学校、公园、居民小区、商场等建设 516 个服务点。根据测算以及其他城市的经验，每个服务点配备 20～60 辆自行车，并按照 1∶1.3 的比例，安装约 2.6 万个锁桩。

太原公共自行车一期建设项目将营运范围划为东至建设路，西至和平路，南至学府街，北至胜利街的区域内。据统计，划定的营运范围约为 110.55km²，其中包含主干道 122.5km，次干道 63.1km，支路 64.8km，快速路 16.5km，总计 266.9km，服务点平均间距约为 517m。服务点设置类型基本分为了十类：政府机关、企事业单位 99 个，各类学校 84 个，居民小区 178 个，商场 65 个，餐饮、娱乐场所 9 个，公园旅游景点 14 个，影剧院 11 个，医院 23 个，宾馆 27 个，对外交通枢纽 6 个。其中居民小区的布点是最多，目的就是要让公共自行车服务的触角延伸到城市的"毛细血管"中，真正让市民感到实用、方便，培养市民绿色出行的良好习惯。

二期建设工程不仅增设了 769 处服务站点，新投放 2.1 万辆公共自行车，还扩大了公共自行车的营运范围，覆盖了太原市东至东环高速，西至西环高速，南至晋祠公园，北至江阳社区的 220km² 的建成区面积，太原公共自行车项目的服务范围与服务能力进一步升级。

（2）车辆更新换代，提升骑行舒适度

在自行车的选型上，太原市一直以打造优秀公共产品为理念，采用了铝合金车架、轴传动等技术的自行车，虽然前期采购成本略高，但其坚固耐用、低维修率的特点减轻了后期维修养护的成本，是最经济的选择。

第一代公共自行车于 2012 年投放，外观以橙色为主，采用"铝合金车

---

❶ 黄凤娟. 龙城单车，打造独立的慢行公交系统——太原公共自行车服务系统建设纪实［J］. 人民公交，2014（06）：30-33.

架、无链条驱动、加厚防刺胎、带夜光标志"等技术，是当时市面上性价比最高的车型。但在使用过程发现，此车型传动轴结构及其工艺比较简单，特别是其内部齿轮润滑因其结构简单有先天不足之处，容易渗漏导致润滑不到位，影响其使用寿命。全车制动为标准 90 型胀闸式，需在日常维护中对其刹车间隙进行调整，工作比较烦琐，在车筐、尾灯、钥匙孔细节也有待进一步优化（图 4-2-28）。

图 4-2-28　第一代公共自行车

在改进第一代公共自行车的基础上，第二代公共自行车于 2013 年投入使用。改进后的传动轴在结构、工艺、技术等方面比第一代传动轴有质的飞跃，使用寿命大大增加。全车制动改为国际上比较流行的罗拉制动器，日常维护简单便捷。除此之外，还加大车筐，改进尾部反射灯安装位置，对调锁具钥匙孔，加强防盗措施等，大大改善了居民的骑行体验（图 4-2-29）。

图 4-2-29　第二代公共自行车

第三代公共自行车于 2019 年投入使用。第三代公共自行车设计技术超前，采用了一体式驱动中置传动轴，不仅更为耐用，骑行时也更为轻便。全车制动更新为前鼓刹、后罗拉，制动性能好，刹车时更为柔和，安全系统得到极大提升。外形上也改变较大，车架由过去的橙色改为绿色，令人耳目一新，还减少了不少卫生死角，极大降低了管理员日常保洁时的工作量（图 4-2-30）。

图 4-2-30　第三代公共自行车

（3）精细化管理，注重日常维修与分层保养

"三分建，七分管"，太原公共自行车的后续管理以日常维修和分层保养为主（图 4-2-31）。日常维修以现场排查小修、车队驻场维修、基地大修组成。车队的维修工每人要负责 16～20 个站点，每天负责近 1000 辆自行车的检查和维修工作，一般故障都可在现场得到及时修复。当检查发现无法快修的故障车辆时，马上报修，通过最快的渠道返回车队的驻场维修点进行维修。驻场维修工将故障车

图 4-2-31　太原公共自行车维修保养现场

维修后，可用最短的时间将修好的自行车投放使用。而驻场维修工无法维修的，需要使用专用机械维修的故障车，才需要回到维保中心进行大修。这样的分层筛

查维修下来，故障自行车80％可以现场维修、剩余15％在车队维修、最终维保基地大修的不到5％**❶**。

保养体系包括常规保养和换季保养。每年，公共自行车公司要对投放的所有公共自行车进行强制性的常规保养，4.1万辆车都要返回维保基地，全部零配件都进行拆解、检查、清洗、重新组装，保证让每辆自行车以最完美的状态投放使用，减少故障率。换季保养包括春季保养和秋季保养两次大型保养，这两次保养都在自行车站点现场进行。春季保养在每年的4月中旬开始，为迎接即将到来的骑行高峰时段，针对关键部位进行润滑紧固更换。秋季保养在每年的9月，是给已经经历了骑行高峰的自行车更换易损部位的零配件，并为自行车度过冬季更换专用的传动轴润滑油。结合日常维修与保养，一辆车一年的维修费用仅为73元，另外工作人员通过系统保养、修旧利废，平均每年为财政节省200万元。

除此之外，为了保障市民骑行安全，除了调运车辆必须日常消毒三次以上，各处管理员每日的首要工作任务就是对车把、座位、锁绳等骑行密切接触的部位进行严格消毒。各车队由专人负责"公车点"的巡逻检查工作，确保每一辆公共自行车和锁桩得到消毒，保证市民的用车卫生。

（4）设置阶梯式收费规则，充分发挥公益性

按照"公益为先、尽量惠民"的原则，太原公共自行车收费方式采取阶梯式收费规则，市民使用手中现有的公交IC卡，缴纳200元押金并预存30元租车费用后，就可以进行租车服务。

租车服务费用实行分段合计，市民在还车刷卡时，从租车IC卡中结算扣取。阶梯式收费的目的并不是累进加价，获得收益，而是为了培养租车人"随用随租，用后速还"的习惯，从而提高公共自行车的使用效率。据测算，在东至建设路，西至和平路，南至学府街，北至胜利街的范围内，只要租车人不耽搁时间，1h内几乎可以到达主城区任何地方，基本实现了公共自行车的免费租用（表4-2-8）。

太原公共自行车阶梯式收费规则   表4-2-8

使用时长	收费标准
1h内（含1h）	免费
1~2h（含2h）	1元/h
2~3h（含3h）	2元/h
3~24h（含24h）	3元/h，最高收费66元
超过24h	30元/h，最高收费1500元

（5）开通扫码租车等新功能，不断融入数字技术

依托公交IC卡收费系统，太原公共自行车最早采用"一卡多用"即IC卡在

---

❶ 李俊文，黄莉莉. 公共自行车的"太原模式"骑出多项全国第一 ［N］. 消费日报，2018-12-24.

锁桩刷卡进行租还车业务。2013年6月，为了方便市民实时掌握各站点的租借情况，太原市推出"龙城单车"手机APP，软件使用红、绿、蓝三种鲜明颜色，对站点的状态信息进行了标注，包括站点标号、可借车辆及可还车位等内容。其中，绿色表示正常状态，可租可还；红色表示满储状态，该站点所有桩位均有车，无法提供自助还车业务；蓝色表示零储，该站点所有桩位均无车，无法提供借车服务，可还不可租。APP的推出使得市民只需花费流量的费用就可以了解每个租赁点的实时信息，节省寻找租赁点时间。

在后续运营过程中，为了解决市民忘带租车卡、外地游客办退卡难等问题，2020年3月太原公共自行车增加手机扫码租还车功能，在锁桩上增设手机二维码。市民租车时，打开手机微信或支付宝扫描锁桩上"叮嗒出行"小程序的二维码，用手机号验证注册并交纳押金后，就同样能实现租还车服务，若出现后续不想租骑公共自行车的情况，还可随时申请退还押金。

"叮嗒出行"是一款租骑公共自行车的小程序，除具备扫码租车功能外，还有基于地理位置定位查询附近公共自行车站点的功能，市民和游客可以更加方便地查看附近公共自行车站点的详细信息，并可得到地图导航引导和实时公共自行车可租可还数量。推行"扫码租车"后，市民的公共自行车刷卡存取功能仍将保留，市民可以选择任意一种方式使用公共自行车，出行更加便捷❶。

（6）推出系列个性化服务措施

建立规律调运与应急调运相结合的调运体系。为了确保市民有车租、有位还，太原公交集团通过调运车对自行车进行配送。通过后台管理系统的指挥，根据租还需求，对服务站点实行平衡调配。目前太原公交集团共配置21辆调运车，平均每天调运站点620个以上，上、下架自行车12000余辆，24小时全天候平衡调还。除了平衡调运，还在全市不同区域内选取人流密集的地方设置有人值守点40个，确保市民有车骑、有位还。

24小时不间断运营。在太原，公共自行车不仅作为轨道交通、公交车和出租车的延伸和补充，还是独立于机动公共交通体系之外的城市公交慢行系统。目前，国内开通公共自行车服务的城市中，太原是极少数24小时运行的。晚上11点后即使公交车停运，公共自行车系统也照样运转。这可以充分发挥自行车作为绿色交通工具的独特优势，实现全覆盖、全免费、短途出行。

设置"过夜还车"功能。如果夜间11点以后服务点锁桩已满无法还车时，可以在管理箱上按"7"号键启动"过夜还车"功能，次日早上7点以前还车，系统不计费。增设超时提醒业务，向租车时间超出24小时的市民进行电话温馨提示，及时提醒市民还车，减少个人损失。

---

❶　郭艳杰．太原公共自行车可以扫码租车啦［N］．山西晚报，2020-3-26.

2.4.4 与共享单车的"博弈"与"共融"

在太原，公共自行车项目推行也并不是一帆风顺的。公共自行车与共享单车间从"博弈"与"共融"大致可分为三个阶段：第一阶段，共享单车出现，公共自行车"遇冷"；第二阶段，共享单车"降温"，公共自行车"回暖"；第三阶段，"公共自行车"与"共享单车"的"共融"发展。

（1）当公共自行车"遇上"共享单车

2017年2月，共享单车进入太原，在一定程度上冲击了以前辉煌的公共自行车。相比公共自行车，共享单车具有无需锁桩、无需办卡、扫码即走、随骑随停的使用优势，深受许多市民的喜爱。同时共享单车初进入太原市，为了抢夺市场，大打"烧钱"战，推出骑车赠红包、骑行优惠券、一周免费骑行活动等大力度促销活动，太原公共自行车的运营受到了很大影响。

此时，运行四年多的太原公共自行车在发展过程中也暴露出一些问题，例如早晚高峰期不是无车可租就是无位可还，许多居民区附近没有租车点等，再加上公共自行车不够便捷，必须使用租车卡，有的外地游客想要使用，还必须专门办卡、退卡，这些都成为阻碍甚至制约太原公共自行车发展壮大的因素。2017年，太原公共自行车的日租骑量下降了20%，公共自行车进入"遇冷期"。

（2）共享单车"降温"，公共自行车"回暖"

公共自行车的"回暖"与共享单车的"降温"直接相关。在资本撤离和加强管理的双重影响下，曾经火爆一时的共享单车逐渐"退烧"，投放数量减少，停放地点被限，废弃单车堆成"坟场"（图4-2-32），退还租金大排长队，骑车费用集体涨价，后期无人维护等问题，让一度被冷落的公共自行车重回人们视野。

2017年12月，为了引导互联网租赁自行车规范有序发展，太原市政府印发

图4-2-32 位于太原市晋阳街与平阳路口的共享单车堆放场

《关于规范互联网租赁自行车发展的意见》，规定省会太原共享单车数量不超过16万辆，共享单车投放数量与用户数量大大减少。2018年10月起，太原公共自行车数据开始回暖。根据第三方研究机构比达发布的《2019年第一季度中国共享单车市场研究报告》显示，2019年第一季度全国共享单车用户规模仅4050万人，环比下降24.4%，其中费用成为影响用户体验的最大因素，各品牌共享单车租骑费用普遍上涨了50%，与推行首小时免费的公共自行车相比优势不再。

（3）公共自行车与共享单车的"共融"发展

共享单车虽然进入了行业调整期，但并不意味着它失去了生命力。事实上，公共自行车与共享单车并非完全对立，甚至已经在实践中握手言和，互相借鉴，取长补短，两者在技术和服务上的界限正不断被打破。太原公共自行车的"稳定性"优势为共享单车的管理提供了经验，共享单车的"灵活性"优势又推动了太原公共自行车的发展完善。共享单车企业可以向太原公交集团积极"取经"，借鉴有效做法，甚至探讨向其购买运维服务；太原公交集团在技术和服务上可以向共享单车借鉴，提高自身发展水平❶。以电子围栏技术为例，目前电子围栏技术已率先在共享单车领域实现应用，面对公共自行车在高峰期"无桩可还"的困境，在高峰期或繁忙站点设置电子围栏停放区，可以减轻调运压力，进一步确保公共自行车项目的减排效益。

通过制定规则、统筹安排和加强管理，太原公共自行车与共享单车逐渐形成了共存、并行、互补、融合的状态，并合力构成城市公共交通的一环，为真正破解城市出行"最后一公里"的难题提供了经验。

2.4.5　太原公共自行车项目的减碳效益及溢出效益

太原公共自行车项目运行以来产生了显著的低碳效益和溢出效益。结合我国公布的国家温室气体自愿减排方法学（CCER方法学）和太原市城市交通发展的现实情况计算，截至2020年12月，太原公共自行车项目累计减排二氧化碳近8万t。同时还带来了提升市民出行便利性、助力城市空气质量好转、缓解交通拥堵状况、增加近千个就业机会等溢出效应。

（1）减碳效益

截至目前，中国分7批公布了共194个备案的国家温室气体自愿减排方法学（CCER方法学），用来估算、测量、核查和核证减排项目产生的减排量，其中适用于我国交通领域的CCER方法学共有13个。

在公共自行车系统减排量核算方面，中国尚未公布适用于城市公共自行车项

---

❶ 马晓媛，刘扬涛. 共享单车"降温"，公共自行车的"春天"来了吗［J］. 决策探索（上），2019（10）：33.

目的专门方法学，本案例参考国际 CDM 方法学（AM0031）和国内 CCER 方法学（CM-028-V01）及相关文献，对太原公共自行车项目减碳效益进行测算。

1）方法学设计

研究太原市公共自行车项目减碳效益的关键在于如何准确地将整个公共自行车项目的减排量量化。公共自行车为零碳排放工具，因此个人选择公共自行车出行的项目碳排放量为 0。依据 CDM 方法学，个人选择公共自行车出行的减排量即为基准线排放量，因此减排量 E_R 可直接表示为[1]：

$$E_R = D_R \times EF_R$$

其中，E_R 为个人选择公共自行车出行的减排量（gCO_2）；D_R 为自行车骑行里程数（km）；EF_R 为自行车骑行减排系数（gCO_2/km）。

2）减排系数确定

居民出行方式因出行距离而有所不同。若出行范围在 1km 以内，多是以步行为主导的出行方式；1～3km 内各类自行车出行比例较大；3～5km 内电动车、摩托车出行比例占多；5km 以上以公交车、小汽车为主要选择的出行方式。依据 CCER 方法学，在数据基础允许的情况下，减碳系数的计算考虑自行车可代替的所有出行方式。此外，为体现居民出行方式随距离而异所导致的不同的减碳效果，应根据出行距离而设定不同的减碳系数数值。相对完整的出行比例数据需要对居民交通方式进行调研，更新调整各交通方式随出行距离变化的出行比例[2]。

在太原，考虑到市民不同的出行需求与距离，市民在市区的主要出行方式有公交车、私家车、出租车、电动自行车、各类普通自行车、摩托车、步行等，以下将对太原市民在市区内各出行方式带来的碳排放与其对公共自行车的替代率进行大致分析。

公交车：为打造"公交都市"新形象，2007 年起太原市区内的公交车开始实行油改气，使用煤层气替代化石燃料。作为清洁能源的煤层气，燃烧后几乎不产生任何废气。2018 年起，太原陆续将原有的油气混合电动车更换为新能源纯电动公交车，并于 2020 年底更换完毕。由于纯电动公交车不产生直接碳排放，因此公交车对太原市公共自行车项目的减排替代率忽略不计。

私家车：私家车是太原公共自行车最主要的可替代交通方式，根据前期调研，太原市公共自行车替代私家车出行的比例约为 20％。

出租车：2008 年起，太原出租车开始实行油改气工程，并于 2018 年底成为全国首个把所有出租车更新为电动汽车的城市。由于纯电动出租车不产生直接碳

---

[1] 黎炜驰，曾雪兰，梁小燕，卞勇，徐伟嘉，杨乐亮. 基于碳普惠制的城市公共自行车个人碳减排量计算［J］. 中国人口·资源与环境，2016，26（12）：104-105.

[2] 王越. 太原市公共自行车车辆调配问题研究［D］. 山西大学，2016.

排放，因此出租车对太原市公共自行车项目的减排替代率忽略不计。

电动自行车：电动自行车是太原市民短途出行最主要的方式之一，但由于电动自行车不产生直接碳排放，因此电动自行车对太原市公共自行车项目的减排替代率忽略不计。

各类普通自行车：不产生直接碳排放。

摩托车：由于太原市摩托车数量少且无固定出行规律，因此产生的碳排放忽略不计。

步行：不产生直接碳排放。

由此可见，太原公共自行车产生的减排量即为利用公共自行车替代私家车出行产生的碳排放量。若将公共自行车对私家车替代的比例设置为 $a\%$，则

$$E = F \times 0.00073 \times E_{CO_2} \times 3.1 \times 10^9 \times a\%$$

其中，E 表示太原公共自行车产生的减排量（t）；F 表示私家车平均每公里油耗（L/km）；0.00073 为汽油体积（L）与质量（t）的转换系数；E_{CO_2} 表示汽油的二氧化碳排放因子（t CO$_2$/t）；3.1×10^9 表示太原公共自行车骑行总里程；$a\%$ 表示公共自行车代替私家车的比例。

3）结果模拟

经计算，太原公共自行车项目减排量模拟图如图 4-2-33 所示。

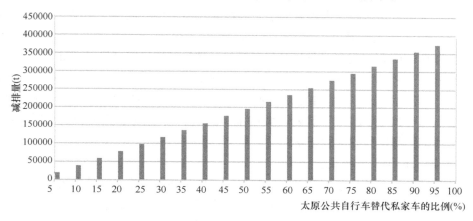

图 4-2-33 太原公共自行车项目减排量模拟图

（数据来源：太原公交公共自行车服务有限公司，数据截至 2020 年 12 月）

经调查，太原市公共自行车替代私家车出行的比例约 20%，项目运行四年多来，预计共减排二氧化碳约 78359t。用骑车代替私家车出行，减排 78359t 二氧化碳，相当于节省燃油约 3500 万 L，若按照每升燃油 6 元计，可节省燃油费 2.1 亿元；按照每颗白皮松 400 元计，可购买 52.5 万颗，减排成效显著。随着公共自行车对私家车替代率的提高，公共自行车项目的减排量也随之增加，如何进

一步提高公共自行车对私家车替代率应是太原公共自行车项目下一步的发展方向。

（2）溢出效益

1）提升市民出行便利性

公共自行车项目投入运营以来，一直是最受太原市民欢迎的民生工程之一，成为政府关注民生、服务百姓的重要载体。太原公共自行车项目不仅解决了居民出行"最后一公里"的难题，还在一定程度上实现了与其他交通方式的接驳，市民出行的便利性有所提升。2021 年 5 月 1 日滨河自行车道正式开通，为市民带来了一条长度为几十公里的安全、舒适的骑行通道，市民在家门口就能享受骑行的乐趣。

2）助力城市空气质量好转

太原公共自行车项目的运行及太原"公交都市"的建设，为市民出行提供了更多选择。据统计，在太原公共自行车的使用人群中，约有 20% 的市民选择使用公共自行车替代私家车出行，节能减排成效明显，空气质量综合指数持续下降，重污染天气"削峰减频"，空气清洁度显著提升，城市空气质量明显好转。

3）缓解交通拥堵状况

由于地理和历史的原因，过去太原市存在次干道公交线路缺乏、私家车数量急剧增加、城市快速路建设尚未完工、高峰时期城市中心区主干道交通衔接不畅等问题。2012 年太原城市主干道的行车速度不到 20km/h，远远达不到国家"畅通工程"评估体系的规定。公共自行车系统，作为太原打造"公交都市"必不可少的组成部分，其灵活性和自主性实现了快速接驳，缓解车流、人流平面交叉，加之 2012 年后城市快速路陆续建成通车，太原交通健康指数持续上升，位于全国"公交出行最幸福城市"前列，城市主干道的行车速度上升至 35km/h 左右，城市交通拥堵状况得到极大缓解。

4）增加近千个就业机会

从公共自行车及相关配套设施的制造、安装到后期整个公共自行车系统的运营都离不开人力，公共自行车项目为全市提供了近千个就业岗位，市民就业空间得以拓展，形成了社会服务与就业增加的良性循环。

2.4.6 太原公共自行车发展模式的经验

因地制宜的前瞻规划、公益为先的明确定位、科学人性的服务举措、与时俱进的运营管理、兼容并包的理念态度和为民服务的宗旨原则，不仅助力太原模式取得如此成绩，还为其他城市和地区推广优化公共自行车项目，助力碳达峰碳中和提供了借鉴。

（1）因地制宜的前瞻规划

　　太原公共自行车项目在规划之初就充分考虑太原市区的自然与经济条件。太原市主城区气候温和、地势平坦、空间紧凑，十分适宜公共自行车项目的推行，项目还坚持总体规划原则，成网成系，实现建城区面积全覆盖。同时，公共自行车在短距离出行和接驳城市公共交通等方面有不可替代的优势，成为太原"公交都市"建设的重要补充。

　　（2）公益为先的明确定位

　　太原市公共自行车项目始终坚持"政府主导、公益为先"原则，项目建设资金由政府全额投入，由国有企业太原市公交集团统一建设、统一管理。得益于阶梯式收费原则，太原市公共自行车日均免费租用率高达 99.09％，最高达99.66％，充分调动了市民使用公共自行车的积极性。

　　（3）科学人性的服务举措

　　不同于其他城市的分时段（通常为每天 6：00—22：00）运行，太原公共自行车项目则是全天候服务。据统计，在 23 点至次日 5 点这一时段，公交车基本停运，出租车大量减少，但公共自行车的平均骑行量仍有 9000 多人次，最高时达 1.2 万人次，公共自行车的服务特色凸显，极大地方便广大市民的出行❶。

　　此外，太原市还推出了颇具特色的"过夜还车"服务，若市民因特殊情况23 点后无法还车，就可以使用过夜还车服务，次日 7 点前还车将不再多收取任何费用。

　　（4）与时俱进的运营管理

　　太原公共自行车项目在的运营过程中始终坚持"与时俱进"的管理运营理念，持续吸纳融入先进技术和先进理念。太原公共自行车不断更新车身，及时引入二维码、大数据、空间地理信息集成等先进技术，上线龙城单车 APP、叮嗒出行小程序、开通扫码租车等新功能，保障了太原公共自行车紧随时代发展的强大生命力。

　　（5）兼容并包的理念态度

　　太原公共自行车项目作为太原"公交都市"建设的一部分，以兼容并包的态度与共享单车、地铁、纯电动公交车、出租车等城市公共交通方式的紧密接驳、相互衔接、融合发展，共同打造更健全的太原城市立体交通新体系。

　　（6）为民服务的宗旨原则

　　太原市公共自行车项目始终坚持"为民服务"原则，在项目筹备运行期间充分尊重市民的意见。在项目筹备阶段，太原公交集团就对公共自行车的受欢迎程度

---

❶ 黄凤娟 . 4.6 亿次骑行量背后的缘由——探访太原市公共自行车成功经验［J］. 人民公交，2016（07）：45.

对市民进行广泛调研，结果显示，98%的市民对公共自行车入驻太原持欢迎态度。在站点规划时，在科学测算的基础上，将租赁服务点距离确定为300～500m之间，同时项目组参考市民意见与出行实际，为每个服务点选取最便民合理的地址。在项目推行期间，太原公交集团还通过开通热线电话、向市民发放问卷调查表等方式征集市民对公共自行车项目的意见和建议，分类整理并积极改进，多年来，公共自行车项目的群众满意度均在96%以上。

2.4.7 太原公共自行车项目的优化方案

在未来，实现碳达峰与碳中和需要社会各个领域的共同努力。目前，太原公共自行车仅仅实现使用过程的零排放，在制造、运营等环节距离零碳排放的要求还有距离。完善站点道路布局建设，引入先进制造管理技术，探索建立特色发展模式，优化城市绿色立体公共交通体系，宣传推广绿色低碳生活理念，成为太原公共自行车项目的下一步发展方向。

（1）完善站点道路布局建设

1）合理增加站点布设

二期建设项目完成后，太原公共自行车项目尚未新增服务站点，但随着太原城市规模的不断扩大，新建小区、产业园区、开发区、商业区等不断增多，现有站点已无法满足市民的租骑需求，事实上非主城区站点具有更高的减排潜力，需合理增加自行车站点的布设❶。

2）推进改造站点复建

随着近年来太原市区道路修建和城中村改造等重大工程的推进，市政部门缺乏对公共自行车站点的统一规划设计，部分公共自行车站点暂停运行或拆除，应当积极推进改造站点优化复建，继续为市民出行提供便利。

3）加快自行车道建设

保留或者拓宽非机动车道的宽度，优化调整目前的道路体系，另辟单独的自行车专用道。在生活单元内采用支路网高密度、小路幅的道路规划设计，在主干道站点与中小型站点之间建设绿色公共自行车道，推进公共自行车与其他交通方式的接驳，还可以与小型社区公园结合建设，完善城市绿色交通体系布局。

（2）引入先进制造管理技术

将先进技术引入公共自行车制造、管理全过程。在后续自行车、站点、锁桩等设施建设中，尽量使用更为先进的低碳材料，减轻车身重量，提高车身稳定性，在保证公共自行车骑行安全性、舒适性的同时减少公共自行车生命周期碳

---

❶ 郝宇.慢行交通网点系统规划研究［D］.太原理工大学，2017.

排放。

项目运营过程中，引入人脸识别技术，确保未满 12 周岁儿童不得骑行公共自行车，保障市民骑行安全；将云计算、大数据等先进手段引入公共自行车制造、调运阶段，用于收集项目制造、调运产生的碳排放数据，为公共自行车生命周期碳排放计算奠定技术与数据基础。

（3）探索建立特色发展模式

1）建立公共自行车生命周期评价系统

利用生命周期评价系统，汇总和评估太原公共自行车项目在其整个寿命周期所有投入和产生对环境造成的和潜在的影响，为太原公共自行车的后续发展提供理论基础。

2）将个人减碳行为纳入碳交易市场

将绿色出行新理念落到实处，市民在使用公共自行车后可在手机 APP 中积攒"能量"，这些"能量"将会被纳入统一的碳交易市场，既可以用于兑换骑行券、双倍能量卡等福利，又可在积累到一定数量后进入碳市场交易，用于抵消市民自己日常生活中产生的碳排放，逐步形成一种市场机制或居民碳中和机制，使得市民个人碳减排行为得以变现，进一步激发市民参与减排的热情。

3）政府与企业合作经营新模式

运行近九年来，太原的公共自行车收入甚微，维持日常运营的资金几乎完全依赖于政府的财政补贴，且政府尚未下放公共自行车广告经营权给运营企业，企业营运资金较为紧张。未来可考虑适当下放部分经营权于运营企业，通过利用广告增加收入，在市内景区设观光骑行点等方式，保障太原公共自行车项目的健康持续运转，更好地发挥其减碳及溢出效益❶。

（4）优化城市绿色立体公共交通体系

随着公共自行车的逐步发展和 2020 年底太原地铁 2 号线建成通车，太原"公交都市"建设进一步完善。未来宜持续推进公共自行车与共享地铁、单车、纯电动公交车、出租车等城市公共交通方式的相互衔接、融合发展，优化完善更健全、更便捷的太原城市绿色立体公共交通体系。

（5）宣传推广绿色低碳生活理念

加强公共自行车项目宣传力度。积极与相关部门对接、协调，利用车位网点、网站媒体、电子显示屏幕等位置，以海报、公益广告等形式拓宽宣传渠道，加大宣传推广力度；印制发放太原公共自行车服务指南，使广大市民更好地了解公共自行车的功能及使用方式，得到市民的认可与支持；策划线下公共自行车宣传活动，让更多的市民参与到公共自行车项目中来，传递绿色出行、低碳环保理

❶ 杨杰. 城市公共自行车的发展对城市建设作用研究［D］. 太原理工大学，2015.

念，扩展公共自行车项目在太原的发展空间。

完善站点道路布局建设，引入先进制造管理技术，探索建立特色发展模式，优化城市绿色立体公共交通体系，宣传推广绿色低碳生活理念将助力太原公共自行车项目持续健康运转，着力提高项目减排效益和溢出效益，引领市民低碳生活新时尚。

3 碳达峰碳中和路径专项案例

3.1 区域碳达峰碳中和推进情况

2020 年 9 月，中国国家主席习近平在第七十五届联合国大会一般性辩论上承诺，中国二氧化碳排放力争于 2030 年前达到峰值，努力争取 2060 年前实现碳中和。这意味着中国更新和强化了在《巴黎协定》下对国际社会承诺的自主贡献目标，表示了中国推进全球应对气候变化进程的决心。2020 年 10 月中共十九届五中全会公报提出，到 2035 年基本实现社会主义现代化远景目标，明确"碳排放达峰后稳中有降"。率先实现碳达峰将成为很多地区经济社会发展的重要目标，也将成为省市高质量发展的重要标志。据生态环境部新闻发布会介绍，"碳达峰行动有关工作将纳入中央生态环保督察，并对各地方进展情况开展考核评估"，"要继续推进低碳试点示范，支持有条件的地方开展净零碳乃至零碳示范区建设"。

中央财经委员会第九次会议强调，实现碳达峰、碳中和是一场广泛而深刻的经济社会系统性变革，要把碳达峰、碳中和纳入生态文明建设整体布局，拿出抓铁有痕的劲头，如期实现 2030 年前碳达峰、2060 年前碳中和目标。"十四五"是碳达峰的关键期、窗口期，"十四五"期间，经济发展水平高、绿色发展基础好、生态文明创建积极性高的地区应争当"领头羊"，率先实现碳达峰。2021 年是我国开启"碳达峰、碳中和"征程的元年，根据国家碳中和目标与实施策略，京津冀、长三角、珠三角等地区将率先开展碳中和示范区建设，探索碳中和发展路径。以下将概要介绍各地区碳中和、净零碳有关工作建设情况。

3.1.1 京津冀城市群

（1）北京：远期目标是建成近零碳排放城市

自"十二五"起，北京就已展开了应对气候变化的相应工作，在各项措施的综合作用下，北京 2020 年碳排放强度较 2015 年下降 23％，超额完成"十三五"目标。2021 年 9 月，2021 年中国国际服务贸易交易会"北京国际大都市清洁空气与气候行动论坛"上，北京提出正积极谋划"碳中和"，提出"两步走"战略，远期目标是建成近零碳排放城市。第一步，到 2035 年，碳排放率先达峰后实现持续下降。基于现有基础和发展阶段特征，将建立健全机制和政策，强化推动节能、新能源和可再生能源、机动车"油换电"等措施，实现碳排放持续下降。第二步，远期目标是建成近零碳排放城市，依托技术进步全面推进，实现碳排放迅速下降。

按照北京市"十四五"规划，"十四五"期间北京将开展二氧化碳减排专项行动，**实现碳排放总量率先达峰后稳中有降**。按照北京市 2021 年政府工作报告，2021 年将突出碳排放强度和总量"双控"，明确碳中和时间表、路线图，推进能源结构调整和交通、建筑等重点领域节能。目前，北京市正在按国家有关规定开展碳达峰评估，并研究制定碳中和行动纲要。为落实"双碳"目标，北京制定出"十四五"时期重点领域的降碳措施。例如，能源领域，新能源和可再生资源占比提高到 14%，外调绿电力争达到 300 亿 kWh；城市供暖领域，鼓励多能互补的新型供热模式，推动供热系统重构；交通领域，中心城绿色出行比例达到 76.5%，新能源车力争达 200 万辆，加强充电桩等基础设施建设；建筑领域，持续推进既有建筑节能改造，推广超低能耗建筑 500 万 m^2。

发布二氧化碳排放核算等多部地方标准。2020 年 12 月发布《二氧化碳排放核算和报告要求 电力生产业》DB11/T 1781—2020 等七项行业核算指南标准，标准于 2021 年 1 月 1 日起实施。2021 年 6 月发布《电子信息产品碳足迹核算指南》DB11/T 1860—2021、《企事业单位碳中和实施指南》DB11/T 1861—2021、《大型活动碳中和实施指南》DB11/T 1862—2021 等地方标准，将于 2021 年 10 月 1 日起实施，这些标准的制定可填补北京市碳中和和碳足迹核算管理标准的空白，为构建完整的标准体系打下了良好的基础。

通州、昌平等区采取了积极措施推动"双碳"工作。昌平区积极开展"双碳"工作，深入开展碳中和路径研究，推动"能源谷"绿色低碳转型发展，强化碳排放重点单位管理；通州区"四举措"加快落实碳达峰碳中和工作部署❶，印发《通州区应对气候变化 2021 年行动计划》，明确 2021 年通州区控制二氧化碳排放的工作方向和重点任务，着力推进通州区重点领域低碳发展，强化通州区重点排放单位管理和市场化机制；推行绿色建筑和超低能耗建筑，调整优化能源结构，率先打造零碳示范引领，推进近零碳排放区示范工程建设，开展碳中和示范区建设研究。

北京碳排放权交易试点市场已成为激励减排的有效工具。至 2020 年，北京碳排放权交易试点市场覆盖了电力、热力、水泥、石化、工业、服务业、交通运输、航空等 8 个行业，有 843 家排放单位被纳入碳市场管理。自 2016 年纳入北

---

❶ 通州区生态环境局. 通州区"四举措"落实碳达峰碳中和部署. 2021-7-28. http://www.bjtzh.gov.cn/lscs/fzx/202107/1480247.shtml

京市碳市场管辖范围的北京公交集团车辆排放，由于快速推进低碳排放的电动车和天然气车替代高碳排放的柴油公交车，2019 年与 2016 年相比，柴油消耗量下降了接近 50%，柴油消耗产生的碳排放占公司总碳排放量的比例由 57% 降至 32%，单位里程碳排放强度下降了 10%，使企业 2018 年起从配额不足的状况转变为碳排放配额富余。

动员全民、全社会共同参与。 为倡导首都企业提升自主自愿减排意识、制定企业低碳发展与碳中和战略，2021 年 6 月 5 家企业联合发起 "首都头部企业低碳发展倡议" 并提出了切实可行的行动纲领，包括科学制定碳排放控制目标、战略和措施，包含量化的阶段性目标、组织实施等，并现场签署承诺书。这是第一份由首都头部企业联合发起的低碳倡议，展示了首都头部企业发挥示范作用，推动低碳技术研发和应用，并带动产业链上下游低碳发展转型的决心。同时，北京市生态环境局联合市委宣传部、市发展改革委、市教委、团市委、市妇联等六部门联合制定印发《北京市 "美丽中国，我是行动者" 提升公民生态文明意识行动计划（2021—2025 年）实施方案》，从广泛社会动员、加强生态文明教育、推动社会各界参与、创新宣传方式方法等方面提出了重点安排，倡导社会各界及公众身体力行，选择简约适度、绿色低碳的生活方式，参与美丽北京建设❶。

北京冬奥会和冬残奥会深入贯彻绿色办奥理念， 从低碳能源、低碳场馆、低碳交通和低碳标准等四个方面发力，制定了 18 项措施。例如，全部冬奥场馆绿电覆盖，国家速滑馆、首都体育馆、首体短道速滑训练馆、五棵松冰球训练馆等 4 个冰上场馆在冬奥会历史上首次使用最清洁、最低碳的二氧化碳跨临界直冷制冰技术，以尽可能降低北京冬奥会所产生的碳排放。目前，11 个冬奥场馆全部通过绿色建筑认证❷，其中部分场馆如图 4-3-1～图 4-3-4 所示。

图 4-3-1　五棵松冰上运动中心——
屋顶光伏发电板

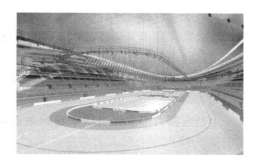

图 4-3-2　国家速滑馆——
马鞍形单层索网屋顶

❶　北京市研究制定碳中和行动纲要. 北京日报. 2021-6-6. http：//www. gov. cn/xinwen/2021-06/06/content＿5615734. htm

❷　11 个冬奥场馆全部通过绿色建筑认证 北京冬奥会交出低碳减排新答卷. 中国日报网.

图 4-3-3 五棵松冰上运动中心　　　　　图 4-3-4 北京冬奥村——
　　　　　　　　　　　　　　　　　　　钢结构、外配玻璃幕墙

（2）天津：出台全国首部"双碳"省级地方性法规

天津市"十四五"规划建议提出"推动重点领域、重点行业率先达峰"。推动绿色低碳循环发展。坚持用"绿色系数"评价发展成果，建设绿色低碳循环的工业体系、建筑体系和交通网络，建立健全生态型经济体系。大力培育节能环保、清洁能源等绿色产业，加快推动市场导向的绿色技术创新，积极发展绿色金融。强化清洁生产，推进重点行业和重要领域绿色化改造，发展绿色制造。制定实施力争碳排放提前达峰行动方案，推动重点领域、重点行业率先达峰。

2021 年 6 月天津市推进碳达峰碳中和工作会议研究部署了碳达峰方案编制和重点领域碳达峰行动举措。提出要大力推动能源结构调整，持续削减煤炭消费总量，增加天然气多渠道供应、外受电绿电比例、本地非化石能源利用；加快构建绿色低碳工业体系，做大增量、做优存量、做好减量；聚焦立体交通体系建设，调整绿色出行方式；全面提升建筑领域绿色低碳水平，大力发展节能低碳建筑，推动既有建筑节能改造；统筹发展绿色低碳循环农业，推进科学种养、废弃物资源化利用、先进适用技术和设备应用；持续增强生态系统碳汇能力，推进山水林田湖海一体化保护修复。在绿色金融、零碳建筑等方面也发挥了示范引领作用。

出台全国首部以促进双碳目标为立法主旨的省级地方性法规。2021 年 9 月 27 日，天津市十七届人大常委会第二十九次会议审议通过了《天津市碳达峰碳中和促进条例》，自 2021 年 11 月 1 日起施行。这是全国首部以促进实现碳达峰、碳中和目标为立法主旨的省级地方性法规。在绿色转型篇章，支持风能、太阳能、地热能、生物质能等非化石能源发展，逐步扩大非化石能源消费，统筹推进氢能利用，推动低碳能源替代高碳能源。

发布零碳建筑认定和食品制造企业温室气体排放核算团体标准。2021 年 9 月，天津市环境科学学会近日发布《零碳建筑认定和评价指南》《食品制造企业温室气体排放核算和报告指南》两项团体标准，自9月1日起实施。据介绍，《零碳建筑认定和评价指南》的制定填补了国家建筑领域中零碳建筑标准的空白，助力建筑从绿色建筑、超低能耗建筑、近零碳建筑进一步向零碳建筑迈进。其中的控制指标和碳排放量核算是零碳建筑认定的主要依据：控制指标包括建筑室内环境参数和能效指标两方面，目的是在保证建筑使用功能的前提下，尽可能降低建筑用能需求；碳排放核算是对建筑碳排放的量化，鼓励通过可再生能源的利用抵消建筑用能，以实现建筑的零碳排放。

打造电力"碳达峰、碳中和"先行示范区。 为落实天津市与国网公司共同推动电力"碳达峰、碳中和"的工作要求，促进能源转型和绿色发展，加快构建清洁低碳、安全高效的现代能源体系，构建以新能源为主体的新型电力系统，打造电力"碳达峰、碳中和"先行示范区，天津市发展改革委、市工业和信息化局、市生态环境局共同制定并发布《天津电力"碳达峰、碳中和"先行示范区实施方案》。围绕"市、区、园、村"四域，统筹宏观—中观—微观任务布局，着力构建整体协同、各有侧重的"双碳"综合解决方案，形成率先实现"双碳"目标、助力能源低碳转型的"天津范式"。

成立天津市碳中和与绿色金融研究中心。 研究中心将秉承生态优先与绿色低碳高质量发展理念，在绿色低碳咨询、低碳运维管理、碳核查、绿色金融服务、国家核证自愿减排（CCER）项目开发等领域开展全面合作，为企业转型升级、政府深化改革与城市高质量发展提供智库支持与赋能服务。

（3）河北：构建清洁低碳安全高效的能源体系

"十三五"期间，河北省大力调整产业结构、优化能源结构、加强节能降耗、增加林业碳汇，有效控制温室气体排放，实现了碳排放强度持续下降和能源结构持续优化，扭转了二氧化碳排放快速增长的局面，排放总量得到有效控制。2020年，河北省碳排放强度较2015年降低约25%以上，超额完成国家下达的"十三五"期间下降20.5%的约束性目标任务。然而，作为能源消费和碳排放大省，河北省产业结构偏重、能源结构偏煤、非化石能源占比偏低，第二产业（工业）的碳排放强度偏高，特别是第二产业主要以高耗能、高排放的重化工业为主，钢铁、电力行业二氧化碳排放量约占全省工业的80%左右。区域碳排放不平衡，主要集中于唐山、邯郸、石家庄，应对气候变化工作还存在一系列困难和挑战。

"十四五"期间，河北省将组织开展达峰行动，研究制定省级碳达峰行动方案，明确达峰目标、路线图、行动计划和配套措施。**河北省将碳强度下降作为约束性指标纳入"十四五"规划纲要**（到2025年，万元GDP二氧化碳排放降低19%），将开展省级碳达峰多项行动：即推进落实国家应对气候变化目标和地方经济社会可持续发展，加强应对气候变化法律法规和政策标准体系建设；大力推动光伏、风电、氢能等非化石能源发展，构建适应高比例可再生能源的电力体系；在工业、建筑、交通、农业、公共机构等领域建立绿色低碳体系，加快实施一批低碳试点示范重点工程，健全管理体系、目标责任考核体系，加强节能提效工作，提升低碳管理能力；推进排污权、用能权、用水权、碳排放权市场化交易；推行低碳生产生活方式，引导居民践行绿色低碳生活方式等❶。

张家口率先发力新型电力系统示范区建设❷。作为唯一的国家级可再生能源示范区，既是"风光之都"，又是"中国数坝"，张家口具有打造新型电力系统地区级示范区的突出优势和良好基础。2021 年 9 月 29 日，张家口可再生能源示范区能源大数据中心正式揭牌，储能电站检测与评价中心、张家口可再生能源促进会、新能源产业技术创新战略联盟同步揭牌运营。在低碳奥运专区建设实践的基础上，依托张家口地区特殊的区位优势、新能源资源富集优势、重大战略落地优势以及先进技术优势，未来 7 年张家口地区将着力打造四大示范：适应高比例新能源的送端电网发展示范，形成以京津冀特高压电网为支撑、交直流电网深度融合发展的新能源送端格局；适应高渗透率分布式电源友好接入的智能配电网发展示范，建设安全可靠、绿色智能、灵活互动、经济高效的智慧配电网；适应高内聚需求的源网荷储协同发展示范，实现在电源侧、电网侧、负荷侧、储能侧同步发力；适应高质量发展的电网数字化转型发展示范，打造电网数字化平台，构建连接全社会用户、各环节设备的智慧物联体系。为推动四大示范落地，将同步推进送端系统优化、智能配网升级、源网荷储协同、需求灵活响应、电网数字赋能、调控能力提升、科技创新支撑、体制机制创新等八项重点任务，并将其细化30 项关键工程，分阶段有序实施。

河北各级公共机构将带头安装分布式光伏系统。《河北省"十四五"公共机构节约能源资源工作规划》提出，"十四五"期间，以绿色低碳发展为目标，河北省将组织开展引领低碳行动、绿色化改造行动、可再生能源替代行动等十一项绿色低碳转型新行动，在 2022 年底前河北省将推动省直机关全部建成节约型机关，80% 以上的县级及以上机关 2025 年底前达到创建要求。在可再生能源替代行动中，要求"每个县（市、区）公共机构至少建成 10 个装机容量不低于100kW 的分布式光伏发电系统，市直公共机构至少建成 10 个装机容量不低于100kW 的分布式光伏发电系统，省直公共机构至少建成 20 个装机容量不低于100kW 的分布式光伏发电系统。推动公共机构带头使用新能源汽车，新增及更新车辆中新能源汽车比例原则上不低于 30%"。

工业领域是河北省能源消耗和二氧化碳排放的重要领域，也是河北省实现减

---

❶ 河北省超额完成"十三五"双碳目标．河北工人报．2021-9-29．http：//hbepb．hebei．gov．cn/hb-hjt/xwzx/meitibobao/101631594201746．html

❷ 图景清晰，张家口率先发力新型电力系统示范区建设．中国城市能源周刊．2021-10-15．ht-tps：//mp．weixin．qq．com/s/NqOxwNK8gib81bAhrX7jDA

排减碳的主战场，目前有关部门正围绕工业领域和重点行业等展开碳达峰行动方案编制工作。河北省已连续多年组织开展了电力、钢铁、石化、化工、建材、造纸等高排放行业的数据核算、报送和核查工作，并通过组织业务培训、开展低碳技术推介、强化检查抽查、加大信息公开，持续不断加强碳市场能力建设，确保碳排放的数据质量。

探索建立降碳产品生态价值实现机制。2021 年 9 月 29 日，河北省生态环境厅在雄安新区举办河北省首批降碳产品生态价值实现暨系列合作签约仪式，此次签约促成了河北省首批降碳产品实现生态价值，促成了河北碳中和金融技术服务创新成果落地。为加快生态产品价值实现，以市场化手段推动碳达峰、碳中和工作，遏制高耗能、高排放行业盲目发展，河北省将建立降碳产品生态价值实现机制，充分发挥金融机构、科研院所在碳中和方面的支撑作用。

3.1.2 长三角城市群

长三角地区碳排放现状，就排放总量而言，长三角呈总量渐增、增速放缓、强度下降趋势；就排放弹性而言，长三角整体碳脱钩趋势初显；能源结构方面，化石能源仍占据主导地位，总体能源结构仍不够清洁；能源供给方面，能源依赖情况仍然严重。长三角地区煤炭资源主要依赖外省调入，石油资源则依赖国外进口，天然气资源则二者兼顾，安徽煤炭资源虽相对较为丰富也仍需从外省调入；能源禀赋方面，可再生能源发展仍不成熟。

实现碳达峰、碳中和是一场广泛而深刻的经济社会系统性变革，而区域一体化发展是实现碳中和愿景的重要途径之一。长三角区域作为经济最具活力、开放程度最高、创新能力最强的区域之一，在实现碳达峰、碳中和目标的新征程上，将发挥重要的引领和示范作用。在完善的制度基础和成熟的运作机制下，其区域合作从最初成立时的经济合作逐渐拓展至涵盖生态、科技等方面的全方位合作。

2019 年，中共中央、国务院印发《长江三角洲区域一体化发展规划纲要》，提出要通过长三角的一体化发展，提升长三角在世界经济格局中的能级和水平，引领我国参与全球合作和竞争。在低碳技术示范与推广方面，浙江省目前正在开展多层次、多领域的"零碳"试点建设，通过试点示范工程推动形成"零碳"的示范体系，而长三角区域可以发挥一体化的优势，加强核心攻关技术的研发，同时搭建区域间政府、企业在绿色低碳技术应用中的供需互动机制，加强绿色低碳技术的实践应用，为减排行动的落地提供可复制、可推广的经验。为此，长三角可以进一步把握碳市场发展的机遇，探索构建区域性的气候投融资机制，推动碳市场、碳金融成为助力零碳发展目标的重要政策工具❶。

---

❶ 中国环境报——《深化长三角合作，探索区域碳达峰碳中和》.

（1）长三角一体化示范区：率先探索碳达峰和碳中和

长三角生态绿色一体化发展示范区范围包括上海市青浦区、江苏省苏州市吴江区、浙江省嘉兴市嘉善县，面积约 $2300km^2$。同时，在三个区县中选择五个镇作为先行启动区，面积约 $660km^2$。其中，上海部分涉及青浦的金泽镇、朱家角镇，江苏部分涉及吴江的黎里镇，浙江部分涉及嘉善的西塘镇、姚庄镇。2019年，国务院批复《长三角生态绿色一体化发展示范区总体方案》，标志着长三角一体化发展国家战略全面进入施工期。

长三角生态绿色一体化发展示范区将率先开展碳达峰和碳中和战略研究，力争形成一套研究方案，并在能源、工业、环境、建筑和交通等重点领域典型低碳、零碳技术在城市和乡村、社区、行业和企业等不同场景的应用示范。按照《上海市生态环境保护"十四五"规划》，高水平建设长三角生态绿色一体化发展示范区。重点推进清洁生产、绿色产品和绿色消费，逐步形成绿色产业健康发展和简约适度、绿色低碳、文明健康的生活方式。在先行启动区开展近零碳试点示范，到2025年，努力实现$PM_{2.5}$达标和二氧化碳排放达峰。

（2）上海：提出 2025 年碳排放达峰的目标

根据《上海市国民经济和社会发展第十四个五年规划和二〇三五年远景目标纲要》，上海将制定全市碳排放达峰行动计划，着力推动电力、钢铁、化工等重点领域和重点用能单位节能降碳，确保在2025年前实现碳排放达峰。上海市鼓励各区、五大新城、重点区域、企业等积极研究制订碳达峰、碳中和行动方案，同时作为全国碳交易"主战场"，上海加快推动和引导社会资本逐步从传统高耗能、高污染行业流向低碳经济行业。

五大新城坚持低碳为要。2021年3月，上海市印发《关于本市"十四五"加快推进新城规划建设工作的实施意见》，明确提出"新城全面倡导绿色低碳的生活方式和城市建设运营模式。新建城区100%执行绿色生态城区标准，新建民用建筑严格执行绿色建筑标准，大力提升既有建筑能效。优化新城能源结构，鼓励使用清洁能源，推广分布式供应模式。新城绿色交通出行比例'十四五'期末达到80%"等要求。为实现上海市率先碳达峰的目标，在附件《"十四五"新城环境品质和新基建专项方案》中，提出"坚持低碳为要，深化绿色发展"并对优化能源供应结构、促进建筑交通低碳发展等方面工作提出明确的要求。

积极推进崇明世界级生态岛碳中和示范区建设。2021年3月，上海市生态环境局与崇明签署共建世界级生态岛碳中和示范区合作框架协议，谋划碳中和示范区技术路线图和实施路径，率先在崇明建立健全绿色低碳循环发展经济体系。目前，崇明已经制定形成《崇明世界级生态岛碳中和示范区建设工作方案》，明确了示范范围、主要目标等具体内容，全力打造具有世界影响力的生态优先、绿色发展的碳中和示范区。碳中和示范范围为崇明全区，开展全区域、全口径温室气体排放核算与评估，提出远期碳中和愿景的实现路径和行动措施。碳中和示范区的主要目标是把崇明岛建设成为碳中和岛，全力推进能源、交通、建筑低碳化发展；把长兴岛建设成为低碳岛，侧重海洋装备等重点产业，积极谋划长兴碳中和产业园建设；把横沙岛建设成为零碳岛，逐步以零碳能源替代高碳、低碳能源（图4-3-5、图4-3-6）。

图 4-3-5　崇明区推进渔光互补、农光互补示范项目

图 4-3-6　崇明"第十届中国花卉博览会"园区：涵盖筹备、建设、举行、收尾 4 个阶段的全生命期碳中和的大型活动园区

率先启动科技支撑碳达峰碳中和科研布局。为充分发挥科技创新对上海实现碳达峰碳中和目标的支撑和引领作用，突破能源、产业、经济社会各领域实现碳达峰碳中和的重大技术瓶颈，推进经济体系、产业体系、能源体系绿色低碳转型，实现发展方式、生活方式绿色化变革，上海市科委于 2021 年 6 月发布 2021年度"科技创新行动计划"科技支撑碳达峰碳中和专项第一批项目申报指南，率先启动科技支撑引领碳达峰碳中和目标实现的低碳科技攻关布局。

努力打造"上海碳"，增强对于全国的碳金融服务功能。"十四五"期间，上海将加快推进全国碳市场建设，大力发展绿色金融，把碳金融作为上海国际金融中心建设的重要组成部分，努力争取把上海建成国际碳金融中心。上海将发挥人才、科创以及国际金融中心等方面的优势，推动科技创新策源，加快培育绿色发展新动能，加快推进节能降碳环保关键技术创新，打通产业链、创新链、金融链。2021 年市政府常务会议通过《上海加快打造国际绿色金融枢纽服务碳达峰碳中和目标实施意见》并指出，要紧扣服务"双碳"目标这一主线，推动和引导社会资本逐步从传统高耗能、高污染行业流向低碳经济行业。

（3）江苏：多地多途径积极探索推进双碳工作

江苏省研究制定了《省生态环境厅 2021 年度推动碳达峰、碳中和工作计划》，在江苏高质量发展综合考核中设立碳达峰专项考核，纳入单位地区生产总值碳排放（碳强度）下降率指标；将推动碳达峰、碳中和重点任务落实情况纳入督察范畴，首次在全省环境监察培训中专题辅导。

推动重点领域碳达峰工作。为实现环境影响评价在减污降碳源头上的管控，研究制定了《江苏省重点行业建设项目碳排放环境影响评价技术指南（试行）》（征求意见稿），将电力、石化、化工、建材、钢铁、有色等行业纳入适用范围，推动污染物和碳排放评价管理统筹融合。邀请江苏省钢铁行业协会专家和重点钢铁企业代表开展研讨，研究制订《江苏省钢铁行业绿色低碳发展推荐技术指南（初稿）》。

先行城市提出双碳建设目标。无锡提出要打好零碳科技产业园、零碳基金、碳中和示范区、创新零碳谷"四张牌"，力争在江苏省全国率先实现碳达峰、建设碳中和先锋城市，《无锡高新区（新吴区）电力能源"碳达峰、碳中和"实施方案》出炉，这是江苏省首个国家级园区电力能源"双碳"实施方案。南京市重点围绕能源、产业、建筑、交通、生态碳汇等 5 大领域，聚焦钢铁、化工、石化、建材、5G 及数据中心等 5 大行业开展减排潜力分析，加紧研究制定《南京市 2030 年前二氧化碳排放达峰行动方案》。目前，苏州正在设计规划碳排放峰值目标和实现路径，争取"十四五"末确保 2030 年实现总体碳达峰。

加强园区碳排放管控。印发《江苏省工业园区（集中区）污染物排放限值限量管理工作方案（试行）》将"推进省级以上试点园区内重点企业能耗和二氧化碳排放统计、监测、报告、评估机制，摸清园区二氧化碳排放家底"相关要求纳入工作方案，探索建立工业园区碳排放总量管控机制。印发《省生态环境厅关于进一步加强产业园区规划环评跟踪管理的通知》，强调发挥园区管理机构节能减排主体责任，探索推动"两高"行业为主导产业的园区开展碳达峰示范试点，扬州、如东、昆山等化工园区围绕碳排放量、减排潜力分析等工作开展研究，合理确定园区碳排放总量。

推进碳监测数字化平台建设。电力大数据具有价值密度高、实时性强、准确性高等特点，可支撑碳管理的精准施策。2021 年 8 月，连云港启动能源大数据（碳监测）中心，同时上线运行江苏省首个碳排放管理系统——"碳测"平台，该平台以电力大数据为核心，建立"碳行程码"指标体系，开发减排潜力分析工具，对规模以上企业开展碳数据采集、监测、核算和分析，实现煤、电、油、气、新能源全链贯通、全链融合和全息响应，对连云港市规模以上企业进行碳排放科学评估和碳流足迹追踪，提供面向政府的全域碳排放监测和分析以及面向企业的碳排放动态精准评估。9 月，镇江市生态环境局与国网镇江供电公司共同签订"生态环境＋电力大数据"战略合作协议，在依法合规的前提下，聚焦"碳达峰、碳中和"行动方案，推动城市绿色发展和能源清洁转型，支撑生态环境领域精细化管理与精准施策，助力深入打好污染防治攻坚战，不断提升镇江生态环境治理能力现代化水平，推进镇江生态环境质量持续改善和经济社会高质量发展。

成立碳中和研究院。南京市人民政府联合东南大学等单位，共同组建长三角碳中和战略发展研究院，以碳中和愿景为目标，聚焦研究低碳发展的政策、技术及产品等，为全市低碳发展提供技术支撑。苏州市人民政府和苏州科技大学联合成立长三角人居环境碳中和发展研究院，通过开展项目研究、智库调研、人才培训、技术评估等工作，切实提高苏州市人居环境碳中和实践工作水平，推动苏州市人居环境低碳可持续建设试点工作走在全国前列。

（4）浙江：数字化促进新型电力系统省级示范区建设

浙江省密集研究部署碳达峰、碳中和工作，加快做好碳达峰重要政策举措的先行谋划，提出要系统分析能源消费总量、碳排放总量、能耗强度、碳排放强度四个指标，用好科技创新关键变量，制定碳达峰碳中和技术路线图和碳达峰方案，系统推进能源、工业、建筑、交通、农业、居民生活等六大重点领域绿色低碳转型，率先实现经济社会全面绿色转型，率先走出生态优先、绿色低碳的高质量发展之路，努力建设人与自然和谐共生的现代化。2021年浙江省启动实施碳达峰行动。编制碳达峰行动方案，开展低碳工业园区建设和"零碳"体系试点，着力推进政府机关等主体开展"零碳"试点示范，并鼓励各地结合地方特点开展碳汇方法学研究，增加碳汇项目，争创碳中和示范区。

加快推进可再生能源发展。"十三五"期间浙江省可再生能源装机增长127%，截至2020年底，全省可再生能源装机容量达到3114万kW，其中光伏1517万kW（分布式1070万kW），常规水电713万kW，抽水蓄能458万kW，生物质发电240万kW（垃圾发电210万kW），风电186万kW（海上风电45万kW），可再生能源装机占比达到30.7%。为加快建立清洁低碳、安全高效的现代能源体系，尽早实现碳达峰碳中和目标，促进浙江省可再生能源高质量发展，《浙江省可再生能源发展"十四五"规划》出台，提出"大力发展风电、光伏，实施'风光倍增计划'；更好发挥以抽水蓄能为主的水电调节作用；因地制宜高质量发展生物质能、地热能、海洋能等。到2025年底，可再生能源装机超过5000万kW，装机占比达到36%以上"的发展目标。

加快建设新型电力系统省级示范区。浙江积极推进能源互联网形态下多元融合高弹性电网建设，着力建设国家电网新型电力系统省级示范区，提升源网荷储调节能力，提升全社会能效水平，实现城乡用能安全低碳又经济，助力浙江高质量碳达峰。以多元融合高弹性电网为载体，从能源的供给、配置、消费、技术、体制等多方发力，推进电源、电网、负荷、储能等协同互动，以电网高弹性提升主动应对大规模新能源和高比例外来电不确定性的能力，通过资源集聚、弹性承载、数字赋能、机制突破等，探索一条受端大电网多元融合发展的新型电力系统建设之路。为增强省域电网对新能源的承载弹性，浙江加快电网弹性智能发展，储能、氢电耦合、动态增容、分布式潮流控制技术等一大批新型电力系统新技术应用陆续落地。在宁波梅山，绿色电力市场化交易机制推动国家层面建立国际认可的绿色电力消费认证体系，浙江 32 家风光发电企业与 30 家电力客户合计成交 50 笔交易，成交电量超 3 亿 kWh；推出**"工业碳效码"**等数字化应用，使企业能耗水平一目了然，节能路径清晰可见，全力提升重点行业能源利用效率。在各地，工厂、商场、电动汽车充电设施等电力客户通过引导可参与需求响应，与电网形成互动，预计到 2023 年浙江电网柔性可调节负荷将达到千万千瓦级别，相当于一个特大型城市的用电规模。

杭州市上线"双碳地图"，实现全市县镇碳排放"全景看，一网控"。杭州"双碳地图"依托杭州能源大数据中心跨领域协同优势，结合杭州"城市大脑"，汇集各类碳排数据，通过多维度网格化碳效率快速计算，试水开展"碳画像"。"双碳地图"以镇街网格中的企业、居民、交通等作为监测基本单位和地图绘制的基本要素，由点汇聚成像，用不同的颜色表示区域能耗强度。颜色越深，表示碳排放强度越大，并最终绘制成区域碳排放地图。通过区分不同色彩、色块大小密集程度，可以直观展示城市不同区域的碳排放情况。目前，"双碳地图"通过对城市碳排放的精准分析汇总，构建起横向涵盖能源、工业、居民、建筑、交通、生态六大维度，纵向贯通市、区、镇街三级网格，范围覆盖杭州 13 个区县、199 个镇街的城市全景碳分析模型。

划定"6+1"绿色金融重点支持领域。2021 年 5 月，人民银行杭州中心支行近日联合浙江银保监局、省发展改革委、省生态环境厅、省财政厅印发《关于金融支持碳达峰碳中和的实施意见》，在全国率先出台金融支持碳达峰碳中和 10 个方面 25 项举措。根据该指导意见，浙江将建立信贷支持绿色低碳发展的正面清单，建立省级绿色低碳项目库，支持省级"零碳"试点单位和低碳工业园区的低碳项目，支持高碳企业低碳化转型；拓宽绿色低碳企业直接融资渠道，支持符合条件企业发行碳中和债等绿色债务融资工具。7 月，浙江银保监局等 10 部门联合制定出台了《浙江银行业保险业支持"6+1"重点领域 助力碳达峰碳中和行动方案》，并将能源、工业、建筑、交通、农业、居民生活等六大领域以及绿色低碳科技创新纳入重点支持范围。该方案将碳达峰碳中和融入绿色金融发展整体布局，推动建立与碳排放强度控制相匹配的绿色金融政策体系，健全以节能降碳增效为导向的绿色金融服务机制，全面打造绿色金融发展示范省，为浙江高质量发展建设共同富裕示范区、打造美丽中国先行示范区、争创社会主义现代化先行省提供强有力的金融支撑。

3.1.3 粤港澳大湾区

粤港澳大湾区是我国最早开展低碳建设试点的地区之一。根据《粤港澳大湾区碳中和研究报告》，在碳排放总量方面，香港已在 2014 年达峰，澳门则已进入峰值波动区间；在排放强度方面，单位 GDP 碳排放量最低的是澳门、深圳、香港、广州等单位 GDP 碳排放量与英国、挪威等国家排放水平相当，略低于美国。江门、惠州等单位 GDP 碳排放量高于我国平均水平 30%～50%。作为中国开放程度最高、经济活力最强的区域之一，国家赋予了粤港澳大湾区实现绿色低碳循环发展，建设绿色发展示范区的使命。

（1）香港：力争 2050 年前实现碳中和❶

香港的碳排放量已在 2014 年达峰，人均碳排放峰值为 6.2t，2018 年人均碳排放降至 5.4t，相较 2005 基准年下降约 36%，初步估算 2020 年人均碳排放量降至约 4.5t。2020 年的财政预算案在环保方面投入超过 100 亿港元，当中包括了推动电动车普及化、淘汰欧盟四号柴油商业车辆、电动渡轮试验计划、成立低碳绿色科研基金、延长清洁生产伙伴计划和废纸回收等，相关的措施正在逐步落实。

香港特区政府于 2021 年 10 月 8 日公布《香港气候行动蓝图 2050》，以"零碳排放·绿色宜居·持续发展"为愿景，提出香港应对气候变化和实现碳中和的策略和目标，力争在 2035 年前把碳排放总量比 2005 年基准年下降 50%，及早在 2050 年前实现碳中和。未来 15 至 20 年特区政府将投放约 2400 亿港元，推行各项减缓和适应气候变化的措施。特区政府环境局将成立新的气候变化与碳中和办公室，加强统筹和推动深度减碳工作，并成立应对气候变化的专责咨询委员会，鼓励社会各界包括青年人积极参与气候行动。

目前香港约三分之二的温室气体排放源于发电，其次是运输界别和废弃物，分别占 18% 和 7%。特区政府的减碳工作将针对这三方面，并以"净零发电"、运输零碳排放和废物处理达致碳中和为最终目标。新蓝图具体讲述净零发电、绿色运输、节能绿建、全民减废四大减碳策略，带领香港迈向碳中和（图 4-3-7）。

净零发电。2015 年至 2020 年间，两家电力公司已按照政府要求，逐步以燃气取代燃煤，把煤在燃料组合中所占的比例由差不多约半减少到 1/4，天然气则由四分之一增加值约 50%，五年间约减少 730 万 t 碳排放（约占香港排放总量的 18%）。在 2035 年或之前，香港将不再使用煤做日常发电，只保留做后备发电，由天然气和零碳能源（如可再生能源和核电）取代燃煤发电。随着技术成熟通过多管齐下的措施配合提高可再生能源的比例，包括增加海上风力发电、增加太阳能发电项目等，将可再生能源发电比例从目前的不到 1% 提升到 2035 年的 7.5%～10%、2050 年前的 15%。香港期望能借助技术的发展，于 2050 年前本地发电能利用氢能或其他零碳能源以及其他技术实现净零发电（图 4-3-8）。

绿色运输。氢能是助力实现碳中和目标的有效途径。特区政府在 2035 年或

---

❶ 《香港气候行动蓝图 2050》.

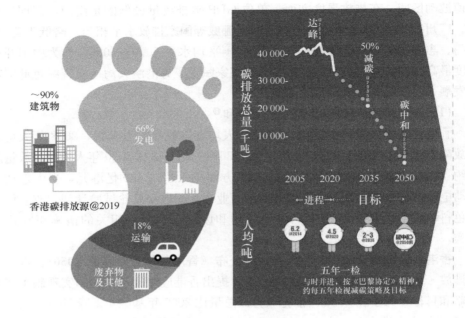

图 4-3-7 香港碳排放源（左）与香港碳中和路线图（右）
（来源：《香港气候行动蓝图 2050》）

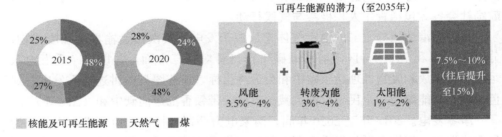

图 4-3-8 香港发电燃料现状（左）及可再生能源发电潜力（右）
（来源：《香港气候行动蓝图 2050》）

之前停止新登记燃油和混合动力私家车，亦于推广电动巴士及商用车辆的同时，计划在未来三年内，与专营巴士公司等合作，试行氢燃料电池巴士及重型车辆。积极推动各种电动及其他新能源公共交通工具和商用车的发展，包括与专营巴士公司合作试行以氢燃料电池驱动的巴士，以期在 2025 年确立更具体使用新能源交通工具的未来路向和时间表。期望通过采取车辆及轮渡电动化、发展新能源交通工具及改善交通管理措施，实现在 2050 年前车辆零排放和运输界别零碳排放的目标。

节能绿建。 建筑物约占香港总用电量的 90%，政府一直致力管理用电需求和推动节能。在推行各项节能措施后，2020 年用电量比 2015 年节省 21 亿 kWh（−4.7%），减少约 145 万 t 碳排放（占香港碳排放总量的 3.6%）。通过推广绿色建筑、提高建筑物能源效益和加强实行低碳生活，减少建筑物的整体用电量。目标是在 2050 年或之前，商业楼宇用电量较 2015 年减少三至四成，以及住宅楼宇用电量减少两至三成；并在 2035 年或之前能达到以上目标的一半。

全民减废。为实现 2050 年前废物处理达至碳中和的目标，政府会致力在 2035 年或之前发展足够的转废为能设施，以摆脱依赖堆填区处理生活垃圾。政府亦会加强推动减废回收，预计在 2023 年落实垃圾收费及 2025 年起分阶段管制即弃塑胶餐具。

（2）广东：将启动第一批碳中和试点示范市（区）建设

广东是国家第一批低碳试点省，也是 7 个碳排放权交易试点之一，而广州、深圳、中山又分别是国家第一批、第二批和第三批低碳试点城市；从宏观层面的省、市、县（区）级温室气体清单编制及低碳发展规划，到微观层面的低碳产品、社区、园区；从重点行业、重点碳排放源的碳交易，到普惠公众百姓、涵盖城镇农村的碳普惠；从国际前沿的碳捕集封存利用技术，到领先全国的近零碳排放区试点工程，广东已开展了全方位、多层次的低碳试点。"十三五"时期国家给广东下达的碳强度目标是下降 20.5%，经初步测算，广东已完成下降指标 22.35%，超额完成了任务，成为推动绿色发展和生活的先行地。

广东"十四五"规划纲要提出，"抓紧制定广东省碳排放达峰行动方案，推进有条件的地区或行业碳排放率先达峰。建立碳排放总量和强度控制制度，推进温室气体和大气污染物协同减排，实现减污降碳协同。加大工业、能源、交通等领域的二氧化碳排放控制力度，提高低碳能源消费比重。"目前广东省正加紧研究碳达峰工作，并提出了"减煤控油增气、增非化石能源、输清洁电"和"分区域、分步骤、分领域、分行业"核心达峰策略，积极指导各地开展碳达峰前期研究。

将启动碳中和试点示范市（区）建设。根据"十三五"低碳工作取得的经验，广东省目前已选择了韶关市、深圳前海合作区、广州从化区、广州花都区、珠海横琴新区、中山翠亨新区、中山神湾镇、汕头南澳县等区域开展第一批碳中和试点示范市（区）建设，目前正编制试点实施方案，接下来还会进一步推动园区和企业的碳达峰、碳中和试点。其中，珠海横琴粤澳深度合作区将通过供电领域关键环节大胆创新，全面引入绿色清洁能源，集中资源、全力打造高可靠供电、数字电网和"碳中和"三大示范区，力争率先建成安全、可靠、绿色、高效、智能的现代化电网，构建"两高一全"（高可靠供电、高品质服务、全绿色动力）能源电力供应体系，推动合作区能源高质量发展。到 2022 年，横琴粤澳深度合作区电力系统将具备"绿色高效、柔性开放、数字赋能"三大特征，清洁能源电量占比达 100％，客户平均停电时间低于 0.5 分钟，电网具备支撑新能源 100％消纳的能力❶。

将研究建立粤港澳大湾区碳市场。大湾区现在有两个碳市场，一个在广州，一个在深圳。经过六年多的不断探索，广东逐步将占全省碳排放约 65％的钢铁、石化、电力、水泥、航空、造纸等六大行业约 242 家企业纳入碳市场范围，是法规体系健全完善、监管真实有效、市场主体参与度高的区域碳排放权交易市场。截至 2021 年 7 月 31 日，配额累计成交量达 1.96 亿 t，成交金额达 44.5 亿元，均居全国各区域碳市场首位。广东"十四五"规划纲要提出"深化碳交易试点，积极推动形成粤港澳大湾区碳市场"❷。目前粤港澳大湾区碳市场的研究已经启动，研究建立粤港澳大湾区碳市场也列入了广东省政府与生态环境部的省部合作协议，考虑在积极稳妥的情况下跟国际上做进一步对接，推动粤港澳大湾区碳市场建设，为国家创造一些经验。2021 年 9 月 14 日，由广东省人民政府印发的《广东省深入推进资本要素市场化配置改革行动方案》提出，"基于广东碳排放权交易市场的基础，研究建设粤港澳大湾区碳排放权交易市场，推动港澳投资者参与广东碳市场交易，建立碳排放权跨境交易机制。进一步深化广东碳市场建设，完善碳排放权抵质押融资等碳金融服务。"❸

打通碳普惠与碳交易机制。碳普惠制度是广东省首创的公众低碳激励机制，为鼓励小微企业、社区家庭和个人加入到低碳减排的行列中，广东开展碳普惠制试点已有五年时间，在广州、惠州、中山、深圳等城市都取得不错的成果，融入了公共出行、垃圾分类、旧衣回收等领域。目前碳普惠机制正逐步完善、推动在全省范围内推广。广东省开发并运营碳普惠兑换等 3 个平台，截至 2020 年 10 月初，碳普惠平台微信服务号关注人数 18.8 万人，平台商城累计提供约 220 种商品，累计发放碳币约 250 万个，累计兑换碳币 29 万个。在此基础上，广东省将碳普惠机制跟碳交易机制打通，通过更严格的自愿减排核证，让符合条件的核证自愿减排量（即 PHCER）能够进入到广东的碳交易市场，控排企业年度履约时可使用碳普惠制的 PHCER 与国家自愿减排机制 CCER 抵消不超过 10％的年度排放量。碳普惠已经成为精准扶贫、生态补偿，推动节能减排、新能源发展，普及公众低碳意识的重要市场机制，充分发挥市场对资源配置的主导作用。

试点金融机构首次对外发布环境信息披露报告。在绿色金融标准建设方面，

---

❶ 南方电网公司：把横琴粤澳深度合作区打造成高可靠供电、数字电网和"碳中和"三大示范区. 2021-9-6. https：//mp. weixin. qq. com/s/dvkCafqe0Y2a5L6gd6L6lg

❷ 广东省生态环境厅. 广东省生态环境厅气候与交流处负责人通报我省应对气候变化工作情况. http：//gdee. gd. gov. cn/hygq/content/post＿3532887. html

❸ 广东省人民政府关于印发广东省深入推进资本要素市场化配置改革行动方案的通知. http：//www. gd. gov. cn/xxts/content/post＿3518110. html

2021 年 6 月广东绿色金融工作推进会上正式发布《广东金融业落实碳达峰碳中和行动目标的倡议》。央行发布《金融机构环境信息披露指南》及《环境权益融资工具》后，细化《金融机构环境信息披露指南》，并组织大湾区内地 8 市 13 家法人金融机构开展披露的试点，旨在通过试点为全省金融机构开展环境信息披露探索路径和积累经验。目前，大湾区金融机构环境信息披露试点工作取得积极进展，13 家试点机构均已提交高质量的环境信息披露报告，并通过"粤信融"平台挂网发布，这是国内首个由区域统一组织、集中公开展示的金融机构环境信息披露模式。下一步将根据试点情况，继续探索细化、完善、拓展信息披露模板和框架，推动更多金融机构尽快掌握环境压力测试方法和模型，进一步提升环境信息披露工作的深度、广度和完整度，为实现碳达峰碳中和目标贡献金融力量❶。

1）广州：构建绿色低碳国土空间开发保护格局❷

广州市以习近平生态文明思想为引领，落实碳达峰、碳中和的重大战略决策，在规划和自然资源领域围绕构建绿色低碳国土空间开发保护格局、优化国土空间布局和要素配置、提升自然资源固碳增汇能力等进行积极探索和实践，引领建设生态优良、集约节约、高效有序的绿色低碳城市。

① 以绿色交通体系规划建设为抓手，推动交通领域碳减排、碳达峰

首先，构建公交主导、步行（骑行）友好、绿色生态的交通体系。规划到 2035 年，在建成约 2000 公里城市轨道的基础上，实现市域"6080"客运目标，即市域公共交通占机动化出行比例达 60%，轨道交通占公共交通出行比例达 80%。同时建设步行和自行车友好城市，以小街区、密路网的空间模式为主，打造有吸引力的步行交通网络，推动生活性道路的步行和自行车空间达到 50% 以上。

其次，落实 TOD 理念，促进职住平衡。以公共交通可达性为依据，配置用地功能和开发规模，推进轨道交通站场综合开发利用，引导人口和就业岗位向轨道站点周边集聚，目前正在积极推动萝岗车辆段上盖、陈头岗停车场上盖等 8 个枢纽综合体开发项目，规划到 2035 年中心城区轨道站点 800m 覆盖人口 80%。在城市存量更新中将轨道站点作为旧村更新的必要条件，利用职住平衡指标和交通承载力评估对城市更新的效果进行反馈，促进城市空间与交通的协同发展，保障 90% 的居民通勤时间控制在 45 分钟以内。

此外，精准调控空间供给，提升绿色交通竞争力。调控停车空间供给，周期性动态优化交通紧张地区停车配建指标，对公共交通已能充分满足规划出行需求

---

❶ 南方都市报．大湾区 13 家法人银行试点机构首次对外发布环境信息披露报告．https：//www.sohu.com/a/477351372_161795

❷ 广州日报．落实碳达峰、碳中和，广州要建设步行和自行车友好城市．https：//www.gzwxb.gov.cn/context/contextId/203117

的地区鼓励商业、娱乐场所停车空间"零配建"。发展绿色货运，大力推广新能源物流车，加快充电设施建设，实现"桩随车布"。

② 构建绿色低碳的国土空间开发保护格局，建设百万亩岭南新田园和都市农业公园

首先，锚固重要生态空间，夯实生态系统碳汇基础。科学开展生态综合评估，综合考虑生态风险、生物多样性、自然资源资产价值等，识别重要生态功能区，支撑生态保护红线、自然保护地等优化划定，锚固生态安全格局，保护森林、水系、湿地等重要自然生态资源，稳固生态系统碳汇本底。

其次，保护农业空间，提升耕地质量，保障粮食安全并促进农业碳减排。通过土地综合整治、划定永久基本农田集中区、建设百万亩岭南新田园和都市农业公园，落实耕地保护。将高标准农田建设与适度规模经营、中低产田改造、农业机械化推广、节水灌溉、生态农业等紧密结合，改善耕地质量，降低农业生产的碳投入、碳排放。

其三，构建紧凑布局、高效有序的城镇空间。合理划定城镇开发边界，优化完善多中心、多层级、多节点的网络化、组团式城市空间结构。精细化布局中心城区功能，高水平打造南沙副中心，建设多个综合地区中心带动城镇圈协同发展，同时构建宜居生活圈促进公共服务设施的均衡供给，促进城乡融合、产城融合和职住平衡发展，提高城市生产生活碳效率。

③ 突出空间与用地载体的引导支撑作用，推动工业、能源领域提质增效、减碳脱碳

首先，优化用地供给，引导产业转型升级。科学编制建设用地供应计划并向社会公布实施，充分发挥土地在宏观调控、城市建设、产业转型升级、经济社会发展中的核心要素作用。

其次，划定保护红线，优化区块产业布局。严格执行《广州市工业产业区块管理办法》，提高工业用地利用效率，促进工业用地合理布局和规模集聚，提高综合能效，引导新能源等战略新兴产业在工业产业区块内科学集中布局，强化用地保障。

其三，加大政策扶持，提高工业用地效率。做好《广州市提高工业用地利用效率实施办法》《广州市工业用地使用权先租赁后出让和弹性年期出让实施办法》的实施工作，降低工业用地初始用地成本，引导工业企业降低地耗标准、提高资源利用效率并严格批后监管。

2）深圳：通过国内首部地方制定的绿色金融领域法规[1]

---

❶ 除标注外，来源：深圳生态环境.深圳：先行示范，全力为全省实现碳达峰目标作贡献. http://meeb. sz. gov. cn/xxgk/qt/hbxw/content/post _ 8675782. html

深圳"十四五"规划纲要明确提出要"以先行示范标准完成国家碳排放达峰行动任务"。"十四五"期间，深圳将开展碳达峰和空气质量达标协同管理，以低碳环保引领推动高质量发展，在全面推进应对气候变化和绿色发展的道路上迈出坚定步伐。

① 聚焦核心，全面实施产业结构优化和能源结构调整

优化产业结构和能源结构是控制温室气体排放最为有效的举措。深圳市持续优化升级产业结构，2020 年，全市战略性新兴产业占地区生产总值比重为 37.1%，高技术制造业和先进制造业增加值占规模以上工业增加值的比重分别达到 66% 和 72%，每平方公里产出 GDP 居全国大城市首位。持续优化能源结构，彻底淘汰了民用散煤和普通工商业用煤。核电、气电等清洁电源装机容量占全市总装机容量的 77%，高出全国平均水平约 25 个百分点。大力发展生物质能，全市生活垃圾焚烧发电厂总发电装机容量达 540MW。

② 重点突破，统筹推动经济社会各领域全过程绿色低碳发展

在工业领域，重点加大对高耗能、高污染落后产能淘汰力度，近三年淘汰低端落后企业 4797 家；充分发挥碳交易市场机制作用，管控的制造业企业平均碳强度下降 39%，同时实现增加值增长 67%。

在交通领域，累计淘汰黄标车和老旧车约 60 万辆，推广新能源汽车约 40 万辆，率先实现公交车、巡游出租车、网约车全面纯电动化，建成岸电设施 18 套，覆盖 38 个大型深水泊位，居全国沿海港口首位。

在建筑领域，率先要求新建民用建筑 100% 执行绿色建筑标准，2020 年新增绿色建筑面积约 1700 万 m²，总面积达 1.28 亿 m²。大力发展装配式建筑，新开工装配式建筑面积占比达 38%，累计 13 个项目获评省级示范项目。

在生活领域，积极倡导"主动停驶、绿色出行"，系统推进轨道、公交、慢行交通三网融合；打造"减装""限塑"等绿色行动品牌，试点建设生态文明"碳币"服务平台，引领发动生态文明全民行动，构建绿色低碳发展新格局。

③ 机制创新，通过国内首部地方制定的绿色金融领域法规

2020 年 10 月 29 日，《深圳经济特区绿色金融条例》作为国内首部地方制定的绿色金融领域法规正式通过，并于 2021 年 3 月 1 日起正式施行。该条例就绿色金融发展落实中的问题制定了一系列促进与保障措施，也为各金融机构投入绿色金融的发展提供更大的动力；金融机构致力于绿色金融发展，了解相关信息，有利于根据政策指引进行机构自身上层结构治理，促进金融机构自身的可持续发展❶。可持续金融支持项目鼓励银行业金融机构设立绿色金融业务分支机构，开展绿色企业融资再贴现等创新业务。绿色发展支持项目支持企业开展智慧能源、

---

❶ 助力双碳目标，深圳奏响绿色金融示范号角。

零碳示范项目、氢能示范项目、可再生能源利用等绿色低碳应用项目，突出构建绿色产业体系，推动落实"碳达峰、碳中和"战略❶。

④ 示范引领，推进近零碳、碳中和等试点示范区域建设

深圳市将大力推进近零碳排放示范工程试点建设，鼓励基础较好的城区开展碳达峰试点、碳中和试点和碳汇试点。支持华为、腾讯、比亚迪等重点企业率先开展碳中和工作，带动上中下游产业链节能降碳，凝聚合力力争尽早实现碳排放达峰，为广东省实现碳达峰目标作出深圳贡献。

福田区锚定"三大新引擎"战略，聚焦碳达峰碳中和路径，可持续金融支持项目鼓励银行业金融机构设立绿色金融业务分支机构，开展绿色企业融资再贴现等创新业务。绿色发展支持项目支持企业开展智慧能源、零碳示范项目、氢能示范项目、可再生能源利用等绿色低碳应用项目，突出构建绿色产业体系，推动落实"碳达峰、碳中和"战略。探索打造河套深港科技创新合作区、安托山片区等近零碳示范区，支持头部企业开展清洁能源科技攻关。实施"零碳示范区"工作方案，积极推动以"比特管理瓦特"模式开展零碳试点项目建设。鼓励引导绿色消费、环保生活，引领中心城区生产生活绿色低碳新时尚。

3）韶关：全力推动碳中和试点示范建设

韶关市地处广东省"一核一带一区"区域发展新格局中的北部生态发展区，也是粤港澳大湾区的重要生态屏障，生态环境优美、自然资源丰富、区位优势明显，是国家首批生态文明建设试点地区、全国产业转型升级示范区，也是广东省主要能源基地之一。全市森林面积 137.05 万 hm^2，森林覆盖率达 74.43%，森林蓄积量 9652.4 万 m^3。2015 年以来，韶关市森林累计吸收二氧化碳 15361.81 万 t，释放氧气 11170.35 万 t，累计碳储量近 5000 万 t。

2021 年 7 月 18 日，广东碳中和研究院（韶关）正式挂牌，签署碳交易平台战略合作、新型电力系统示范区战略合作等 9 项合作协议，创建"一院（碳中和研究院）、一园（碳中和产业园）、一基金（碳中和专项基金）、一平台（碳汇交易平台）、一智库（专家智库）"融合发展模式。当前，韶关正实施以清洁能源为主的多元化发展，全力创建碳达峰碳中和先行示范区。立足资源禀赋优势，科学制定全市实现碳达峰碳中和行动方案，统筹推进产业结构、能源结构、生态结构、交通运输结构、建筑结构、投融资结构等优化调整，全产业链布局新能源产业，形成以新能源为主体的新型电力系统示范区。力争到 2030 年，全市风电和光伏发电装机容量在能源结构的比重突破 50%，并尽可能地降低碳排放的增加

❶ 福田区迭代升维产业资金政策，争创营商环境"最佳实践". http：//www.sz.gov.cn/cn/xxgk/zfxxgj/gqdt/content/post _ 8738591.html

速度和数量❶。

3.2 近零碳排放区试点建设现状

近零碳排放区是指在一定区域范围内，通过减源、增汇或者贡献零碳能源等综合性技术、方法和手段，实现该区域内碳排放趋近于零并最终实现绿色低碳发展的综合性示范工程。"近零碳排放"比"低碳排放"要求更高，但允许采用碳汇抵消等机制，只要"净排放"接近于零即可。

"近零碳"的发展模式更多地强调成本与效益之间的关系，建议要充分考虑当地的经济发展情况，及建设的成本和效益，设定一个接近零的碳排放目标，在支撑经济高质量发展的同时大幅降低碳排放量并使其接近零。实施近零碳排放区示范工程，是对现阶段低碳试点工作的整合提升，有利于低碳技术研究成果的集成推广，能够成为深圳市率先实现碳达峰、碳中和发展目标提供有力抓手，为近零碳甚至碳中和发展探索路径、创新示范和积累经验。

"实施近零碳排放区示范工程"在 2015 年 3 月《中共中央关于制定国民经济和社会发展第十三个五年规划的建议》中首次提出。《"十三五"控制温室气体排放工作方案》明确提出，选择条件成熟的限制开发区域和禁止开发区域、生态功能区、工矿区、城镇等开展近零碳排放区示范工程建设，到 2020 年建设 50 个示范项目。2020 年 9 月，中国国家主席习近平在第七十五届联合国大会一般性辩论上承诺，中国二氧化碳排放力争于 2030 年前达到峰值，努力争取 2060 年前实现碳中和。生态环境部提出"继续推进低碳试点示范，支持有条件的地方开展近零碳甚至零碳示范区建设"。

3.2.1 我国近零碳排放区示范工程推进情况

我国提出"实施近零碳排放区示范工程"后，得到了地方政府的积极响应，北京、陕西、广东、上海、云南、江西、海南、浙江、安徽、湖北等省市正在积极探索开展近零碳排放区示范建设（表 4-3-1）。

部分省市近零碳排放试点建设有关文件　　　　表 4-3-1

地区	启动时间	文件	试点领域						
			城镇	园区	社区	建筑	交通	企业	其他
上海	2021年8月	《上海市低碳示范创建工作方案》			社区				低碳实践区

❶ 国家林业和草原局.韶关:全力推动碳中和试点示范建设.http://www.forestry.gov.cn/main/586/20210928/092754372159137.html

续表

地区	启动时间	文件	试点领域						
			城镇	园区	社区	建筑	交通	企业	其他
湖北	2020 年 9 月	《湖北省近零碳排放区示范工程实施方案》鄂环办〔2020〕39 号	城镇	园区	社区	商业场所			校园
浙江	2017 年 12 月	《浙江省关于开展第二批省级低碳试点工作的通知》	城镇	园区	社区		交通		
云南	2017 年 3 月	《云南省"十三五"控制温室气体排放工作方案》	城镇						限制开发区、生态功能区、工矿区
广东	2017 年 1 月	《广东省近零碳排放区示范工程实施方案》（粤发改气候函〔2017〕50 号）	城镇	园区	社区	建筑	交通	企业	
陕西	2016 年 12 月	《关于组织开展近零碳排放区示范工程试点的通知》（陕发改气候〔2016〕1691 号）		农业园区		民用建筑			工矿区

2016 年陕西省率先发布《陕西省发展和改革委员会关于组织开展近零碳排放区示范工程试点的通知》（陕发改气候〔2016〕1691 号），并给出"近零碳排放"定义：近零碳排放是指通过统筹规划，推动产业低碳循环发展，建设清洁低碳能源体系，应用减源增汇、绿色能源替代、碳产品封存及生态碳汇补偿等综合措施，不产生或抵消碳源产生的二氧化碳排放。同时提出"重点在工矿区、农业园区和民用建筑三个领域进行试点示范"。

2017 年，广东省发布《广东省近零碳排放区示范工程实施方案》，并提出"近零碳排放区示范工程"定义：基于现有低碳试点工作基础、涵盖多领域低碳技术成果，在工业、建筑、交通、能源、农业、林业、废弃物处理等领域综合利用各种低碳技术、方法和手段，以及增加森林碳汇、购买自愿减排量等碳中和机制减少碳排放，在指定评价范围内的温室气体排放量逐步趋近于零并最终实现绿色低碳发展的综合性示范工程。同时提出"近零碳排放试点优先在城镇、建筑、交通、城市和农村社区、园区、企业等六个领域"开展。广东省近零碳排放区示范工程首批试点项目申报累计收到 11 个地市总计 25 个项目，最终确定的首批示范工程包括汕头市南澳县（城镇）、珠海市万山镇（城镇）、广州状元谷（园区）、中山小榄福兴新村（社区）和佛山禅城岭南公交枢纽（交通）5 项。

2018 年，浙江省发布《浙江省发展改革委关于开展第二批省级低碳试点工作的通知》，并提出"近零碳排放区示范工程"定义：综合利用各种低碳技术、管理、市场等手段，实现试点边界内温室气体排放量逐步趋近于零，并推动绿色低碳发展的综合性示范工程。同时提出"选择在城镇、园区、社区和交通等领域，选择一批具有良好的低碳工作基础、减碳潜力较大、有一定示范带动作用的主体开展近零碳排放区示范工程试点"，并已经开展十五个试点示范工程，包括近零碳排放城镇试点 6 个、社区试点 4 个、园区试点 1 个、交通试点 4 个，但是政府均未给予财政补助。

2020 年，湖北省发布《湖北省近零碳排放区示范工程实施方案》，将在城镇、园区、社区、校园、商业五大领域开展首批试点示范。在近零碳城镇试点中，将以推动单位 GDP 二氧化碳排放下降为目标，实施近零碳产业、近零碳建筑、近零碳交通、近零碳能源、近零碳生活等五大示范工程。对于纳入试点范围的工程项目，湖北省生态环境部门将给予一定资金支持，同时将优先推荐示范工程项目纳入省级绿色项目库，并在控制温室气体排放考核中给予倾斜。湖北将在 2022 年底前完成首批示范工程项目建设；到 2025 年底，将在全省推广前期试点示范的成功经验，形成华中地区、长江经济带乃至全国可复制、可推广的样板。同时，湖北省将尽快编制《湖北省"十四五"应对气候变化专项规划》，出台《湖北省碳排放达峰行动方案》。

2021 年 8 月，上海印发《上海市低碳示范创建工作方案》，提出为贯彻落实上海市碳达峰和碳中和目标，"十四五"期间在全市范围内创建完成一批高质量的低碳发展实践区（含近零碳排放实践区）和低碳社区（含近零碳排放社区）。低碳发展实践区（近零碳排放实践区）的申报要求为，有明确的区域边界和低碳发展目标，创建期满后区域的碳排放强度应低于全市同类区域的平均水平或较创建基期下降 20％以上，碳源碳汇比明显下降，可再生能源利用占比显著提升；对于申报近零碳排放实践区的，碳排放强度应达到全市同类区域的先进水平或低于创建基期的 50％以上，碳源碳汇比达到 2 以下，可再生能源利用占比达到 20％以上；创建区域均应在若干领域达到国际国内同类先进水平，在新技术应用、机制创新方面形成具有借鉴意义的经验。低碳社区（近零碳排放社区）的申报要求为，有明确的创建范围和低碳发展目标，创建期满后社区的人均碳排放强度低于全市平均水平或创建基期的 10％以上（新建社区须较基准情景下降 20％以上）；对于申报近零碳排放社区的，社区的人均碳排放强度应达到全市先进水平或低于创建基期的 40％以上；创建社区均应形成具有特色的低碳社区发展模式，在新技术应用、机制创新方面形成具有借鉴意义的经验。

3.2.2 各地近零碳排放区示范工程

(1) 北京市近零碳排放示范区——城市副中心

2016年9月《"十三五"时期新能源和可再生能源发展规划》提出，到2020年城市副中心行政办公区率先建成"近零碳排放示范区"。

北京城市副中心项目以地源热泵为主，多种能源优势互补、节能高效、安全稳定，为城市能源就地化供应提供了有益借鉴。制定了多源耦合、技术复合（地源热泵技术、蓄能技术、调峰技术、变频技术）、地下地上联动、核心设备定制等融为一体，建设"智能热、冷供应系统"的技术路线。行政办公区占地面积6km²，总建筑面积约380万m²，都应用了以浅层地热能为主、深层地热能为辅、其他清洁能源为补充的能源供给方案，构建"1个智慧管理平台+6座区域能源站"的能源供应保障体系，地热"两能"占设计热负荷的60%，实际能源贡献率接近系统的90%。智慧能源管控平台+地热"两能"承载力监控平台=能源系统"最强大脑"，保障了一流的自动化控制，达到最高效节能的目标。目前已建成全球范围内单批次最大规模地热"两能"利用系统，1号、2号两座巨型区域能源站，共同组成了贯穿办公区建筑群近240万m²的"绿色空调"，实现供暖、制冷和提供生活热水，实现了办公区使用可再生能源比重达40%的目标❶。

城市副中心大力推行绿色建筑，新建公共建筑全面执行三星级绿色建筑标准，以行政办公区等区域为重点，推进"近零碳排放示范区"建设。位于宋庄镇的共有产权房项目，有4栋"冬暖夏凉"超低能耗建筑，每年可节约的一次能源相当于约188t标准煤。该建筑的外墙外保温厚度是其他常规住宅楼的约2.7倍，门窗的保温隔热性能也非常高，除了北侧外窗，其他外窗均安装了遮阳系统，相当于隔绝整栋房子与室外环境的热交换。同时该建筑安装有新风系统，相当于给房子配上了呼吸系统，不单单能进行空气交换，而且具备高效热回收功能。规划建设一座11.2km²的城市绿心森林公园，所有配套建筑的能源供应有40%来自地下的地源热泵系统。副中心以城市绿心组团为示范，打造北京城市副中心首个近零碳排放组团，考虑到区域的浅层地热和光伏技术应用条件，绿心公园融合使用了多种绿色能源技术。目前，绿心组团内所有建筑都采用地源热泵、光伏和储能等绿色能源技术，实现能源互补，可再生能源利用率达到41.2%。整个园区光伏铺设规模达388kW，通过屋顶光伏加储能交直流微网技术，可为建筑供应绿色电力，预计年发电量约46万kWh。目前绿心智慧能源管控平台已经建成，

---

❶ 北京日报.城市副中心行政办公区可再生能源达四成.http://www.beijing.gov.cn/ywdt/zwzt/jjtz/jkwwptsj/202101/t20210112_2217238.html

采用能源信息化智能管理平台技术，对园区建筑的供热供冷系统进行集中管控，确保系统可靠运行。经初步测算，仅供热供冷，绿心公园每年就相当于减少碳排放 11556t，实现高比例可再生能源、低碳排放的目标❶。

在"十四五"关键期，城市副中心正研究制定科学合理、有效可行的时间表、路线图，推出操作性强的低碳减排措施，打造可示范可推广可持续的绿色城市发展模式：充分挖掘城市副中心资源潜力，全面推动可再生能源优先发展，大幅提升绿电应用比重，构建绿色低碳安全高效的能源体系。将碳排放总量和强度"双控"指标作为产业落地约束条件，鼓励科技含量高、资源消耗低、碳排放少的产业发展。推行绿色建筑和超低能耗建筑，新建公共建筑全面执行三星级绿色建筑标准，结合老城"双修"，对老旧小区等存量建筑实施节能改造。打造绿色低碳交通体系，探索设立超低排放区，推广应用新能源车，沿河、沿绿、沿路建成慢行系统。倡导绿色低碳生活方式，推进绿色家庭、绿色学校、绿色社区、绿色商场等创建活动。

在做好碳排放的"减法"的同时，还要做好生态碳汇的"加法"。不断扩大绿色空间，推进大尺度绿化，建设一批城市公园，确保创森成功验收。提升水系生态品质，推进潮白河、温榆河等重点流域综合治理与生态修复。突出拓展区生态功能，建设景观生态林。

在机制创新方面，要以碳达峰、碳中和为契机，积极培育绿色发展新动能。大力发展绿色金融，以运河商务区为载体，发挥北京绿色交易所带动作用，建设全国自愿减排等碳交易中心，在绿色金融体系构建、标准制定、政策服务等方面先行先试。培育绿色低碳产业集群，鼓励绿色科技创新，支持开展前沿技术研发攻关，推动科技成果在城市副中心就地转化。

坚持试点先行，落实到各个区域和单元，推动重点区域、示范性项目率先突破。城市副中心党工委管委会做好顶层设计，市级相关部门完善相关政策。行政办公区要率先实现碳中和，环球主题公园及文化旅游区、运河商务区建设近零碳排放示范区域，城市绿心建成"零碳公园"，张家湾、宋庄、台湖等特色小镇打造一批绿色低碳样板❷。

（2）广东省近零碳城镇试点——汕头市南澳县❸

南澳县作为广东唯一的海岛县，是"全国生态示范区"，生态环境条件优良，

---

❶ 北京日报 . 城市绿心将打造北京城市副中心首个近零碳排放组团 . http：//www.bjmy.gov.cn/art/2021/4/14/art_9820_353585.html

❷ 新京报 . 蔡奇调研城市副中心，要求扎实推进减排降碳 . https：//www.bjnews.com.cn/detail/162233121414073.html

❸ 国家林业和草原局 . 广东省汕头市南澳县成为华南颇具影响力近零碳排放示范县 . http：//www.forestry.gov.cn/zlszz/4262/20200623/091631340520432.html

在 2018 年启动近零碳排放城镇试点工作,是广东省首批近零碳排放区示范工程试点项目之一。围绕"产业低碳、生态固碳、设施零碳、机制减碳"发展模式,从产业发展、基础设施和公共管理三个层次推进近零碳排放示范工作,目前已基本完成项目建设任务。到 2020 年,该县可再生能源利用占比提高至 57% 以上,主要为风力发电,可完全抵消自身碳排放并可外输电力。

南澳县因其独特的地理位置,在风力、海洋、旅游和生态环境方面具有得天独厚的资源禀赋,具有良好的低碳工作基础。自 2018 年 8 月以来,南澳县紧紧围绕"产业低碳、生态固碳、设施零碳、机制减碳"发展模式,从产业发展、基础设施和公共管理三个层次稳步推进近零碳排放示范工作。成立了南澳县近零碳排放试点工程建设领导小组,高质量推进零碳排放示范项目建设。

"产业低碳"以发展低碳旅游业和生态养殖业为主。通过建立游客低碳消费引导机制,实现游客需求的精细化低碳管理,利用南澳岛森林、海洋、风能等旅游资源,融合低碳元素打造"体验式、互动式"低碳旅游产品供给体系,促进旅游业低碳化发展。海洋生态养殖产业则强调生态化、标准化、产业化发展模式,推广发展以龙须菜与牡蛎混养为主的生态养殖模式,同步实现海洋资源利用的经济效益和生态效益。

"生态固碳"强调发挥森林系统和海洋系统的固碳功能,通过培育以南澳海岛国家森林公园为主的森林碳汇及注重发挥以大型经济海藻等海洋生物的固碳作用,挖掘和增强海洋生态系统对二氧化碳的吸收潜力。

"设施零碳"主要加强陆上、海上风电项目建设以及清洁出行能源设施建设。依据现有陆上风电项目和预计将开展的海上风电项目,打造零碳化的电力生产供应体系;建环岛景观带绿道网、引进共享单车、投入纯电动公交及新能源客车、禁止燃油公交进岛营运、建集新能源汽车充电站和充电桩,公交电动化率在全市率先达 100%,公路路灯也实现了太阳能化。

通过这套近零碳排放的发展模式,南澳岛打造了多能互补的零碳能源工业体系,先后实施十三期风电开发项目,建设 9 个扶贫光伏项目,与火电相比年可减少排放二氧化碳 35 万 t。同时开发了一批"体验式、互动式"低碳旅游产品,如"南澳岛相思花节"、黄花山零碳示范景区、后花园零碳示范景区等。

在实现"双碳"目标背景下,南澳县将以近零碳排放区城镇试点建设工作为起点,以发展生态旅游为核心,进一步做深做细,把南澳建设成具有中国特色的碳中和示范城市,打造成一张靓丽的国际名片。

(3) 广东省近零碳社区试点——中山市小榄镇北区福兴新村

2014 年以来,福兴新村以建设社区农园、低碳驿站、光伏家庭等方式,将衣食住行"减碳"行为融入居民生活。2017 年,被认定为广东省唯一近零碳排放示范社区,2018 年被认定为全市唯一的广东省绿色社区。2021 年 9 月 15 日,

"广东省近零碳排放社区——中山市小榄镇北区社区福兴新村"成功入选生态环境部评选的"2021年绿色低碳典型案例"❶，成为十大社区案例之一。

中山市小榄镇北区福兴新村占地面积约4.93万m²，总建筑面积约3.6万m²，共有135户居民家庭，常住人口约600人。据统计，社区人均碳排放为0.818t，可再生能源利用率达5%。到2020年社区可再生能源利用占提高到20%以上，屋顶光伏发电总装机容量达到150kW以上（图4-3-9），社区碳排放总量每年减少约150t。社区居民养成了低碳生活习惯，积极参与近零碳排放社区建设，形成了碳排

图4-3-9　福兴社区居民住宅屋顶光伏
（来源：中国国际电视台的《一个中国村庄的"近零碳"生活实践》）

放量下降、碳排放数据管理规范、低碳技术广泛应用的近零碳排放社区示范点。

福兴新村属于综合型社区，家庭结构多样，社区原本面貌在珠三角地区城镇化过程中具有典型性，建设近零碳社区项目为小榄镇乃至中山实现碳达峰、碳中和进行了积极的探索，这一系列有益措施有望逐步在全市推广。目前，福兴新村近零碳项目在低碳改造、科普实践教育、复制推广等方面已完成12项产出。

图4-3-10　智能垃圾回收机可用手机操作投放
（来源：中山日报）

在绿色社区方面，福兴新村建立了较完善的环境管理体系和公众参与机制，其居民家庭可再生能源利用占比达21.5%，社区闲置用地绿化改造达90%，每年减排二氧化碳约100t，垃圾分类参与率达71%；在资源循环利用方面，建立了"共享图书阁""旧物格仔铺""厨余堆肥点""雨水回收系统"等，截至目前，智能垃圾回收机注册率达70%（图4-3-10），每月垃圾平均投放量近400kg，每户减量15%，可回收物达10t，充分调动居民积极性，盘活社区废旧资源；在近零碳排放社区建设方面，以"共建共治共享"的模式，建设集"展示、教育、体验、实践"于一体的低碳驿站及低碳农园，建设包含"应用气候变化""低碳生活如何做"等主题教育板块的科普教育基地。其中，低

---

❶　生态环境部 . 关于2021年绿色低碳典型案例征集结果的通告 . https：//www. mee. gov. cn/ywgz/ydqhbh/wsqtkz/202109/t20210916 _ 945846. shtml

碳驿站附近区域已经完全实现零碳排放❶。

（4）厦门市近零碳排放社区示范工程——东坪山片区❷

厦门市东坪山片区近零碳排放区示范工程，探索积累绿色低碳发展方式经验，为福建省推广近零碳排放示范工程提供"厦门样板"（图4-3-11）。东坪山片区近零碳排放区示范工程的创建始终秉持着"绿水青山就是金山银山"的生态文明理念，以特色资源开发为依托，以产品创新为突破，充分考虑道路、栈道、停车、餐饮等各要素的设计布局，从环境生态、经济生态、社会生态、文化生态四个方面着手进行提升整治。

图 4-3-11 群山环绕的东坪山片区

（来源：人民网）

在片区提升过程中，东坪山开通 1 条纯电动公交线路，启动了照明系统改造，新增路灯全部采用太阳能供电，根据光线的变化自动调节亮度和开关，达到节约用电的效果。同时，鼓励和倡导居民使用小型荧光灯，减少发光体的额定瓦数，使用高效节能灯代替常规灯泡，使用可利用太阳能发电的灯具，减少照明使用能量。

经核算，东坪山片区优化能源结构共减少二氧化碳排放量 78t/年，其中，路灯年减碳约 49t，纯电公交车年减碳约 29t。2020 年 9 月，通过专家组评估验收，东坪山片区建成福建省首个近零碳排放示范区。2021 年 9 月 15 日，"东坪山片区近零碳排放区示范工程"成功入选生态环境部评选的"2021 年绿色低碳典型案

❶ 中山日报．打造乡村低碳生活"中山样本"．http：//www. zsnews. cn/news/index/view/cateid/35/id/674294. html

❷ 厦门日报．探索新模式 打造碳中和厦门样板我市将绿色低碳理念融入生态文明建设在全省率先建成首个近零碳排放示范区东坪山片区．http：//dpc. xm. gov. cn/zl/91273/202103/t20210329 _ 2527637. htm

例（社区类）"❶。

　　按目标时间节点，至 2022 年东坪山片区将陆续完成照明、污水管网、公厕、低碳生态停车场等一系列基础设施工程的改造提升。违建还绿、垃圾分类、林相改造提升以及东山水库景观提升工程、城市绿色低碳旅游工程、绿色低碳文化宣传工程等全方位的创建也将进入新阶段。

---

　　❶　生态环境部.关于 2021 年绿色低碳典型案例征集结果的通告 . https：//www. mee. gov. cn/ywgz/ydqhbh/wsqtkz/202109/t20210916 _ 945846. shtml

第五篇 | 中国城市生态宜居发展指数（优地指数）报告（2021）

中国城市生态宜居发展指数（以下简称"优地指数"）旨在促进规划、建设过程的生态化；反映政府作为、推动低碳生态城市事业的发展；评估低碳生态城市建设的经济、社会、环境效益，推动低碳生态城市建设市场的发展；鼓励公众参与、公众监督，推动社会关注和人文引导。从而梳理和总结中国生态城市发展特色，寻找城市生态宜居建设的可持续发展路径。

"优地指数"是对生态城市发展进程的动态考核。其特点在于并不是对于城市生态建设建成之后的结果进行评估，而是考察生态城市子系统的功能、发展效率与动态。由于城市始终处于动态的建设过程之中，因此，指标体系需要是动态、可比的，既体现了城市与城市之间的横向比较，也能够反映城市自身的纵向比较。对典型地区的绿色低碳满意度评价从主观上反映出指数评估不能反映的内容，二者相辅相成，相互补充。指数评估体系的进一步完善需结合居民生态宜居的主观感受，进行综合评价，以便为政府制定科学决策和确定下一阶段的建设目标提供依据。

自2011年发布优地指数至今已连续评估11年，在2020版的基础上更新了287个地级及以上城市生态宜居发展指数评估结果，同时结合第七次人口普查数据分析不同类型城市的人口动态情况和人口吸引力。此外，能源、工业、建筑和交通是城市碳排放的关键部门，在优地指数评估指标体系中，已经涵盖这些板块中与碳排放直接或间接关联的评估指标，研究选取各关键排放部门的指标进行特征分析，以研究优地指数各类城市的碳排放现状特征及发展潜力。

1 研究进展与要点回顾

研究组❶于 2011 年提出"中国城市生态宜居发展指数"(以下简称"优地指数"),以期对中国城市的生态、宜居发展特征进行深入的评价和研究,至今已连续评估 11 年。

1.1 方 法 概 要

1.1.1 二维体系

优地指数从低碳建设过程和成效两个维度对中国近 300 个地级及以上城市进行评估与比较,综合评估城市建设过程中生态、宜居和可持续性发展的表现。其中,结果指数主要反映"建设成效",从可持续发展、城市高效运营、提高生活水平、提升能源效率、改善环境质量等五个方面来进行综合衡量;过程指数着重体现"发展",主要从管理高效、生活宜居以及环境生态三个方面来进行评价。两个维度的评估指标体系共包含 5+14 个评估指标,根据城市建设过程指数和生态建设结果指数的得分,以及城市在二维平面直角坐标系的不同象限的位置,将城市划分为提升型(第一象限)、发展型(第二象限)、起步型(第三象限)和本底型(第四象限),以确定城市生态定位(图 5-1-1)。

1.1.2 数据处理

由于各评价指标的性质不同,通常具有不同的量纲和数量级,在优地指数评估中需要将各项指标都进行标准化处理,基于评估年份所有被评城市的基础水平和规划目标最优值,设定各项指标起步值、理想值两个参数,将各项指标数值标准化处理至 0~100 范围内,以便进行加权计算及横、纵向比较。考虑到城市社会经济发展的影响,各项指标总体呈现提升,为降低这部分提升对结果的影响,每年各指标的起步值、理想值按照全国平均增幅/降幅进行动态调整。

将各项指标均进行标准化处理之后,按照分配权重加权求和,分别求得过程

---

❶ 中国城市科学研究会生态城市专业委员会重点研究课题——由深圳市建筑科学研究院股份有限公司科研小组研发成果。

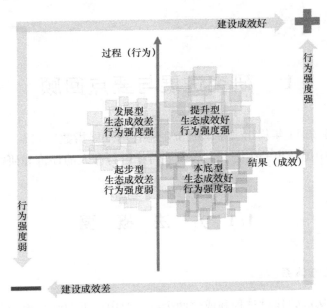

图 5-1-1　优地指数的二维评估体系

指数和结果指数，综合评价生态城市总体水平。

1.2　应　用　框　架

优地指数自 2011 年开始评估，已累积 11 年的评估数据。在此基础上，优地指数已在宏观、中观和微观层面上开展了具体的评估应用，形成了相对成熟的应用框架。

1.2.1　宏观：总体布局与发展路径

通过每年对约 287 个地级及以上城市的持续评估，基于这些城市的结果指数、过程指数评估结果，给出全国被评城市的生态宜居建设成效、投入力度的总体排名，以及各类型的城市清单；剖析四类型城市的空间分布情况，并基于城市类型的分析结果，对位于不同空间位置的城市类型特征进行研究。

宏观层面评估侧重于对城市生态宜居发展特征的总体研究。对全国生态宜居城市建设的总体进程和历史发展路径进行分析，并进一步量化评估社会经济发展水平（如运用人均 GDP、第三产业增加值占比等指标）对城市生态宜居建设成效的影响，整体把脉城市生态宜居发展路径规律与特征。除上述内容外，还可进一步剖析评估结果的年际动态。

1.2.2　中观：区域特征与比较分析

对特定区域与其他区域整体（城市群或省份）的优地结果指数、过程指数进行横向比较，绘制四象限图评估该区域的生态宜居发展定位特征。通过绘制柱状图、风玫瑰图等形成可视化图表，分析各评估区域在生态宜居建设成效与力度方面的长短板，进而提出下一步提升的着力点。

通过被评区域内城市在四象限的分布情况，初步判断城市群的生态宜居发展定位以及协同情况。收集被评区域内城市的经济发展、空气质量、能源消耗等指标数值、指标变化率数据，从水平-变化率两个维度对各区域社会经济特征进行总体分析与横向比较。最后，对被评区域内城市的行为力度、建设成效的协同性进行比较，给出城市群、省份内部的发展协同水平。

中观层面评估分析特定城市群、省份等区域的生态宜居发展特征，并与其他区域进行横向比较。进一步的，评估现阶段该被评区域的发展侧重点及优劣，以及区域范围内不同城市的发展定位、优劣与趋势，寻找区域内城市间相互协调、协同发展的路径。

1.2.3　微观：城市定位与专项评估

基于2011—2021年优地过程指数与结果指数的评估结果，找出被评城市在287个地级及以上城市中的排名、在四象限中所在象限以及历年发展变化的情况。对城市进行总体定位。对城市总体定位进行评估后，可进一步分析城市与全国平均水平、最优水平或者是特定城市的差异，或者各项评估内容所处的水平，选择特定城市（如全国总体排名靠前的城市，或地理位置或发展背景相对靠近的城市）的总体结果或各项指标进行对标分析。

在前述已开展对城市定位、历史轨迹以及城市对标、优劣势进行分析的基础上，可进一步深化对城市具体评估对象指标的分析。例如对经济发展、运营管理、道路交通、能源节约、大气环境、城市绿化等具体指标的专项评估，包括建设水平分析、城市单指标对标、差距分析以及历史趋势情况等，对城市各项发展工作进行具体把脉，以提出下一步着力重点，提前布局相关工作。

微观层面评估首先要对城市进行生态诊断。在这一过程中，优地指数是从总体上了解城市定位、评估城市生态宜居发展优势与不足的评估工具。通过对历年对全国287个地级及以上城市的优地指数评估指标与结果的数据累积，可快速找到被评城市的生态位、历史发展轨迹以及分析城市发展的优势、不足与潜力。

2 2021 年城市评估

2.1 中国城市总体分布（2021 年）

根据 2021 年的评估结果（图 5-2-1、表 5-2-1），有 74 个城市属于提升型城市（第一象限），占总城市数量的 25.8%；发展型城市（第二象限）共有 172 个，占比为 59.9%，生态宜居城市建设仍有进一步提升的发展空间；起步型城市（第三象限）共有 40 个，占被评城市的 13.9%，这些城市的发展模式仍相对粗放，生态宜居建设成效较差，仍需改善城市生态宜居状况；有 1 个城市属于本底型城市（第四象限），占比为 0.3%。

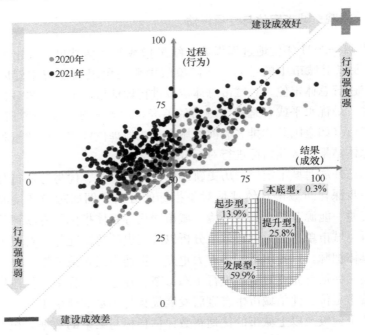

图 5-2-1　2021 年各城市优地指数四象限分布特征

2021 年各城市优地指数评估结果

表 5-2-1

类型	象限	数量	占比	城市名称
提升型	一	74	25.8%	深圳 上海 北京 杭州 厦门 广州 青岛 南京 宁波 苏州 天津 成都 武汉 合肥 大连 无锡 长沙 郑州 沈阳 嘉兴 常州 济南 福州 重庆 南宁 珠海 绍兴 烟台 昆明 南通 镇江 贵阳 扬州 海口 佛山 南昌 威海 长春 西安 东营 东莞 徐州 台州 廊坊 黄山 中山 泉州 温州 金华 宿迁 湖州 常德 潍坊 银川 舟山 桂林 太原 漳州 绵阳 连云港 乌鲁木齐 许昌 株洲 芜湖 遂宁 襄阳 洛阳 莆田 遵义 衢州 丽水 宝鸡 柳州 哈尔滨
发展型	二	172	59.9%	惠州 北海 鹰潭 淮安 三亚 盐城 石家庄 肇庆 日照 泰安 泰州 萍乡 湘潭 郴州 宜昌 吉安 呼和浩特 延安 临沂 秦皇岛 兰州 德州 荆州 拉萨 汕头 蚌埠 钦州 岳阳 玉溪 鄂尔多斯 六安 安顺 铜陵 牡丹江 抚州 南阳 克拉玛依 赣州 四平 大庆 通化 南平 宁德 泸州 济宁 宣城 宜春 西宁 龙岩 吉林 德阳 三明 梅州 河源 丽江 滁州 宜宾 六盘水 新余 池州 广安 保定 黄石 松原 永州 江门 淄博 天水 自贡 咸阳 湛江 开封 茂名 九江 景德镇 安庆 淮北 淮南 呼伦贝尔 益阳 三门峡 咸宁 汉中 包头 荆门 宿州 衡阳 固原 佳木斯 梧州 怀化 齐齐哈尔 铜仁 鹤壁 平顶山 沧州 眉山 黄冈 白山 菏泽 新乡 阳江 周口 锦州 韶关 晋城 亳州 贵港 随州 汕尾 资阳 赤峰 信阳 聊城 石嘴山 阜阳 辽源 云浮 庆阳 张掖 焦作 攀枝花 滨州 商丘 十堰 临沧 枣庄 濮阳 广元 漯河 防城港 鄂州 雅安 乌海 承德 驻马店 张家界 马鞍山 长治 毕节 邵阳 邢台 盘锦 白银 榆林 黑河 巴中 晋中 达州 白城 渭南 阳泉 酒泉 贺州 嘉峪关 安阳 本溪 衡水 辽阳 丹东 定西 营口 乌兰察布 内江 双鸭山 抚顺 葫芦岛 鸡西 平凉 七台河 伊春 铜川
起步型	三	40	13.9%	上饶 玉林 潮州 邯郸 吴忠 乐山 南充 大同 绥化 曲靖 揭阳 中卫 清远 普洱 吕梁 张家口 孝感 金昌 娄底 保山 陇南 商洛 来宾 安康 朔州 河池 昭通 忻州 百色 通辽 鞍山 崇左 临汾 武威 铁岭 巴彦淖尔 运城 阜新 朝阳 鹤岗
本底型	四	1	0.3%	唐山

注：各类型城市评估结果根据公开年鉴数据而获得，类型特征仅供参考。

2.2　各类城市常住人口动态特征（2010—2020 年）

2021 年 5 月，第七次全国人口普查数据正式公布，2020 年大陆地区人口总体规模达到 14.1 亿人，相较于 2010 年"六人普"时，增加 7205 万人，其年平均增长率为 0.53%❶。从各省份数据来看，与 2010 年相比，东部省市的人口增量占全国人口增量的 79.2%，2020 年东部人口集中度明显提高，西部人口占比相对稳定，东北人口占比明显下降，中部人口占比略有下降（图 5-2-2）。

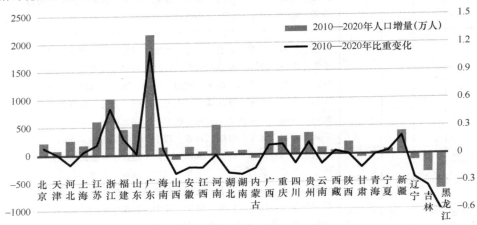

图 5-2-2　各省份 2010—2020 年常住人口变化情况

（数据来源：国家统计局 2010—2020 年城市统计年鉴）

2.2.1　城市常住人口总体变化特征

为进一步评估各类城市在人口吸引力上的情况，研究组收集了 287 个地级及以上城市第七次人口普查、第六次人口普查数据进行分析。

287 个城市中，2010—2020 年常住人口变化幅度从下降 30.7% 到增长 68.4%（为深圳市增幅）不等（图 5-2-3）。其中，152 个城市在 2010—2020 年的常住人口呈现增长动态（占比约为 53%），66% 的城市人口变化幅度在 10% 之内，22 个城市常住人口增幅超过 30%，32 个城市常住人口增量超过 100 万人，这些城市的人口集聚水平显著超过其他城市。

从各省份情况来看，除直辖市外，贵州（6）❷、海南（2）、新疆（2）、浙江（11）的所有优地指数评估城市均在 2010—2020 年呈现人口增长，其他省份均有

---

❶　国家统计局 . 第七次全国人口普查公报解读。

❷　括号中数字表示该地区评估城市总数。

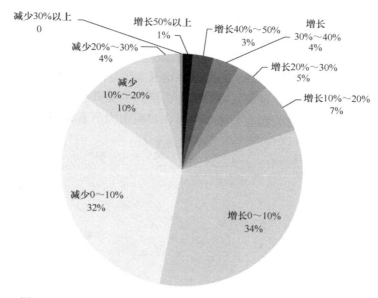

图 5-2-3 287 个地级及以上城市 2010—2020 年常住人口变化情况

一定比例城市的常住人口呈现负增长特征，其中陕西、云南、甘肃、辽宁、吉林、黑龙江地区常住人口呈增长的城市比例不足 30%，这些地区的省会城市呈现较强的虹吸作用，人口明显集聚（图 5-2-4）。

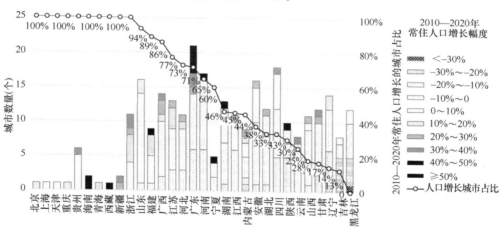

图 5-2-4 各省份城市 2010—2020 年常住人口增长情况

2.2.2 优地指数四类城市常住人口变化特征

（1）四类城市常住人口变化总体特征
提升型城市的 2010—2020 年常住人口以增长为主，增长的城市比重高达

92%，平均增幅达到 17.05%，在增幅大于 10% 的城市中的总占比超过 76%（图 5-2-5、图 5-2-6）。人口变化幅度在 −10%~0、0~10% 之间的城市以发展型城市为主，占比分别为 64%、70%；发展型城市中人口增长城市占比达到 44%，平均涨幅为 −1.68%。起步型城市中人口增长城市占比仅 20%，平均降幅为 5.45%。可见，生态宜居建设成效好、行为力度强的提升型城市具有较强的人口集聚作用，发展相对粗放的起步型城市对于人口吸引力显著偏弱。

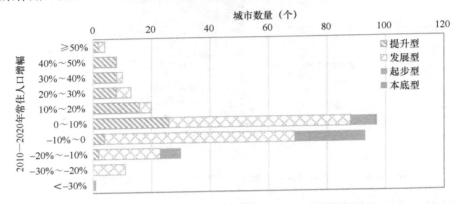

图 5-2-5　优地指数各类城市的常住人口动态特征

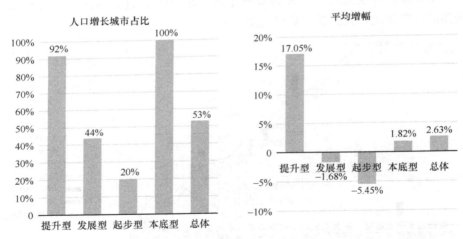

图 5-2-6　各类城市的人口增长城市占比（左）与平均增幅（右）比较

(2) 各地区三类城市常住人口变化特征

从各地区优地指数不同类型城市的平均水平来看，提升型城市在各地区的人口增幅显著高于平均水平，其中海南、广东、宁夏地区的提升型城市常住人口平均增幅超过 40%，贵州、河北、云南、江西、山西等地区的提升型城市平均增幅超过 20%（图 5-2-7）。起步型城市则总体低于平均水平，大部分地区的起步型城市常住人口平均变化率为负值，人口呈现外流趋势。

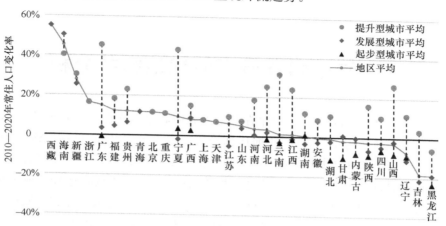

图 5-2-7   各地区优地指数三类城市的常住人口变化情况特征

3 碳中和背景下的优地指数分析

2020年9月，国家主席习近平在第七十五届联合国大会一般性辩论上承诺，中国二氧化碳排放力争于2030年前达到峰值，努力争取2060年前实现碳中和。2020年10月召开的中共十九届五中全会公报提出，到2035年基本实现社会主义现代化远景目标，明确"碳排放达峰后稳中有降"。率先实现碳达峰将成为很多地区经济社会发展的重要目标，也将成为省市高质量发展的重要标志。城市仅占据全球2%的面积，却居住了超过50%的世界人口，消耗了超过2/3的全球能源，排放了超过70%的温室气体❶，因此城市减排是全球应对气候变化工作的中心。我国各行业各领域碳排放有序达峰，既是支撑落实国家碳达峰、碳中和目标的必然要求，也是推动实现经济社会发展全面绿色转型的客观需要。

能源、工业、建筑和交通部门是城市碳排放的关键部门，在优地指数评估指标体系中，已经涵盖这些板块中与碳排放直接或间接关联的评估指标，为了研究优地指数各类城市的碳排放特征，本节选取各关键排放部门的指标进行深入分析（表5-3-1）。

碳排放关键部门特征指标选取   表 5-3-1

部门	优地指数 直接评估指标	优地指数 相关指标	城市特征 分析指标
能源	单位 GDP 能耗 单位 GDP 电耗	—	单位 GDP 能耗降幅 能源消费总量增幅
工业	—	第三产业增加值占比	工业用电量占比
建筑	—	人均 GDP 每百人公共图书馆藏书、 每万人拥有病床数（公共建筑）	人均居民生活碳排放 人均居住建筑面积
交通	每万人拥有公共汽电车	人均道路面积	建成区人行道面积占比 建成区路网密度
森林 绿地	建成区绿化覆盖率 人均公共绿地面积	—	绿地与广场用地面积占比 森林覆盖率

---

❶ UN-Habitat. Climate change. Retrieved November 23，2018，from http：unhabitat.org/urban-themes/climate-change/

3.1 能源：能耗强度与增长趋势

城市能源电力低碳转型是城市碳达峰碳中和目标实现的关键环节，能源结构的清洁化、能源利用效率的提升是能源部门碳排放管理的主要途径。本节梳理分析各城市的单位 GDP 能耗、能耗强度降幅等指标，评估优地指数各类城市在能源碳排放管理方面的表现。我国各地区单位 GDP 能耗的公开程度存在差异，研究组通过省市统计年鉴、国民经济和社会发展统计公报等公开途径直接或间接获得 183 个城市 2019 年的单位 GDP 能耗数据（包括 11 个城市的单位 GDP 能耗、168 个城市的单位 GDP 能耗降幅、4 个城市的能源消费总量数据），本节基于这 183 个城市数据进行分析。

3.1.1 各类城市单位 GDP 能耗特征

我国"十三五"时期实施能耗总量和强度"双控"行动，明确要求到 2020 年单位 GDP 能耗比 2015 年降低 15％，能源消费总量控制在 50 亿 t 标准煤以内，我国按省、自治区、直辖市行政区域设定能源消费总量和强度控制目标，对各级地方政府进行监督考核。2021 年 8 月 12 日，国家发展改革委印发《2021 年上半年各地区能耗双控目标完成情况晴雨表》，表中显示目前不及半数省（区）能耗强度降低进展总体顺利。9 月 16 日，国家发展改革委印发《完善能源消费强度和总量双控制度方案》提出严格制定各省能源双控指标，该方案是当前和今后一个时期指导节能降耗工作、促进高质量发展的重要制度性文件，对确保完成"十四五"节能约束性指标、推动实现碳达峰碳中和目标任务具有重要意义。

2019 年优地指数各类城市的单位 GDP 能耗统计分析结果如图 5-3-1 所示。总体而言，提升型城市的能耗强度较低，平均水平约为 0.4t 标准煤/万元，其次

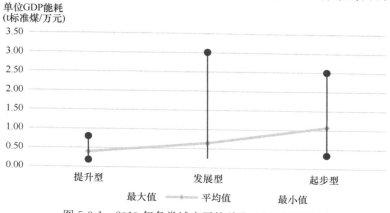

图 5-3-1 2019 年各类城市平均单位 GDP 能耗特征

是发展型城市（平均水平约为 0.65t 标准煤/万元），起步型城市则单位 GDP 能耗仍处于较高水平，平均值达到 1.07t 标准煤/万元。可见，提升型城市的能源效率相对较高，起步型城市相对较低。

　　各地区的提升型城市能耗强度总体处于最优水平，起步型城市的单位 GDP 能耗一般高于发展型城市，仅江西、湖北、黑龙江地区部分发展型城市的单位 GDP 能耗高于起步型城市，说明城市发展在区域上存在一定的差异性。在各地区中，提升型城市的单位 GDP 能耗水平总体为 0.2~0.6t 标准煤/万元，发展型城市的单位 GDP 能耗基本在 0.4~0.8t 标准煤/万元附近，起步型城市的单位 GDP 能耗浮动范围较大，大多数分布在 0.3~1.0t 标准煤/万元之间，例如山西、宁夏及湖南仍有部分起步型城市单位 GDP 能耗仍处于较高水平（图 5-3-2）。

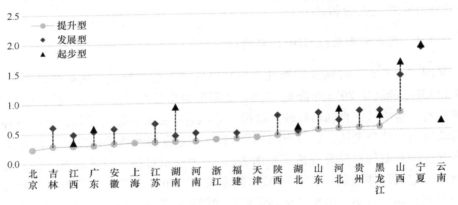

图 5-3-2　各地区三类城市的单位 GDP 能耗平均水平（单位：t 标准煤/万元）

3.1.2　各类城市能耗增长趋势特征

　　降低单位 GDP 能耗，也是推进能源清洁低碳转型、倒逼产业结构调整的现实需要。有研究表明，"十四五"期间，单位 GDP 能耗降幅每扩大 1 个百分点，每年可减少能源消费 0.5 亿 t 标准煤以上，相应减少二氧化碳排放 1 亿 t 以上❶。

　　从各类城市 2019 年的单位 GDP 能耗降幅来看（图 5-3-3），绝大多数城市的单位 GDP 能耗下降，变化范围以−8%~0 为主，部分城市降幅接近 20%；需要注意的是，仍有少数城市的单位 GDP 能耗仍处于增长阶段，其中以发展型数量最多，甚至少数城市单位 GDP 能耗增幅超过 10%。提升型城市的单位 GDP 降幅平均水平高于发展型城市和起步型城市，降幅分别为 3.39%、3.22% 和 2.64%，

---

　　❶　中国电力报. 单位 GDP 能耗降低 13.5% 加快形成能源节约型社会.

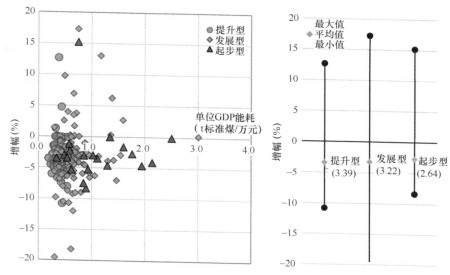

图 5-3-3 2019 年各类城市单位 GDP 能耗变化率特征

提升型、发展型城市之间的降幅差异较大，相比而言起步型城市总体降幅在 0～6% 之间，差异较小。

2019 年大部分省市中，三类城市的单位 GDP 能耗呈下降的动态，仅山西、陕西和云南等地个别区域的单位 GDP 能耗存在增长的迹象。从各省市单位 GDP 能耗降幅平均值差异来看（图 5-3-4），三类城市在各省市的单位 GDP 能耗降幅并未一致。当单位 GDP 能耗相对较低时，减排的边际成本较大，较难实现大幅下降；而单位 GDP 能耗较高时，减排边际成本相对较低，较有可能实现下降，例如江苏、山东、福建、吉林等地发展型城市的单位 GDP 能耗降幅远优于提升型城市平均水平。

3.2 工业：产业结构与终端用电结构

工业领域直接碳排放及用电等间接排放占我国碳排放总量的 60% 以上，其达峰态势及控碳措施直接影响全国碳达峰的时间和峰值。本节梳理分析各类城市的工业用电量占比、二产占比等指标，评估优地指数各类城市在工业碳排放管理方面的表现。

3.2.1 各类城市的工业用电量占比特征

根据统计，2019 年我国城市的工业用电量占比从 5.6%～98.1% 不等，该比例中超过 80% 的城市占比达到 12%，超过 60% 的城市占比达到 56.7%，仅有

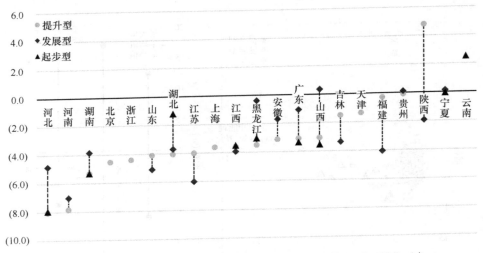

图 5-3-4　各省市三类城市的单位 GDP 能耗变化率平均水平（单位：％）

19％的城市工业用电量比例在 50％以下。可见，工业是我国城市电力消费的主要部门之一（图 5-3-5）。

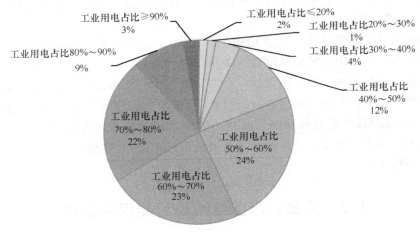

图 5-3-5　2019 年我国城市工业用电占比构成情况

　　按照 2021 年优地指数城市分类，提升型城市的工业用电量占比平均为 58.54％，发展型城市工业用电量占比平均为 62.94％，起步型城市平均工业用电量占比为 67.44％。从各个地区的差异来看，提升型城市的工业用电量占比总体位于各省中较低水平，仅个别城市超过 70％；起步型城市的工业用电量总体位于各省中较高水平（图 5-3-6）。

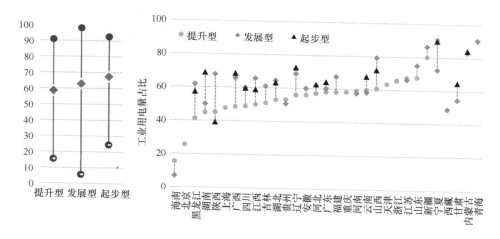

图 5-3-6　各类城市的工业用电量占比情况（单位：%）

3.2.2　各类城市工业用电占比与二产比重的关系特征

我国产业结构调整取得积极成效，全国 287 个地级及以上城市的第二产业增加值占比在 10.68%～67.4% 之间，占比在 30%～50% 的城市比例达到 71%，仅 33 个城市第二产业增加值占比过半（占比约 11.5%），14 个城市第二产业增加值占比低于 20%（图 5-3-7）。

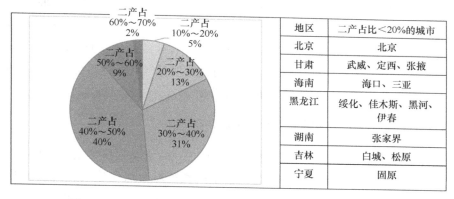

地区	二产占比<20%的城市
北京	北京
甘肃	武威、定西、张掖
海南	海口、三亚
黑龙江	绥化、佳木斯、黑河、伊春
湖南	张家界
吉林	白城、松原
宁夏	固原

图 5-3-7　2019 年 287 个城市中第二产业增加值占比分布情况

将各城市的工业用电占比与第二产业占比进行比较，可以看出工业能效提升仍有较大的空间：尽管第二产业增加值占比过半的城市仅占 11.5%，工业用电量占比过半的城市比重超过 80%。总体而言，提升型城市的工业用电效率较高，工业用电量占比超过第二产业占比 2 倍以上的城市比例仅占 4.1%，而发展型、起步型城市中，该比例分别达到 20.1% 和 42.1%（图 5-3-8）。

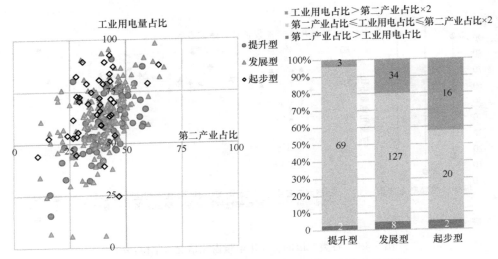

图 5-3-8　优地指数各类城市的工业电耗-第二产业占比特征
(数据来源：中国城市统计年鉴 2020)(其中 5 个城市暂无工业用电量数据)

3.3　建筑：人均生活碳排放

　　根据《中国建筑节能年度发展研究报告 2020》，2018 年我国建筑业建造相关（建材的生产和现场施工等等）碳排放达到 41 亿 t，自 2003 年以来，近 15 年来翻倍有余；运行阶段碳排放总量约 20.9 亿 t，比 2001 年增长了约一倍。研究表明，近 15 年来建筑领域碳排放年均增速超 5%，在建筑领域能源需求持续增长的背景下，建筑部门如何实现深度减排，将对我国应对气候变化目标的实现产生重要影响，也是建筑领域现阶段的重要发展议题。

3.3.1　各类城市人均居民生活碳排放特征

　　居住建筑碳排放是建筑碳排放的主要构成之一，随着居民生活水平的提升也成为城市碳排放的主要增量之一。为评估不同类型城市居住建筑碳排放的差异，本研究基于《中国城市统计年鉴 2020》中居民生活用电量（电力排放因子按照各省级电网排放因子）、《中国城市建设统计年鉴 2020》中居民生活天然气、液化石油气、人工煤气等用量，**对 2019 年居民生活碳排放进行简化计算**，结果如图 5-3-9 所示。可以看出，提升型城市的人均生活碳排放相对较高，其中采暖地区的人均居民生活碳排放平均为 0.29t/人，非采暖地区的人均居民生活碳排放为 0.11t/人，分别是发展型城市的 2.4 倍和 1.83 倍；发展型城市的人均居民生活碳排放介于提升型和起步型城市，采暖地区平均为 0.12t/人，非采暖地区平均为

0.06t/人；起步型城市则人均生活碳排放较低，采暖地区和非采暖地区平均值分别为 0.05t/人和 0.04t/人。

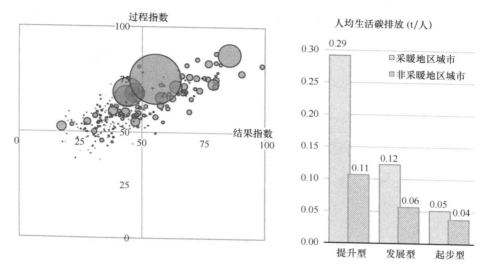

图 5-3-9　优地指数各类城市的人均居民生活碳排放特征

注：左图中气泡大小与城市人均居民生活碳排放正相关

（数据来源：人均居民生活碳排放基于《中国城市统计年鉴 2020》《中国城市建设统计年鉴 2020》进行简化计算，不完全等同于人均碳排放）

3.3.2　单位城镇住房面积碳排放

为了进一步分析前述人均生活碳排放与优地指数城市分类关系的原因，本节收集了 117 个城市的城镇人均住房建筑面积数据（包括 45 个提升型城市、56 个发展型城市、16 个起步型城市）、人均 GDP 等指标数据（图 5-3-10、图 5-3-11）。可以看出，提升型城市的人均 GDP 在优地指数各类城市中均处于较高水平，其

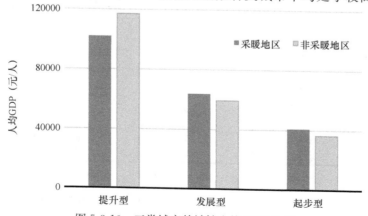

图 5-3-10　三类城市的城镇人均 GDP 比较

次是发展型城市,说明人均生活碳排放与居民生活水平存在一定的正相关关系,居民生活水平的提升可能会对建筑碳排放带来新的增量。从城镇人均住房建筑面积来看,提升型城市和发展型城市总体上差距不大,在采暖地区发展型城市甚至略高于提升型城市。

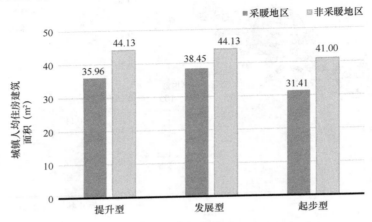

图 5-3-11　三类城市的城镇人均住房建筑面积比较

从单位城镇住房面积的碳排放来看(图 5-3-12),提升型城市的平均水平仍显著高于发展型城市、起步型城市,采暖地区和非采暖地区分别达到 7.39kg CO_2/m^2 和 $2.88kgCO_2/m^2$,需要关注居民生活用能行为的引导,降低生活碳排放。对于发展型城市和起步型城市,在采暖地区二者的单位城镇住房面积碳排放差异不大,相比而言在非采暖地区发展型城市显著高于起步型城市的平均水平(发展型约是起步型的 1.6 倍),可见北方城乡地区的清洁采暖等工作已取得一定成效。

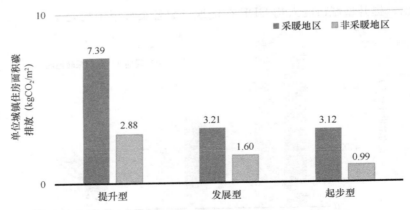

图 5-3-12　三类城市的城镇单位城镇住房面积碳排放比较

3.4　交通：绿色出行

交通行业二氧化碳排放量约占全国总碳排放量的 10% 左右，其中道路交通在交通全行业碳排放中的占比约 80%，且仍处于快速发展阶段，以道路交通为主的交通行业绿色化转型势在必行，加快推进绿色低碳出行是推动交通领域尽早达峰的关键举措。

3.4.1　树立窄马路、密路网的城市道路布局理念

2016 年《中共中央 国务院关于进一步加强城市规划建设管理工作的若干意见》指出，要"树立'窄马路、密路网'的城市道路布局理念""到 2020 年，城市建成区平均路网密度提高到 8km/km²，道路面积率达到 15%；加强自行车道和步行道系统建设，倡导绿色出行。"按照 2021 年《中国主要城市道路网密度监测报告》，截至 2020 年第 4 季度，全国 36 个主要城市道路网总体平均密度为 6.2km/km²，仅深圳、厦门和成都 3 座城市道路网密度，达到"8km/km²"国家目标要求。按照《中国城市建设统计年鉴 2020》统计数据，优地指数三类城市的建成区路平均网密度差异不大，其中提升型城市略高于发展型城市和起步型城市，达到 6.76km/km²（图 5-3-13）。

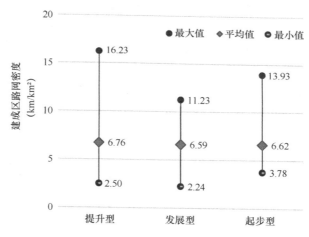

图 5-3-13　建成区路网密度比较

（数据来源：中国城市建设统计年鉴 2020）

3.4.2　慢行交通与公共交通一体化发展

交通运输行业要在 2030 年前如期实现碳达峰目标，交通出行结构必须向低能耗、低排放、高效率的交通方式转变。慢行交通与公共交通的一体化融合发

261

展，将有效的优化交通出行结构。

按照统计年鉴数据，我国提升型城市每万人拥有公共汽电车台数平均为12.74 标台/万人（图 5-3-14），约是发展型城市平均水平的 1.5 倍，起步型城市平均水平的 2.4 倍，可见提升型城市的公共交通发展需求加大、公共交通发展也显著优于其他类型城市。在此基础上，公共交通应进一步提升电气化水平，引领城市交通运输工具的脱碳化进程。

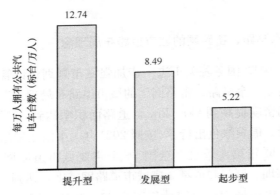

图 5-3-14　每万人拥有公共汽电车台数

（数据来源：中国城市统计年鉴 2020）

近年来，城市交通发展转向建设"高品质交通体系"，由"机动化"向"慢行交通"思路转型，复兴步行与非机动车交通出行方式，转变小汽车不断取代原有慢行交通方式的状况。在国内，北京、上海、广州等大都市分别制定城市慢行交通规划，慢行交通网络的连续性与可达性要素改善、发挥其在出行最后一公里中的作用，有助于引导居民选择绿色出行方式。考虑到城市慢行交通指标的可获得性，本节选取人行道面积在道路面积中的占比进行特征说明（图 5-3-15）。可

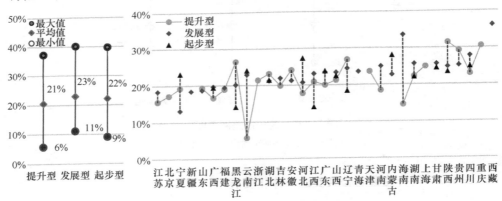

图 5-3-15　各类城市人行道面积占道路面积比例（左：总体；右：各地区）

（数据来源：由《中国城市建设统计年鉴 2020》人行道面积、道路面积数据计算得到）

以看出，总体而言提升型城市的人行道面积占比相对较低，平均水平约为 21%，最低的城市仅为 6%，而发展型、起步型城市该比例略高于提升型城市。从各个地区城市差异来看，江苏、广西、云南、河北、广东、河南、海南、四川等地区的提升型城市人行道面积占比低于其他类型城市，而黑龙江、湖北、安徽、辽宁、陕西、贵州等地区的提升型城市人行道面积占比则高于其他类型城市。

4 小 结

我国城市的总体建设过程模式趋同，根据 2021 年的评估结果，有 74 个城市属于提升型城市（第一象限），占总城市数量的 25.8%；发展型城市（第二象限）共有 172 个，占比为 59.9%，生态宜居城市建设仍有进一步提升的发展空间；起步型城市（第三象限）共有 40 个，占被评城市的 13.9%，这些城市的发展模式仍相对粗放，生态宜居建设成效较差，仍需改善城市生态宜居状况；有 1 个城市属于本底型城市（第四象限），占比为 0.3%。

按照第七次人口普查数据结果，优地指数评估的 287 个城市的人口变化幅度从 −30.7%～68.4%（深圳），共有 152 个城市在 2010—2020 年的常住人口增长，占比约为 53%。提升型城市的 2010—2020 年常住人口以增长为主，增长的城市比重高达 92%，平均增幅达到 17.05%；提升型城市在各地区的人口增幅显著高于平均水平，其中海南、广东、宁夏地区的提升型城市常住人口平均增幅超过 40%。生态宜居建设成效好、行为力度强的提升型城市具有较强的人口集聚作用，发展相对粗放的起步型城市对于人口吸引力显著偏弱。

在碳达峰碳中和战略背景下，我国各行业各领域碳排放有序达峰，既是支撑落实国家碳达峰、碳中和目标的必然要求，也是推动实现经济社会发展全面绿色转型的客观需要。从优地指数分类城市来看，提升型城市在能源效率提升、工业结构调整、城市路网和公共交通发展方面表现突出，其他类型城市则可以进一步关注这些方面工作来强化碳排放总量的控制。然而，需要注意的是，随着居民生活水平的提升，提升型城市以居民生活碳排放为代表的建筑碳排放显著高于其他类型城市，此外需评估城市慢行交通的发展现状与需求，由"机动化"向"慢行交通"思路转型。本研究是对城市碳排放与生态相关关系特征的初步探索和尝试，其中对一些数据内在的关联关系的剥离需在更深入的研究中进一步讨论。

后　　记

　　中国推进碳达峰、碳中和，是推动高质量发展和全面实现现代化的战略大局和全局中的综合考虑，城市层面的减碳行动，已成为我国实现碳达峰、碳中和目标的关键一环。城市兼具系统性、多样性、紧凑性、复合性与共生性，为低碳、零碳发展带来机遇，是"双碳"目标实现的最大应用场景。进一步扩大绿色领域的实践，催生各种高效用电技术、新能源汽车、零碳建筑、零碳钢铁、零碳水泥等新型脱碳化技术产品，推动低碳原材料替代、生产工艺升级、能源利用效率提升，构建低碳、零碳、负碳新型城市发展体系。

　　《中国低碳生态城市发展报告2021》以"'碳中和'承诺的兑现关键在城市"为主题，总结了2020—2021年国内外建设低碳生态城市的过程中取得的丰富的研究和实践成果，在减碳探索道路上的大胆突破。报告通过对新方向、理念、经验与实践的总结，以期帮助、促进和推动未来低碳生态城市的建设，更加突出城市在实现"双碳"目标的巨大作用，探索智慧、宜居、节能、低碳的新城市图景。

　　《中国低碳生态城市发展报告2021》是中国城市科学研究会生态城市研究专业委员会联合相关领域专家学者，以约稿、学术资料查询、问卷调研的方式组织编写完成的。委员会设立了报告编委会和编写组，广泛获取相关动态信息、定期沟通报告方向和进展。为了使报告更好地反映低碳生态城市建设、发展的最新动态，全面透析发展的热点问题，追踪实践和探索的年度进展，委员会组织编委会和编写组多次召开专门会议，听取专家学者对于年度报告框架的意见，确定了2021年度报告的主题："碳中和"承诺的兑现关键在城市。报告根据创新、协调、绿色、开放、共享发展理念的指引，深化城市新型城镇化绿色转型之路，强调双碳目标下城市的功能性，寻求城市低碳生态化具体的减碳方法和路径。期间通过专家访谈、学术交流等形式对报告进行补充和完善，并最终于2021年11月底成稿。

　　本报告是中国城市科学研究会组织编写的系列年度报告之一，在11年的编写经验的基础上，对中国低碳生态城市的发展与研究成果进行了系统总结与集中展示，形成了包含最新进展、认识与思考、方法与技术、实践与探索、中国城市生态宜居发展指数（优地指数）报告五部分体现逻辑层次的研究报告。报告吸纳了相关领域众多学者的最新研究成果，尤其得到了国务院参事仇保兴博士和中国

265

城市科学研究会何兴华博士的指导和支持。在此，再次对为本报告作出贡献的各位专家学者致以诚挚的谢意。

　　本报告作为探索性、阶段性成果，欢迎各界参与低碳生态城市规划建设的读者朋友提出宝贵意见，并欢迎到中国城市科学研究会生态城市研究专业委员会微信公众号（中国生态城市研究专业委员会@chinaecoc）、网站中国生态城市网（http：//www.chinaecoc.org.cn/）或新浪微博（@中国生态城市）交流。

　　低碳生态城市建设助力"双碳"目标实现，需要人、城、产、技相生共融，从而建设符合经济社会运行的新型生态城市系统，结合国家"双碳"的顶层设计思路，充分借鉴先进行业、试点地区的成功经验，有助于实现转变城市发展方式、发展绿色产业、提高城市环境治理水平。